BIOTECNOLOGIA I
›› PRINCÍPIOS E MÉTODOS

B616 Bruno, Alessandra Nejar.
       Biotecnologia I : princípios e métodos / Alessandra Nejar
       Bruno (Organizadora). – Porto Alegre : Artmed, 2014.
       x, 232 p. : il. color. ; 17,2 x 25 cm. (Série Tekne)

       ISBN 978-85-8271-100-2

       1. Biotecnologia. I. Bruno, Alessandra Nejar.

                                                   CDU 606

Catalogação na publicação: Poliana Sanchez de Araujo – CRB 10/2094

ALESSANDRA NEJAR BRUNO

Organizadora

BIOTECNOLOGIA I
» PRINCÍPIOS E MÉTODOS

2014

© Artmed Editora Ltda., 2014

Gerente editorial: *Arysinha Jacques Affonso*

Colaboraram nesta edição:

Editora: *Verônica de Abreu Amaral*

Assistente editorial: *Danielle Oliveira da Silva Teixeira*

Processamento pedagógico: *Laura Ávila de Souza*

Leitura final: *Monica Stefani*

Capa e projeto gráfico: *Paola Manica*

Imagens da capa: enotmaks/iStock/Thinkstock e Mervana/iStock/Thinkstock

Editoração: *Estúdio Castellani*

Reservados todos os direitos de publicação à
ARTMED EDITORA LTDA., uma empresa do GRUPO A EDUCAÇÃO S.A.
A série Tekne engloba publicações voltadas à educação profissional e tecnológica.

Av. Jerônimo de Ornelas, 670 – Santana
90040-340 – Porto Alegre – RS
Fone: (51) 3027-7000   Fax: (51) 3027-7070

É proibida a duplicação ou reprodução deste volume, no todo ou em parte, sob quaisquer formas ou por quaisquer meios (eletrônico, mecânico, gravação, fotocópia, distribuição na Web e outros), sem permissão expressa da Editora.

Unidade São Paulo
Av. Embaixador Macedo Soares, 10.735 – Pavilhão 5 – Cond. Espace Center
Vila Anastácio – 05095-035 – São Paulo – SP
Fone: (11) 3665-1100   Fax: (11) 3667-1333

SAC 0800 703-3444 – www.grupoa.com.br
IMPRESSO NO BRASIL
PRINTED IN BRAZIL
Impresso sob demanda na Meta Brasil a pedido de Grupo A Educação.

Os Autores

Alessandra Nejar Bruno (Org.)
Graduada em Biologia pela Universidade Federal do Rio Grande do Sul (UFRGS). Mestre em Ciências Biológicas: Bioquímica (UFRGS). Doutora em Ciências Biológicas: Bioquímica (UFRGS). Pós-Doutora em Imunogenética (UFRGS). Professora do Instituto Federal de Educação, Ciência e Tecnologia do Rio Grande do Sul (IFRS).

Adriana de Farias Ramos
Graduada em Química (UFRGS). Mestre em Educação (UFRGS). Professora do IFRS.

Alessandra Mara Gogosz
Graduada em Ciências pela Faculdades Integradas Espírita (FIES). Mestre em Botânica (UFPR). Doutora em Ecologia e Conservação (UFPR). Professora da FIES.

Ana Paula Duarte de Souza
Graduada em Farmácia pela Universidade Federal de Santa Maria (UFSM). Mestre em Biotecnologia pela Universidade Federal de Santa Catarina (UFSC). Doutora em Biologia Celular e Molecular pela Pontifícia Universidade Católica do Rio Grande do Sul (PUCRS). Pós-Doutora (PUCRS). Professora da PUCRS.

Ângelo Cássio Magalhães Horn
Graduado em Ciências Biológicas (UFRGS). Mestre em Ciências Biológicas: Fisiologia (UFRGS). Professor do IFRS.

Bianca Pfaffenseller
Graduada em Biomedicina (UFRGS). Mestre em Ciências Biológicas (UFRGS). Professora do IFRS.

Claudia do Nascimento Wyrvalski
Graduada em Química (UFRGS). Mestre em Química (UFRGS). Doutora em Engenharia de Minas, Metalúrgica e de Materiais (UFRGS). Professora do IFRS.

Francine Ferreira Cassana
Graduada em Ciências Biológicas pela Universidade Federal de Pelotas (UFPEL). Mestre em Ciências (UFPEL). Doutora em Ciências (UFRGS). Professora do Instituto Federal Sul-rio-grandense (IFSul).

Juliana Schmitt de Nonohay
Graduada em Ciências Biológicas (UFRGS). Mestre em Genética e Biologia Molecular (UFRGS). Doutora em Genética e Biologia Molecular (UFRGS). Professora do IFRS.

Karin Tallini
Graduada em Ciências Biológicas pela Universidade do Vale do Rio dos Sinos (UNISINOS). Mestre em Ciências Biológicas: Bioquímica (UFRGS). Doutora em Ciências Biológicas: Ecologia (UFRGS). Professora do IFRS.

Márcia Bündchen
Graduada em Ciências Biológicas pela Universidade Federal do Paraná (UFPR). Mestre em Botânica (UFPR). Doutora em Ecologia e Conservação (UFPR). Professora do IFRS.

Milene Liska
Graduada em Arquitetura e Urbanismo (UNISINOS). Especialista em Arquitetura Comercial (UNISINOS). Arquiteta e Urbanista do IFRS.

Paulo Artur Konzen Xavier de Mello e Silva
Graduado em Ciências Biológicas (UFRGS). Mestre em Genética e Biologia Molecular (UFRGS). Professor do IFRS.

Sharon Schilling Landgraf
Graduada em Farmácia pela Universidade Federal do Rio de Janeiro (UFRJ). Mestre em Ciências Biológicas (UFRJ). Doutora em Ciencias Biológicas (UFRJ). Pós-Doutora pelo Instituto de Biofísica Carlos Chagas Filho (IBCCF). Professora do Instituto Federal de Educação, Ciência e Tecnologia do Rio de Janeiro (IFRJ).

Vilma Elisabeth Horst Lopes
Graduada em Ciências Biológicas (PUCRS). Especialista em Histologia (UFRGS). Tecnóloga do IFRS.

Apresentação

O Instituto Federal de Educação, Ciência e Tecnologia do Rio Grande do Sul (IFRS), em parceria com as editoras do Grupo A Educação, apresenta mais um livro especialmente desenvolvido para atender aos **eixos tecnológicos definidos pelo Ministério da Educação**, os quais estruturam a educação profissional técnica e tecnológica no Brasil.

A **Série Tekne**, projeto do Grupo A para esses segmentos de ensino, se inscreve em um cenário privilegiado, no qual as políticas nacionais para a educação profissional técnica e tecnológica estão sendo valorizadas, tendo em vista a ênfase na educação científica e humanística articulada às situações concretas das novas expressões produtivas locais e regionais, as quais demandam a criação de novos espaços e ferramentas culturais, sociais e educacionais.

O Grupo A, assim, alia sua experiência e seu amplo reconhecimento no mercado editorial à qualidade de ensino, pesquisa e extensão de uma instituição pública federal voltada ao desenvolvimento da ciência, inovação, tecnologia e cultura. O conjunto de obras que compõe a coleção produzida em **parceria com o IFRS** é parte de uma proposta de apoio educacional que busca ir além da compreensão da educação profissional e tecnológica como instrumentalizadora de pessoas para ocupações determinadas pelo mercado. O fundamento que permeia a construção de cada livro tem como princípio a noção de uma educação científica, investigativa e analítica, contextualizada em situações reais do mundo do trabalho.

Cada obra desta coleção apresenta capítulos desenvolvidos por professores e pesquisadores do IFRS cujo conhecimento científico e experiência docente vêm contribuir para uma formação profissional mais abrangente e flexível. Os resultados desse trabalho representam, portanto, um valioso apoio didático para os docentes da educação técnica e tecnológica, uma vez que a coleção foi construída com base em **linguagem pedagógica e projeto gráfico inovadores**. Por sua vez, os estudantes terão a oportunidade de interagir de forma dinâmica com textos que possibilitarão a compreensão teórico-científica e sua relação com a prática laboral.

Por fim, destacamos que a Série Tekne representa uma nova possibilidade de sistematização e produção do conhecimento nos espaços educativos, que contribuirá de forma decisiva para a supressão da lacuna do campo editorial na área específica da educação profissional técnica e tecnológica.

Trata-se, portanto, do começo de um caminho que pretende levar à criação de infinitas possibilidades de formação profissional crítica com vistas aos avanços necessários às relações educacionais e de trabalho.

Clarice Monteiro Escott

Maria Cristina Caminha de Castilhos França

Coordenadoras da coleção Tekne/IFRS

 # Ambiente virtual de aprendizagem

Se você adquiriu este livro em ebook, entre em contato conosco para solicitar seu código de acesso para o ambiente virtual de aprendizagem. Com ele, você poderá complementar seu estudo com os mais variados tipos de material: aulas em PowerPoint®, quizzes, vídeos, leituras recomendadas e indicações de sites.

Todos os livros contam com material customizado. Entre no nosso ambiente e veja o que preparamos para você!

SAC 0800 703-3444

divulgacao@grupoa.com.br

www.grupoa.com.br/tekne

Sumário

capítulo 1
Introdução à biotecnologia **1**
Origens da biotecnologia 3
Aplicações da biotecnologia............................5
Inserção da biotecnologia no mundo do
    trabalho..8
Tendências e perspectivas da
    biotecnologia 10

capítulo 2
Fundamentos de laboratório.................... **13**
Vidrarias e materiais de laboratório 14
Mensuração de volumes................................... 17
    Pipetas de vidro... 17
    Micropipetas 19
Mensuração de sólidos: o uso da balança
    analítica.. 20
Determinação da concentração de
    soluções: espectrofotometria 22
O microscópio 23
    Microscópio óptico..................................... 23
    Microscópio eletrônico............................... 26
Aquecimento de substâncias 27
Determinação do pH de soluções.................... 30
Centrifugação de amostras 32
    Tipos de centrifugação.............................. 32
    Tipos de centrífuga.................................... 35
Separação de constituintes de uma
    mistura: cromatografia 36
    Cromatografia por exclusão (filtração
        em gel) 37
    Cromatografia por troca iônica.................. 38
    Cromatografia por afinidade 38
Esterilização de materiais 39
    Esterilização por autoclave........................ 39
    Outros métodos de esterilização............... 42
Purificação da água para uso laboratorial 43
    Água destilada 44

Água deionizada 45
Água ultrapura.. 45

capítulo 3
Biossegurança.. **47**
Avaliação de riscos biológicos.......................... 49
    Classificação dos agentes biológicos.......... 50
Barreiras de contenção..................................... 52
    Equipamentos de segurança..................... 52
    Boas práticas de laboratório...................... 57
    Layout de laboratório 59

capítulo 4
Cálculos de soluções................................. **69**
Algumas definições iniciais............................... 70
    Unidades de medida e suas grandezas 70
    Massa atômica e massa molar 71
    Volume 72
Soluções.. 73
Concentração das soluções.............................. 74
    Concentração comum................................ 76
    Título 79
    Concentração em quantidade de matéria . 83
    Normalidade 85
    Partes por milhão e partes por bilhão 89
Diluição de soluções 92
    Diluição com acréscimo de solvente........... 93
Mistura de soluções 94
Conversão de unidades.................................... 95

capítulo 5
Bioquímica experimental **99**
Bloco das proteínas...100
    Quantificação das proteínas.....................101
    Espectrofotometria...................................101
Bloco dos carboidratos....................................109
    Identificação dos carboidratos 110
Bloco dos lipídeos...120
    A importância dos lipídeos 120

capítulo 6
Genética: da clássica à molecular 127
Mendel e a genética..128
Genes e cromossomos 132
    Morfologia dos cromossomos 134
    Classificação dos cromossomos 135
Ciclo celular...136
    Interfase 136
    Mitose 136
    Meiose 139
DNA 143
    Estrutura do DNA 143
RNA 145
Síntese de DNA, RNAs e proteínas.....................146
    Replicação..147
    Transcrição...150
    Tradução...152
    Transcrição e tradução em
        procariotos e eucariotos 153
Mutações do DNA 154
    Mutação pontual ou de ponto....................154
    Mutação gênica 155
    Mutação cromossômica 156

capítulo 7
Morfologia animal: aspectos teóricos e práticos... 161
A célula 162
Como as células se organizam: os tecidos......167
    Tecido epitelial 167
    Tecido conjuntivo...168
    Tecido muscular 168
    Tecido nervoso...169
Sistemas..170
Como observar células e tecidos 172
    Coleta de material 173
    Fixação...173
    Inclusão 175
    Microtomia 177
    Coloração...178
    Montagem 181
    Esfregaço...181
    Técnicas para tecidos mineralizados 182
    Outras técnicas 182
    Considerações finais sobre a
        produção de lâminas histológicas.........183

capítulo 8
Histologia vegetal: princípios e técnicas aplicadas.. 185
A célula vegetal..186
    Parede celulósica...186
    Vacúolo..186
    Plastídeos 187
Crescimento e desenvolvimento 188
Revestimento...190
Secreção..193
    Estruturas secretoras externas 193
    Estruturas secretoras internas....................193
Tecido fundamental 194
Sustentação 195
Tecidos de condução 197
Anatomia dos órgãos vegetativos 200
    Folha..200
    Caule 201
    Raiz 202
Anatomia dos órgãos reprodutivos..................203
    Flor 203
    Óvulo..204
    Grão de pólen 204
    Fruto 205
    Semente 205
Técnicas e práticas sugeridas...........................206
    Fixação...206
    Corte...206
    Corte à mão livre a partir de material
        fresco ou fixado......................................208
    Coloração...209

capítulo 9
Métodos imunológicos aplicados à biotecnologia... 211
Princípio das técnicas imunológicas................215
    Produção de anticorpos
        monoclonais 216
Ensaios de aglutinação......................................219
    Aglutinação direta 219
    Aglutinação indireta ou passiva 220
ELISA 221
    Etapas para a realização do ELISA 221
    Tipos de ELISA...223
Immunoblotting..227
Citometria de fluxo..228

Alessandra Nejar Bruno
Ângelo Cássio Magalhães Horn
Sharon Schilling Landgraf

capítulo 1

Introdução à biotecnologia

Este capítulo tem como objetivo fornecer ao leitor uma visão geral sobre a ampla e multidisciplinar área do conhecimento chamada biotecnologia, evidenciando sua importância a partir de exemplos do cotidiano, como sua aplicação na produção de medicamentos, alimentos, bebidas industrializadas, produtos de limpeza, diagnósticos, vacinas, cosméticos e na água tratada. Em razão dessa diversidade, esta parte introdutória mostra os aspectos unificadores da biotecnologia, representados por seu conceito, suas aplicações, sua inserção no mundo do trabalho, sua origem e suas tendências e perspectivas.

Objetivos de aprendizagem

» Compreender o que é biotecnologia e seu impacto na vida cotidiana.

» Identificar as diferentes aplicações e áreas da biotecnologia.

» Saber como a biotecnologia evoluiu desde sua origem e quais são suas perspectivas para o futuro.

» Conhecer as possibilidades profissionais dessa área.

>> PARA COMEÇAR

O que é biotecnologia?

Biotecnologia é uma área extremamente ampla, aplicada, que se utiliza de conhecimentos de diferentes campos e resulta em uma combinação de ciência e tecnologia. Neste capítulo, definimos a biotecnologia como um conjunto de atividades baseadas em conhecimentos multidisciplinares que utiliza agentes biológicos (organismos, células, moléculas) para o desenvolvimento de produtos úteis ou para a resolução de problemas (Figura 1.1).

>> **DEFINIÇÃO**
Biotecnologia é o conjunto de conhecimentos que permite a utilização de agentes biológicos para obter bens ou assegurar serviços.

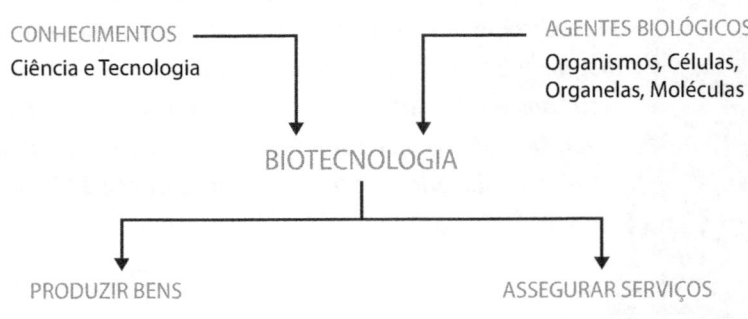

Figura 1.1 Definição de biotecnologia.
Fonte: Os autores.

A biotecnologia abrange os seguintes processos:

- obter ou modificar produtos para uso em saúde humana ou animal;
- melhorar plantas e animais ou desenvolver microrganismos para usos específicos;
- aplicar as capacidades de microrganismos, células cultivadas de animais ou vegetais ou parte deles na indústria, na saúde e nos processos relativos ao meio ambiente e ao desenvolvimento sustentável;
- modificar e desenvolver novos processos industriais.

Desse modo, podemos concluir que a biotecnologia está intimamente ligada à inovação e, por isso, é descrita como "a ciência do futuro". No entanto, além das muitas perspectivas e possibilidades nesta área, a biotecnologia já gerou e continua a gerar impactos significativos na nossa vida cotidiana, mesmo que não nos demos conta disso.

➤➤ Origens da biotecnologia

A origem da biotecnologia data de 10.000 anos atrás, quando o homem, mesmo sem entender a biologia, já lidava com a biotecnologia na produção de vinhos e pães. A produção de bebidas alcoólicas pela **fermentação** de grãos de cereais já era conhecida pelos sumérios e babilônios antes do ano 6.000 a.C. Mais tarde, por volta do ano 2.000 a.C., os egípcios, que já utilizavam o fermento para produzir cerveja, passaram a empregá-lo também na fabricação de pães.

Entretanto, os povos antigos não conheciam os agentes causadores da fermentação, e essa informação ficou oculta por 6 milênios. Somente em 1675 d.C. o pesquisador Antom Van Leeuwenhock, por meio da construção e da utilização de um microscópio com capacidade de ampliação de 270 vezes, descreveu a existência de seres minúsculos que poderiam ser os agentes responsáveis pela fermentação. Finalmente, em 1875, o biólogo francês Louis Pasteur mostrou que a fermentação era causada por microrganismos chamados leveduras (gênero *Saccharomyces*).

O processo fermentativo atingiu o seu auge entre os anos de 1910 e 1940. Nesse período, as grandes guerras mundiais motivaram a produção em escala industrial de produtos oriundos de processos fermentativos, que seriam a base para a fabricação de explosivos.

A descoberta da **penicilina**, um produto da biotecnologia, revolucionou a medicina do século XX. Em 1928, o médico e bacteriologista francês Alexander Fleming observou ao microscópio que a cultura de bactérias que estavava estudando (*Staphylococcus aureus*) continha um fungo e não estava crescendo normalmente. Por algum motivo, em vez de considerar o experimento perdido, Fleming decidiu acompanhar o crescimento daquele fungo, o *Penicillium notatum*.

Depois de isolar esse fungo, o médico francês descobriu que ele continha uma substância capaz de matar muitas das bactérias que infectavam o homem, a penicilina. Foi assim, praticamente por acaso, que o mundo ingressou na era dos antibióticos. Assim como a descoberta da fermentação, a da penicilina também ocorreu em um período de guerra (durante a 2ª Guerra Mundial), quando quantidades massivas desse antibiótico começaram a ser produzidas para combater os processos infecciosos dos feridos, sendo responsáveis por isso os cientistas Howard Florey e Ernest Boris Chain.

O ano de 1953 foi um marco para a história e para o desenvolvimento da biotecnologia: o americano James Watson e o inglês Francis Crick descobriram a natureza química e a estrutura tridimensional do material genético, o DNA. No início da década de 1970, a partir do desenvolvimento da **tecnologia do DNA recombinante**, que permite a transferência de material genético entre organismos vivos, passaram a existir dois conceitos de biotecnologia. Essa classificação, apresentada a seguir, baseou-se no nível científico e tecnológico das diferentes técnicas biotecnológicas.

➤➤ **DEFINIÇÃO**
Fermentação é um processo de degradação anaeróbia (sem participação de oxigênio) de uma molécula orgânica em vários produtos mais simples para obtenção de energia. Na fermentação alcoólica, leveduras e outros microrganismos fermentam açúcar, produzindo álcool etílico e gás carbônico.

➤➤ **CURIOSIDADE**
O vinho é uma bebida proveniente da fermentação alcoólica da uva. Durante o amadurecimento da uva, várias espécies microbianas se sucedem; primeiro transformando os açúcares em etanol e, posteriormente, o etanol em ácido acético. Considerando que o destino natural da uva é o vinagre, a arte da vinificação representa um ganho tecnológico considerável.

➤➤ **DEFINIÇÃO**
A tecnologia do DNA recombinante permite cortar e unir quimicamente o DNA e, assim, transferir genes de uma espécie para outra, criando novas formas de vida.

- Biotecnologia tradicional: caracteriza-se pela utilização dos organismos vivos como são encontrados na natureza.

- Biotecnologia moderna: caracteriza-se pela utilização de organismos vivos modificados geneticamente por meio da engenharia genética ou tecnologia do DNA recombinante.

>> **NA HISTÓRIA**

A tecnologia do DNA recombinante foi descoberta em 1973. Apenas três anos depois, em 1976, foi criada nos Estados Unidos a primeira empresa de biotecnologia do mundo: a Genentech.

>> **DEFINIÇÃO**
Clonagem é um processo de reprodução assexuada a partir do qual é possível a produção de indivíduos geneticamente iguais a partir de uma única célula.

A partir da década de 1980, a biotecnologia passou a ocupar a atenção dos cientistas e dos leigos de forma intensa. Em 1981, foi obtida a primeira planta geneticamente modificada e, em 1996, nascia a primeira ovelha **clonada**, chamada Dolly.

Dolly foi o primeiro mamífero reproduzido a partir de uma célula somática (qualquer célula do organismo que não esteja envolvida na reprodução) de uma ovelha adulta, com seis anos de idade. A técnica de clonagem que deu origem a Dolly também é denominada **transferência de núcleo**, ou seja, o núcleo de uma célula somática é retirado e inserido em um óvulo cujo núcleo foi previamente removido.

Essa nova célula é capaz de se dividir e, se o embrião resultante for implantado e conseguir se desenvolver, poderá gerar um indivíduo com o mesmo material genético encontrado no núcleo da célula somática utilizada. Desde que a ovelha Dolly foi criada pelos pesquisadores do Instituto Roslin, na Escócia, muitos outros animais foram clonados mediante a técnica de transferência de núcleo. A partir de 1997, camundongos, porcos, ovelhas, bovinos, cabras, cavalos e até um veado já foram clonados com a mesma metodologia.

A biotecnologia é ainda aplicada na criação de plantas resistentes a pragas e, portanto, com menor necessidade de uso de agrotóxicos. Isso foi possível com o advento da **técnica de transgenia** para a obtenção das chamadas plantas transgênicas.

>> **DEFINIÇÃO**
Alimentos transgênicos são aqueles geneticamente modificados pelo **método de transgenia**, que, por sua vez, consiste na transferência de genes de um indivíduo para outro.

O primeiro produto derivado de um organismo transgênico chegou ao mercado em 1982. Tratava-se da **insulina**, produzida por uma bactéria geneticamente modificada, na qual foi inserido um gene humano para essa proteína. A insulina é um hormônio pancreático que regula os níveis sanguíneos de glicose. Os indivíduos com diabetes do tipo I não produzem insulina e necessitam de injeções diárias desse

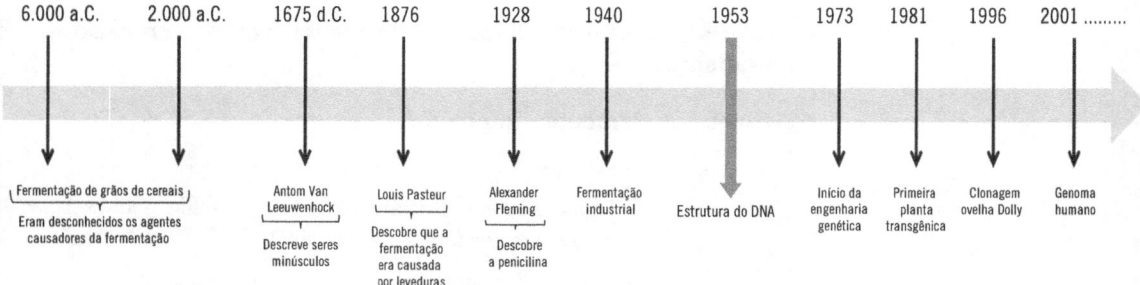

Figura 1.2 Linha do tempo dos processos biotecnológicos empregados pela humanidade há milhares de anos.
Fonte: Os autores.

hormônio para manter a glicose no sangue em valores normais. Até então, a insulina utilizada por diabéticos era extraída de porcos e bois, causando reações alérgicas.

Outra aplicação da biotecnologia na área da saúde está relacionada às vacinas, primeiramente estudadas e difundidas a partir do trabalho do médico inglês Edward Jenner, em 1796. Jenner conseguiu impedir que um menino de oito anos de idade, chamado James Phipps, desenvolvesse varíola após ter sido inoculado com o pus extraído da mão de uma ordenhadora que havia contraído a varíola bovina e com o líquido extraído de uma pústula oriunda do contágio pela varíola humana. Atualmente, as vacinas são produzidas por meio de técnicas biotecnológicas para uma série de doenças que antes eram praticamente fatais.

Portanto, a biotecnologia consiste em uma rede complexa de conhecimentos na qual a ciência e a tecnologia se entrelaçam e se complementam. Enquanto a ciência e a tecnologia continuarem evoluindo, a história da biotecnologia não terá fim. A Figura 1.2 apresenta um resumo, em forma de linha de tempo, da evolução da biotecnologia.

Aplicações da biotecnologia

No Quadro 1.1, relacionamos os setores da sociedade que foram e ainda são influenciados pelas diferentes técnicas biotecnológicas, bem como os diversos produtos e processos que resultaram dessas técnicas.

>> NO SITE
Para conhecer algumas novidades e aplicações da biotecnologia na pecuária, acesse o ambiente virtual de aprendizagem Tekne:
www.grupoa.com.br/tekne.

Quadro 1.1 » **Setores da sociedade e seus produtos e processos resultantes**

Setores	Produtos e processos
Indústria	• Plásticos e outros polímeros. • Celulose e papel (enzimas removem substâncias indesejadas no processo de fabricação do papel). • Detergentes para a indústria têxtil (enzimas para a produção de detergentes que degradam moléculas associadas a manchas de vinho, gorduras e outras). • Detergentes mais eficientes (enzimas que reduzem o uso de recursos naturais, como energia elétrica, água e combustível). • Acetona (composto orgânico usado principalmente como solvente em esmaltes e tintas, na extração de óleos e na produção de fármacos). • Glicerol (usado com funções de umectante, solvente e agente suavizante em doces, bolos e sorvetes). Na indústria farmacêutica, é usado para a produção de pomadas, xaropes, anestésicos e nitroglicerina (para o controle da pressão arterial). Pode também ser empregado em cremes dentais e outros. • Ácidos clorídrico, sulfúrico, nítrico, fluorídrico, fosfórico, acético, entre outros.
Saúde	• Medicamentos para diferentes situações. • Antibióticos. • Hormônios. • Vacinas. • Testes de diagnóstico. • Pesquisa de novos medicamentos e terapias inovadoras.
Agricultura	• Adubos. • Biopesticidas. • Biofertilizantes. • Controle de pragas. • Mudas de árvores para reflorestamento. • Plantas transgênicas com características como maior valor nutritivo e resistência a pragas e a condições adversas (ambientais ou de cultivo).

» **NO SITE**
Acesse o ambiente virtual de aprendizagem Tekne para saber quais são as principais áreas de atuação da indústria de biotecnologia.

Quadro 1.1 » **Setores da sociedade e seus produtos e processos resultantes**

Meio ambiente	• Recuperação de petróleo. • Biorremediação (tratamento de águas e eliminação de poluentes). • Agentes biológicos (plantas, enzimas, microrganismos) responsáveis pela degradação de produtos específicos. • Desenvolvimento de produtos biodegradáveis. • Tratamento mais efetivo de efluentes e resíduos. • Produção de biopolímeros (materiais totalmente biodegradáveis).
Energia	• Produção de etanol, biogás e outros combustíveis (a partir de biomassa). • Seleção de microrganismos e aproveitamento de diferentes resíduos para a obtenção de energia.
Alimentação	• Bebidas (cervejas, vinhos e bebidas destiladas). • Panificação (pães e biscoitos). • Laticínios (queijos, iogurtes e outras bebidas lácteas). • Vinagre, molho shoyu, glutamato monossódico (intensificador de sabor, também conhecido como glutamato de sódio ou MSG) e adoçantes. • Proteínas para rações. • Alimentos transgênicos. • Alimentos para diabéticos ou pessoas com algum tipo de intolerância.
Pecuária	• Desenvolvimento de medicamentos para uso veterinário. • Melhoramento genético. • Alimentação balanceada. • Desenvolvimento de embriões. • Desenvolvimento de vacinas para uso veterinário.

» **PARA SABER MAIS**
Para saber mais sobre a importância dos processos biotecnológicos para a promoção da sustentabilidade, leia o artigo "Biotecnologia e desenvolvimento sustentável", (SCHENBERG, 2010) disponível no ambiente virtual de aprendizagem Tekne.

Os atentados terroristas nos Estados Unidos impulsionaram o desenvolvimento da biotecnologia. O recebimento de cartas contendo a bactéria **antraz**, capaz de causar uma doença infecciosa altamente letal chamada carbúnculo ou carbúnculo hemático, e o medo de novos atentados com diferentes armas biológicas resultaram em um maior investimento em biossegurança e na lei de incentivo ao desenvolvimento de produtos contra materiais bélicos biológicos, que visava a acelerar a pesquisa e o desenvolvimento de vacinas e testes de diagnóstico rápido, além de ampliar o estoque de medicamentos.

Inserção da biotecnologia no mundo do trabalho

Considerando as aplicações da biotecnologia apresentadas na seção anterior, fica clara a importância dessa área em nossas vidas, mas restam duas perguntas:

- Que profissionais atuam nesta área?
- Onde esses profissionais podem atuar?

Por ser uma área multidisciplinar, oriunda de campos científicos muito diversos, é comum encontrarmos agrônomos, biólogos, biomédicos, farmacêuticos, engenheiros de alimentos, engenheiros de materiais, engenheiros químicos, médicos, químicos, profissionais das ciências humanas e informática e até técnicos de laboratório, entre tantos outros, atuando em biotecnologia. Além disso, não podemos esquecer que atualmente contamos com diversos cursos de nível superior que formam especificamente biotecnólogos, cursos de pós-graduação (mestrado e doutorado) voltados à especialização de quem vem atuando nessa área e cursos de nível médio que preparam técnicos para trabalhar em biotecnologia.

Após a publicação do Decreto nº 6.041, de 08 de fevereiro de 2007 (BRASIL, 2007) – que instituiu a política de desenvolvimento da biotecnologia e criou o Comitê Nacional de Biotecnologia, entre outras providências – a biotecnologia no Brasil passou a ser dividida em quatro áreas setoriais: saúde humana, agropecuária, industrial e ambiental, sendo cada uma dessas áreas responsável pelo desenvolvimento de produtos de interesse (Quadro 1.2).

>> PARA REFLETIR

Com o crescente incremento populacional e a impossibilidade de aumento equivalente de área utilizável para sustentar essa população, novas formas de produção e estratégias para lidar com o meio ambiente devem ser buscadas. Neste cenário, a pesquisa em biotecnologia surge como uma possível solução.

Universidades, fundações de pesquisa e desenvolvimento, empresas públicas e particulares e a indústria tornaram-se polos de desenvolvimento para a produção de ferramentas biotecnológicas e locais de atuação para profissionais da biotec-

Quadro 1.2 » **Áreas setoriais da biotecnologia no Brasil e produtos de interesse**

Área setorial	Produtos de interesse
Saúde humana	Hormônios, interferon, fatores de crescimento, antibióticos, antifúngicos, antitumorais e outros insumos (hemoderivados, biomateriais, *kits* diagnósticos), anticorpos monoclonais, anticoagulantes (como heparina), medicamentos.
Agropecuária	Plantas resistentes a fatores bióticos e abióticos, biomoléculas a partir de animais e vegetais, vacinas, substâncias bioativas da biodiversidade brasileira e bioindústria de transformação de produtos animais e vegetais.
Industrial	Etanol e biodiesel, biopolímeros (plásticos biodegradáveis), inoculantes para fixação de N_2 em gramíneas, metano destinado à geração de energia elétrica, combustão veicular e para síntese de outros produtos e produção de bio-hidrogênio.
Ambiental	Processos biológicos aplicáveis ao tratamento de efluentes industriais, agropecuários e domésticos, bioativos da biodiversidade brasileira e degradação de CO_2 e metano residuais.

Fonte: Brasil (2007).

>> NO SITE
No ambiente virtual de aprendizagem Tekne, você encontra uma relação de cursos técnicos e superiores em biotecnologia, além de grupos de pesquisa, fundações e empresas ligadas à área.

nologia. No setor de saúde humana, destaca-se a produção de fármacos, vacinas e anticorpos. No setor da agropecuária, o foco é o aumento da produção de alimentos por meio do desenvolvimento de vacinas para animais e do combate a pragas. Já no setor industrial, a produção de combustíveis e o incremento dos processos fermentativos são estratégicos e, no setor de meio ambiente, a recuperação de ambientes degradados é fundamental. Como se pode ver, a biotecnologia oferece, já em curto prazo, um futuro promissor a todos aqueles que estejam dispostos a ingressar nessa área.

>> NO SITE
Para conhecer a Sociedade Brasileira de Biotecnologia, acesse o ambiente virtual de aprendizagem Tekne.

>> Tendências e perspectivas da biotecnologia

A área da biotecnologia está em crescimento e é atualmente considerada um campo de atuação muito promissor. Mais de 300 proteínas desenvolvidas a partir do uso da biotecnologia já foram aprovadas, e muitas outras estão em etapa de testes. A produção dessas proteínas representa um mercado global de produtos biotecnológicos de alto valor agregado, estimado em US$ 103 bilhões para 2014.

Os anticorpos monoclonais (ver Capítulo 9) representam um dos produtos com previsão de maior crescimento a partir de 2015, mas, com os estudos genômicos e a bioinformática, a descoberta de muitos outros biofármacos já está prevista para os próximos anos. Hoje, os biofármacos líderes de vendas são os anticorpos terapêuticos, principalmente para o tratamento do câncer (como o Avastin® da Genentech) e das doenças imunes.

Na América Latina, particularmente na Argentina, no Brasil, em Cuba e no México, já existe o desenvolvimento de produtos biotecnológicos como anticoagulantes (eritropoietina), hormônio do crescimento, interferons (α e β) e fatores estimuladores do crescimento celular. O México tem se destacado na fabricação de antitoxinas, além de produzir proteínas recombinantes (anticoagulantes, interferons e fatores estimuladores do crescimento celular) para uso interno e exportação. Cuba, atualmente, produz 11 vacinas, muitos testes de imunodiagnóstico e mais de 40 moléculas terapêuticas.

No Brasil, as empresas públicas (como o Instituto Butantã e o Laboratório Farmacêutico Federal Farmanguinhos) já vêm produzindo e distribuindo produtos biotecnológicos (eritropoietina, infliximab, interferon e somatotropina recombinante humana) por meio do Sistema Único de Saúde (SUS). Segundo a Organização para Cooperação e Desenvolvimento Econômico (OCDE), os negócios em biotecnologia contribuem de maneira significativa para o crescimento do produto interno bruto, principalmente por meio de ofertas de novos produtos industriais para a saúde e para o agronegócio.

Em resposta à importância representada pelos avanços que as pesquisas na área da biotecnologia estão trazendo para a qualidade de vida da população e para o desenvolvimento econômico e social, empresas e pesquisadores do setor dispõem de diversas linhas de financiamento. Na esfera federal, entre outros, há o Fundo Setorial de Biotecnologia da Financiadora de Estudos e Projetos (Finep), o Fundo de Investimentos em Capital Semente (Criatec) e o Programa de Apoio ao Desenvolvimento do Complexo Industrial da Saúde (Profarma), ambos do Banco Nacional de Desenvolvimento Econômico e Social – BNDES. Portanto, o futuro da biotecnologia é promissor, e haverá uma grande demanda por profissionais no mercado.

>> NO SITE
É importante conhecer a legislação que envolve a biotecnologia. Acesse o ambiente virtual de aprendizagem Tekne para se informar sobre leis, medidas provisórias, decretos, resoluções e instruções normativas relacionadas a essa área.

REFERÊNCIAS

BRASIL. Decreto nº 6.041, de 8 de fevereiro de 2007. Institui a política de desenvolvimento da biotecnologia, cria o comitê nacional de biotecnologia e dá outras providências. *Diário Oficial [da] República Federativa do Brasil*, Brasília, 9 fev. 2007. Seção 1, p. 1.

SCHENBERG, A. C. G. Biotecnologia e desenvolvimento sustentável. *Estudos Avançados*, v. 24, n. 70, p. 7-17, 2010.

LEITURAS RECOMENDADAS

BORÉM, A.; SANTOS, F. R. *Entendendo a biotecnologia*. Viçosa: Universidade Federal de Viçosa, 2008.

MALAJOVICH, M. A. *Biotecnologia*. Rio de Janeiro: Instituto de Tecnologia ORT, 2012.

NEWELL-MCGLOUGHLIN, M.; EDWARD, R. *The evolution of biotechnology*: from natufians to nanotechnology. Dordrecht: Springer, 2006.

SILVA, T. J. C. Clonagem: o que aprendemos com Dolly? *Ciência e Cultura*, v. 56, n. 3, p. 27-30, 2004.

SILVEIRA, M. F. J.; DAL POZ, M. E.; ASSAD, A. L. *Biotecnologia e recursos genéticos*: desafios e oportunidades para o Brasil. Campinas: Instituto de Economia/FINEP, 2004.

VILLEN R. A. *Biotecnologia*: história e tendências. [S.l.]: Mandruvá, [20--?]. Disponível em: <http://www.hottopos.com/regeq10/rafael.htm>. Acesso em: 22 abr. 2014.

Márcia Bündchen
Francine Ferreira Cassana
Bianca Pfaffenseller

>> capítulo 2

Fundamentos de laboratório

Desenvolver experimentos em laboratório é uma atividade instigante que oferece inúmeras possibilidades de aprendizado e novas descobertas. Os laboratórios em geral, e certamente os de biotecnologia, requerem a utilização de numerosos materiais, incluindo, além dos reagentes, diversos tipos de vidrarias, utensílios e equipamentos. Neste capítulo, apresentaremos os fundamentos básicos para o manuseio correto e seguro de vidrarias, equipamentos e demais materiais de uso frequente em laboratórios, sem pretender abranger a sua totalidade. Outros equipamentos cuja utilização está diretamente relacionada com técnicas da biotecnologia abordadas neste livro são descritos em capítulos específicos.

Objetivos de aprendizagem

>> Conhecer as principais vidrarias e materiais de laboratório e sua forma de uso apropriada.

>> Compreender os princípios de funcionamento dos equipamentos básicos para análises laboratoriais.

>> PARA COMEÇAR

Os conceitos de precisão e exatidão são fundamentais para o trabalho em laboratório. A **precisão** indica o quanto, em uma série de medidas realizadas, essas estarão próximas umas das outras. Se tais medidas forem precisas, a dispersão em torno do valor desejado (valor verdadeiro) será pequena. Já a **exatidão** indica o quanto uma medida se aproxima do valor verdadeiro, ou seja, quanto mais próxima desse valor, mais exata ela é.

Para entender melhor os conceitos de precisão e exatidão, imagine a seguinte situação:

Em um laboratório de biotecnologia, um técnico prepara um experimento no qual deve pipetar 10 mL de um dado reagente em uma série de cinco tubos de ensaio. O técnico possui uma pipeta volumétrica calibrada e certificada, com a qual pode pipetar os 10 mL (valor verdadeiro), mas deseja verificar se outras pipetas também podem ser utilizadas para esse procedimento. A seguir, são indicados os resultados obtidos para cada pipeta testada:

Pipeta 1: 12 mL – 11,9 mL – 12,1 mL – 12 mL – 12 mL → Média = 12 mL
Pipeta 2: 9,9 mL – 9,8 mL – 10,1 mL – 10 mL – 10,2 mL → Média = 10 mL

Observe que as duas pipetas são precisas, pois os resultados da série de medidas variam pouco em torno da média. Mas qual delas tem maior exatidão?

>> Vidrarias e materiais de laboratório

Conhecer e utilizar corretamente as vidrarias e os utensílios é imprescindível para executar adequadamente as técnicas e os procedimentos de laboratório. A Figura 2.1 ilustra os principais materiais usados em laboratório. A seguir, é feita uma descrição de cada um deles.

a) **Balão volumétrico:** recipiente de vidro calibrado para conter um volume fixo e exato de líquido, utilizado no preparo de soluções. Apresenta uma única marca para o volume final.

b) **Erlenmeyer:** recipiente de vidro, de formato afunilado, que permite a agitação manual sem perda de material. Pode apresentar escala de graduação, mas sem exatidão. Utilizado principalmente para titulações e aquecimento de líquidos.

c) **Proveta:** recipiente de vidro ou plástico, graduado, destinado a medir e transferir volumes de líquidos. As provetas de vidro podem ser calibradas e mensuram volumes com precisão.

d) **Funil:** utensílio utilizado na transferência de líquidos de um frasco para outro e em filtrações simples.

e) **Pipeta volumétrica:** utensílio de vidro, calibrado, utilizado para medir um volume fixo com exatidão. Apresenta uma única marca para o volume final.

f) **Pipeta graduada:** utensílio de vidro, calibrado, utilizado para medir volumes variados com precisão. Apresenta uma escala graduada de volume.

g) **Béquer:** recipiente de vidro ou plástico que serve para dissolver substâncias e preparar soluções. Pode apresentar escala de graduação, mas sem exatidão.

h) **Bureta:** tubo de vidro calibrado, graduado em décimos de milímetros, destinado a medir volumes em análises por titulação com elevada exatidão. Permite o escoamento de volumes variáveis de líquidos.

i) **Vidro de relógio:** peça de vidro de forma côncava, utilizada para diversos procedimentos, como pesagens e evaporações.

j) **Frasco lavador (pisseta):** frasco confeccionado em plástico, destinado à lavagem de materiais ou recipientes através de jato de água destilada, álcool ou outros solventes.

k) **Almofariz e pistilo:** recipiente e bastão, normalmente de cerâmica, utilizados para a trituração e pulverização de sólidos.

l) **Bastão de vidro:** utilizado na agitação de substâncias.

m) **Espátula:** utilizada na transferência de sólidos em pequena escala. Geralmente confeccionada em aço inoxidável.

n) **Estante para tubos:** fabricada em diversos materiais e diferentes tamanhos, sustenta tubos de ensaio, tubos para centrífugas e microtubos, permitindo o desenvolvimento de reações e análises em pequenas escalas.

o) **Tubo de ensaio:** tubo de vidro utilizado para reações e análises em pequena escala. Pode ser aquecido diretamente em chama.

p) **Microtubo (*eppendorf*):** confeccionado em polipropileno, com volumes de 0,5 a 2 mL. Utilizado para reações em microescala, armazenamento de amostras e em microcentrifugações.

>> **IMPORTANTE**
Familiarizar-se com os procedimentos para manuseio e uso dos materiais de laboratório torna a execução de protocolos muito mais eficiente, garantindo a exatidão das análises e evitando desperdícios e acidentes.

q) **Tubo para centrífuga (*falcon*):** confeccionado em polipropileno e destinado principalmente às centrifugações.

r) **Pipeta Pauster:** tubo de vidro ou plástico, com uma longa ponta afilada, usada para transferir pequenos volumes de líquidos sem precisão.

s) **Micropipeta:** instrumento automático utilizado na mensuração e transferência de pequenos volumes de líquidos com elevada exatidão.

t) **Placa de Petri:** utensílio de vidro ou plástico usado no cultivo de amostras microbiológicas.

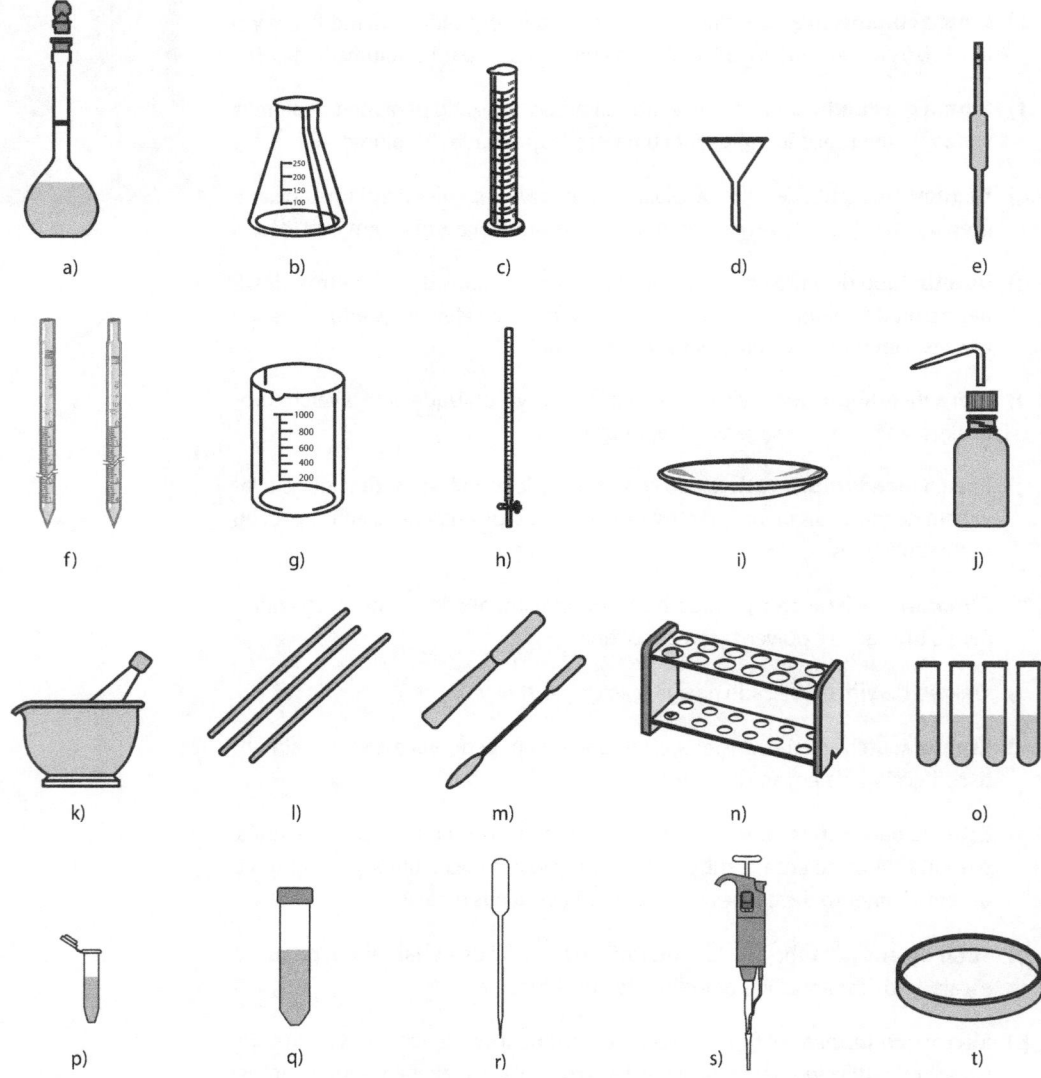

Figura 2.1 Principais vidrarias e materiais utilizados em laboratório.
Fonte: Rosa, Gauto e Gonçalves (2013).

Mensuração de volumes

As atividades de laboratório frequentemente implicam a medida e transferência de líquidos para o preparo de soluções e diluições. Assim, a qualidade dos resultados das análises depende do correto manuseio das pipetas de vidro e das micropipetas.

Pipetas de vidro

As pipetas de vidro são usadas para a transferência de volumes preestabelecidos de um recipiente para outro e podem ser de dois tipos: volumétricas ou graduadas.

Pipetas volumétricas: utilizadas para a mensuração de um volume fixo de líquido, constituindo-se de um bulbo cilíndrico contendo um tubo estreito em cada extremidade e uma marca indicadora de volume final.

>> ATENÇÃO
Jamais pipete qualquer líquido usando a boca.

Pipetas graduadas: utilizadas para a mensuração de volumes variáveis, consistem em um tubo de vidro graduado. Podem ser de escoamento parcial (apresentam no topo duas linhas coloridas) ou de escoamento total (ou sorológica – apresentam no topo uma linha colorida).

Independentemente do tipo de pipeta, devemos nos certificar de que elas estejam íntegras, limpas e secas, descartando as pipetas que apresentem pontas quebradas. Também devemos utilizar pipetas com volume total o mais próximo possível do volume a ser medido, mantendo-as sempre na posição vertical (tanto para aspirar como para desprezar o líquido), de modo que o fluxo do líquido seja contínuo.

Para pipetar líquidos, empregamos os **pipetadores de sucção**, que podem ser automáticos ou de borracha. Os pipetadores de borracha (Figura 2.2) apresentam três válvulas, que servem para esvaziar, sugar e liberar o líquido ou a solução a ser pipetada e são comumente chamados peras de borracha ou pipetadores de três vias.

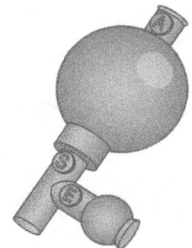

Figura 2.2 Pipetador ou pera de sucção.
Ilustração: Thiago Moura.

>> PROCEDIMENTO

Funcionamento do pipetador de sucção
- Esvazie a pera, apertando a válvula A e pressionando seu corpo;
- Insira a pera na pipeta a ser usada;
- Aperte a válvula S para sugar o líquido ou a solução a ser pipetada.
- Aperte a válvula E, para liberar o líquido da pipeta.

Em análises de máxima exatidão, devemos realizar a **ambientação das pipetas**, que nada mais é do que uma limpeza com o líquido a ser pipetado, já que as pipetas mesmo aparentemente limpas podem conter alguma impregnação de outras soluções. Caso exista algum resquício de solução, esse procedimento permite eliminar o risco de contaminações nas análises a ser realizadas.

Um cuidado fundamental para a leitura de volumes nas pipetas é a **posição do menisco**, que corresponde à curvatura da superfície de um líquido contido em um tubo estreito. A posição do menisco deve ser observada com os olhos no nível da superfície do líquido (Figura 2.3A). O acerto da posição do menisco difere entre soluções incolores e coradas; nestas, a parte inferior do menisco deve ficar na marca de calibração, enquanto naquelas a parte superior do menisco é a que deve ficar na marca de calibração da vidraria (Figura 2.3B).

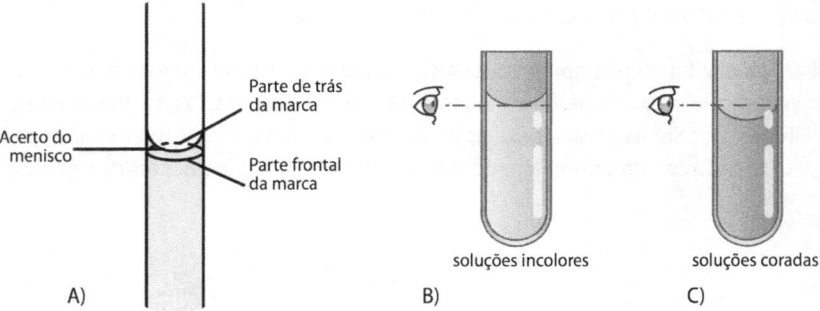

Figura 2.3 Para acerto do menisco, seu olho deve estar no nível da superfície do líquido. (A) Posição correta do menisco no centro da elipse formada pelas partes da frente e de trás do traço de aferição, quando visto ligeiramente acima ou abaixo. Balões volumétricos e pipetas aferidas são calibrados para essa posição. (B) Acerto do menisco para soluções incolores. (C) Acerto do menisco para substâncias coradas.
Ilustração: Thiago Moura.

>> Micropipetas

As micropipetas são instrumentos de laboratório utilizados para a transferência de pequenos volumes de líquido, em geral de 1 a 1.000 μL, com exatidão. Podem ser simples (monocanal), permitindo o uso de apenas uma ponteira, ou multicanal, que possibilita o uso simultâneo de várias ponteiras.

As micropipetas variam de acordo com a capacidade máxima de volume (Tabela 2.1). Por exemplo, se quisermos medir 35 μL, devemos utilizar uma pipeta P100, que possibilita o ajuste de volumes compreendidos entre 20 e 100 μL.

Tabela 2.1 >> **Modelos de micropipetas e faixa de volume em que operam**

Modelo	Faixa de volume (μL)
P2	0,1 – 2
P10	0,5 – 10
P20	2 – 20
P100	20 – 100
P200	50 – 200
P1000	200 – 1.000
P5000	1.000 – 5.000

>> **NO SITE**
Acesse o ambiente virtual de aprendizagem Tekne (www.grupoa.com.br/tekne) para conhecer os componentes de uma micropipeta e alguns exemplos de volumes pipetados em cada modelo.

Em geral, as micropipetas funcionam por meio de um sistema de deslocamento de ar. Quando pressionamos o êmbolo, movemos para baixo um pistão que fica dentro da micropipeta, de forma que o ar é expulso em um volume equivalente ao volume a ser aspirado. Ao introduzir a ponteira no líquido e liberar o êmbolo, cria-se um vácuo dentro da ponteira, permitindo a aspiração do volume desejado mediante a ação da pressão atmosférica. Ao pressionar o êmbolo novamente, gera-se ar comprimido dentro da ponteira, o que permite a saída do líquido.

A Figura 2.4 demonstra o procedimento de aspiração e dosagem por meio do uso de micropipetas.

>> **ATENÇÃO**
As ponteiras não devem ser reaproveitadas, pois isso pode ocasionar erros de pipetagem e contaminação de amostras e reagentes.

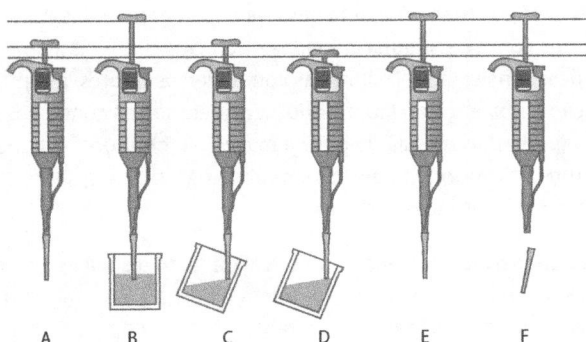

Figura 2.4 Procedimento para uso correto das micropipetas (aspiração e dosagem).
Fonte: Adaptada de HLT Lab Solutions (c2004).

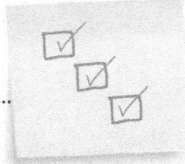

>> PROCEDIMENTO

Aspiração e dosagem
- Segure a pipeta na posição vertical.
- Pressione suavemente o êmbolo até a posição do 1º estágio (Figura 2.4A).
- Submerja a ponteira na solução, soltando o êmbolo de forma lenta e constante para aspirar o volume selecionado (Figura 2.4B).
- Disponha a parte inferior da ponteira contra a parede interior do recipiente com um ângulo entre 10 e 40º, para transferir o volume aspirado para outro recipiente pressionando o êmbolo suavemente até o primeiro estágio (Figura 2.4C).
- Pressione o êmbolo até o segundo estágio para eliminar o resto do líquido (Figura 2.4D).
- Mantenha pressionado o êmbolo, retire a pipeta deslizando a ponteira pela parede interna do recipiente e, então, solte imediatamente o êmbolo (Figura 2.4E).
- Descarte a ponteira usando o botão ejetor (Figura 2.4F).

>> Mensuração de sólidos: o uso da balança analítica

Para manusear adequadamente uma balança e efetuar medidas de peso com precisão, devemos conhecer alguns cuidados operacionais. A exatidão e a confiabilidade das pesagens estão relacionadas com diversos fatores, e o primeiro deles é a localização da balança no laboratório, considerando as condições da bancada e os fatores ambientais da sala de pesagem ou do laboratório. A bancada precisa ter uma estrutura firme, que transmita o mínimo de vibrações; sobre ela, a balança deve estar estável e nivelada.

As **balanças analíticas** apresentam alta qualidade de resolução na pesagem, cobrindo faixas de precisão de leitura da ordem de 0,1 µg a 0,1 mg. A balança deve ficar longe de janelas, a fim de evitar correntes de ar, luz direta do sol ou qualquer outra fonte de variação de ar ou de temperatura.

Outros fatores a serem observados são a calibração e a manutenção da balança. A calibração da balança deve ser realizada com regularidade, principalmente quando for utilizada pela primeira vez, após mudanças de local, nivelamentos ou variações bruscas de temperatura. A manutenção rotineira envolve a limpeza do prato de pesagem e da câmara de pesagem removendo cuidadosamente qualquer resíduo que tenha caído no interior da balança.

Os recipientes de pesagem também precisam ser limpos e secos. É importante utilizar um recipiente de pesagem leve, tal como um pequeno béquer, um vidro de relógio ou, ainda, papel alumínio. Além disso, a amostra tem de estar na temperatura ambiente, ou seja, nunca se devem pesar amostras retiradas diretamente de estufas, muflas ou refrigeradores. Uma vez observados esses fatores, o procedimento de pesagem pode ser realizado.

>> **DICA**
Antes de utilizar qualquer equipamento no laboratório, deve-se ligá-lo com antecedência de cerca de 30 minutos (tempo de estabilização), a fim de manter o equilíbrio térmico dos circuitos eletrônicos.

>> PROCEDIMENTO

Pesagem

- Após ligar a balança, coloque o recipiente de pesagem no prato da balança, fechando as portas de vidro e zerando a escala (tara).
- Abra cuidadosamente a porta de vidro e adicione uma pequena quantidade da amostra sobre o recipiente de pesagem com o auxílio de uma espátula, tomando cuidado para não derrubá-la no prato e no interior da balança.
- Feche a porta e espere até que o mostrador digital não oscile.
- Repita a operação de adição da substância em pequenas porções, até obter o peso desejado.
- Retire cuidadosamente o recipiente de pesagem com a amostra.
- Feche as portas e zere a escala antes de desligar a balança.

O que é tara?

As balanças têm um dispositivo que subtrai automaticamente o peso do recipiente permitindo a obtenção do peso líquido da amostra. Esta é a função "tara", que deve ser utilizada antes de dispor a amostra sobre o recipiente de pesagem.

≫ Determinação da concentração de soluções: espectrofotometria

A espectrofotometria é uma técnica utilizada para a detecção e quantificação de substâncias específicas em uma solução, como proteínas, ácidos nucleicos, carboidratos e aminoácidos. A concentração de substâncias é estimada medindo a luz absorvida pela solução, por meio do método espectrofotométrico.

O funcionamento do espectrofotômetro se baseia na **absorbância** ou na **transmitância** observada na amostra ao ser atravessada por um feixe de luz monocromático em um dado comprimento de onda (λ), na faixa do ultravioleta até o infravermelho.

Cada tipo de molécula apresenta uma estrutura característica que absorve determinado(s) comprimento(s) de onda, permitindo sua identificação mesmo quando tal molécula faz parte de soluções de composição complexa.

O espectrofotômetro é constituído basicamente por uma fonte de radiação, por um monocromador, pelos locais de encaixe das cubetas e por uma fotocélula, além de sistemas mecânicos e elétricos que permitem o controle da intensidade luminosa, o ajuste do comprimento de onda e a conversão da energia recebida pela fotocélula em sinais elétricos, que convertem os valores de absorbância ou de transmitância em um *display* digital.

Como funciona um espectrofotômetro?

Os espectrofotômetros de comprimentos de onda variável UV-VIS funcionam na faixa de 190 a 800 nm e apresentam uma **fonte de radiação**, geralmente lâmpadas de deutério (UV) ou tungstênio (VIS). O feixe de luz emitido passa por um monocromador, instrumento óptico (prismas ou grades de difração) que seleciona o comprimento de onda desejado direcionando-o para a amostra. O feixe de luz **monocromático**, então, atravessa a solução contida na cubeta, sendo parte da luz absorvida pelas moléculas e parte transmitida para um detector, elemento sensível à radiação eletromagnética (fotocélula) que mensura sua intensidade (Figura 2.5).

≫ **DEFINIÇÃO**
O termo absorbância diz respeito à quantidade relativa de energia luminosa absorvida por uma solução.

≫ **DEFINIÇÃO**
O termo transmitância está relacionado à quantidade relativa de energia transmitida por uma solução.

≫ **NO SITE**
Para conhecer mais sobre os princípios de espectrofotometria, acesse o ambiente virtual de aprendizagem Tekne.

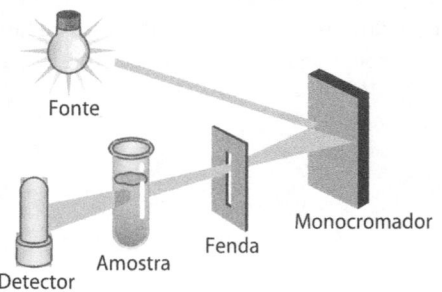

Figura 2.5 Representação esquemática do funcionamento de um espectrofotômetro.
Fonte: Adaptada de Chemicool (2001).

A leitura da absorbância das amostras é simples, e possui as seguintes etapas:

- após ligar o aparelho, ajuste o comprimento de onda em que será realizada a leitura;
- calibre o aparelho utilizando uma cubeta com o solvente puro (chamado "branco"), pressupondo que este terá 100% de transmitância;
- em seguida, realize as leituras das amostras.

>> **ATENÇÃO**
Cada vez que modificamos o comprimento de onda a ser medido, devemos "ler o branco" novamente.

>> O microscópio

A partir de seu advento, no século XVI, o microscópio óptico foi sendo aprimorado, o que resultou em uma gradual popularização do seu uso. Hoje, é um dos equipamentos de mais ampla utilização, proporcionando avanços científicos em diversas áreas do conhecimento, especialmente na biologia celular.

>> Microscópio óptico

O microscópio óptico comum é constituído por dois sistemas de lentes (oculares e objetivas) que produzem ampliações de imagem, em geral, entre 40 e 1.000 vezes e com resolução em torno de 0,2 micrômetros. A lente objetiva é aquela que fica próxima ao objeto a ser visualizado, enquanto a lente ocular fica próxima aos olhos do observador.

A **ampliação**, ou o aumento final que o observador visualiza, é obtida multiplicando o aumento da objetiva pelo da ocular, como ilustrado no Quadro 2.1. Existem lentes oculares que proporcionam maior ampliação. Por exemplo, com uma ocular de 16x, a ampliação obtida com a objetiva de 100x é de 1.600x.

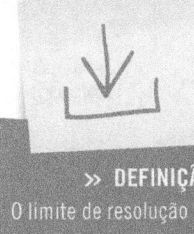

>> **DEFINIÇÃO**
O limite de resolução de um microscópio indica a menor distância entre dois pontos para que sejam visualizados individualmente. Quanto menor o limite de resolução, maior o poder de resolução de um microscópio.

Quadro 2.1 >> **Ampliação (aumento final)**

Ocular	Objetiva	Ampliação
10x	4x	40x
	10x	100x
	40x	400x
	100x (imersão)	1.000x

» **PARA SABER MAIS**
Você aprenderá mais sobre as técnicas de preparação de materiais para observação em microscopia óptica nos Capítulos 7 e 8 deste livro.

Para que a imagem seja formada com clareza, o material não pode ser opaco. Desse modo, os cortes passíveis de observação em microscopia óptica devem ser muito delgados. Além disso, as células costumam ser muito pequenas e apresentam organelas transparentes, sendo frequente o uso de técnicas de coloração para destacar os componentes celulares.

Para utilizar corretamente o microscópio, é preciso conhecer as suas partes (Figura 2.6). Ele é constituído por um conjunto de partes mecânicas, um conjunto de lentes e um sistema de iluminação.

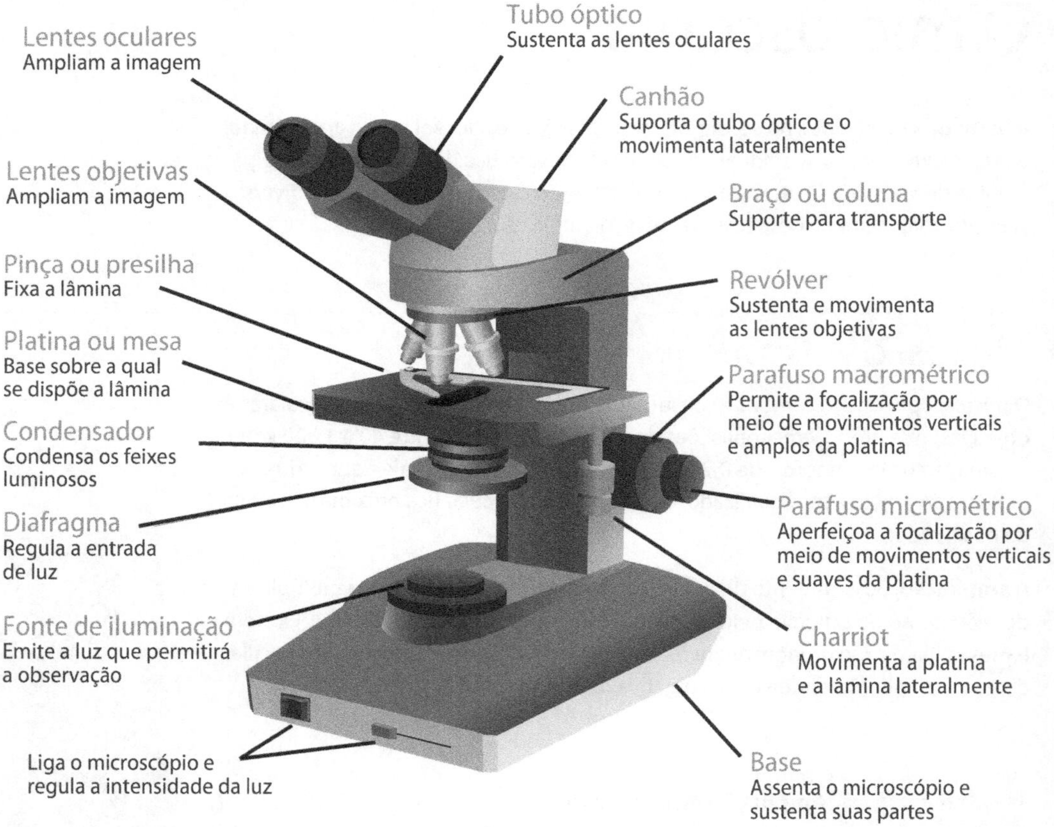

Lentes oculares
Ampliam a imagem

Lentes objetivas
Ampliam a imagem

Pinça ou presilha
Fixa a lâmina

Platina ou mesa
Base sobre a qual se dispõe a lâmina

Condensador
Condensa os feixes luminosos

Diafragma
Regula a entrada de luz

Fonte de iluminação
Emite a luz que permitirá a observação

Liga o microscópio e regula a intensidade da luz

Tubo óptico
Sustenta as lentes oculares

Canhão
Suporta o tubo óptico e o movimenta lateralmente

Braço ou coluna
Suporte para transporte

Revólver
Sustenta e movimenta as lentes objetivas

Parafuso macrométrico
Permite a focalização por meio de movimentos verticais e amplos da platina

Parafuso micrométrico
Aperfeiçoa a focalização por meio de movimentos verticais e suaves da platina

Charriot
Movimenta a platina e a lâmina lateralmente

Base
Assenta o microscópio e sustenta suas partes

Figura 2.6 Aspecto geral de um microscópio com suas principais partes.
Ilustração: Thiago Moura.

Ao utilizar um microscópio óptico, alguns cuidados básicos têm de ser tomados. Todo material a ser observado deve ser levado ao microscópio disposto sobre uma lâmina e recoberto por lamínula. Entre a lâmina e a lamínula é necessário um meio de montagem que pode ser a água, no caso de preparações temporárias, ou um meio de montagem sintético, no caso de lâminas permanentes.

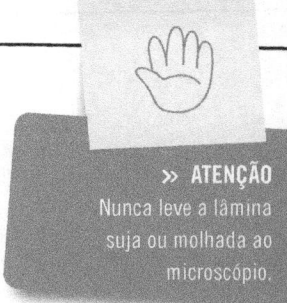

» ATENÇÃO
Nunca leve a lâmina suja ou molhada ao microscópio.

Após a montagem da lâmina, devemos verificar se há excesso de líquido sobre a lamínula e, se houver, limpá-lo com papel filtro.

» PROCEDIMENTO

O passo a passo da focalização
- Inicie a focalização com a platina completamente abaixada e a objetiva de menor aumento (4x) encaixada.
- Coloque a lâmina sobre a platina e prenda-a com as presilhas.
- Com auxílio do charriot, disponha o material biológico sobre o feixe de luz que atravessa o condensador.
- Acomode os olhos nas lentes oculares e suba lentamente a placa usando o botão macrométrico, até focalizar o objeto a ser observado.
- Use o charriot para percorrer a amostra até encontrar a região de interesse no material a ser observado, dispondo-a no centro do campo de visão e, a seguir, encaixe a objetiva de 10x.
- Ajuste o foco usando o botão micrométrico, para vasculhar a amostra em busca de células ou estruturas de especial interesse.
- Centralize a região a ser observada e aprimore o foco com o botão micrométrico.
- Encaixe a objetiva de 40x e ajuste o foco cuidadosamente utilizando o botão micrométrico.

Ao finalizar a observação, a lâmina deve ser retirada. Para tanto, encaixe a objetiva de menor aumento e, só então, abaixe a platina e retire a lâmina. Ao término do uso, o microscópio deve ser desligado, estando perfeitamente limpo, sem resíduos de preparações e protegido pela capa.

Utilização da lente objetiva de 100x – Imersão

Em alguns casos, como nos estudos microbiológicos, faz-se uso das lentes objetivas de 100x e, para isso, aplica-se óleo de imersão sobre a lâmina. O óleo de imersão forma um filme entre a lamínula e a lente objetiva e, por ter um índice de refração similar ao do vidro da lamínula, acresce o número de raios difratados capturados pela lente, aumentando a abertura numérica e, consequentemente, reduzindo o limite de resolução.

» ATENÇÃO
Nunca utilize o botão macrométrico com uma lente objetiva de 40x ou maior.

>> **ATENÇÃO**
Ao utilizar a objetiva de 100x, sempre use óleo de imersão.

As seguintes etapas devem ser seguidas na utilização da lente objetiva de 100x:

- após focalizar perfeitamente a estrutura de interesse com a objetiva de 40x, mova-a com o revólver até desencaixá-la sem passar para a objetiva de 100x;
- pingue uma gota de óleo de imersão e então encaixe a objetiva de 100x;
- não use o charriot para "passear" pela lâmina, pois a imersão serve para observar uma região pontual.

Após o uso da imersão, as partes do microscópio que tiveram contato com o óleo de imersão devem ser cuidadosamente limpas com um algodão embebido em solução de limpeza éter sulfúrico P.A. e clorofórmio P.A. (1:1). Não se recomenda o uso de solventes à base de álcool, pois não removem adequadamente o óleo, deixando resíduos nas lentes. Também não é recomendado o uso de solventes, como acetona e xilol, pois essas substâncias podem infiltrar-se entre as lentes e dissolver o verniz que as prende.

Lembre-se de que o microscópio óptico é um instrumento delicado, e todos os procedimentos precisam ser executados com máxima cautela. Quando necessário, limpe somente as partes do microscópio de fácil acesso, que não requeiram ferramentas para serem abertas. Oculares e objetivas não deverão ser desmontadas. A manutenção do microscópio e a limpeza das partes mecânicas, mesmo as mais básicas, devem ser realizadas somente por profissionais devidamente treinados.

A microscopia de luz conta com diversos outros tipos de microscópios, adequados ao estudo de células em condições específicas. Exemplos dessas variações incluem a microscopia de fluorescência, de campo escuro, invertida, de polarização, de contraste de fase e de interferência (ou de Normanski).

>> **NO SITE**
Acesse o ambiente virtual de aprendizagem Tekne para conhecer a técnica de observação da ultraestrutura de células e de diversos materiais.

>> Microscópio eletrônico

Criado em 1931, o microscópio eletrônico tem funcionamento bastante distinto do microscópio óptico, proporcionando aumentos de até 500.000 vezes. A diferença básica entre os dois tipos de microscópio está na formação da imagem. Enquanto o óptico emprega um feixe de luz e lentes de vidro, o eletrônico emite feixes de elétrons e tem lentes eletromagnéticas.

Existem dois tipos básicos de microscópios eletrônicos, frequentemente utilizados em análises biológicas: o **microscópio eletrônico de varredura** (MEV), que permite a visualização da superfície do material, e o **microscópio eletrônico de transmissão** (MET), que possibilita a observação de cortes ultrafinos.

Embora tenha se difundido, o uso da microscopia eletrônica é muito mais restrito que o da microscopia de luz, uma vez que se trata de um equipamento de grande porte, que opera em condições controladas de temperatura e cujo processamento de amostras é mais dispendioso e sofisticado.

Aquecimento de substâncias

Práticas envolvendo o aquecimento de substâncias são rotineiras em laboratórios, e os equipamentos empregados são muito variados, dependendo da técnica e do objetivo a ser alcançado.

O **bico de Bunsen** (Figura 2.7A) é utilizado em laboratórios com dois objetivos principais: obter aquecimento de líquidos não inflamáveis e esterilizar materiais. Em linhas gerais, o bico de Bunsen produz uma chama a partir da queima de gás (geralmente GLP – gás liquefeito de petróleo), atingindo temperaturas em torno de 1.500 °C. O gás se mistura com o ar na parte inferior do tubo e, ao ser aceso, produz uma chama no ápice do tubo que pode ser regulada por meio do controle da entrada de gás.

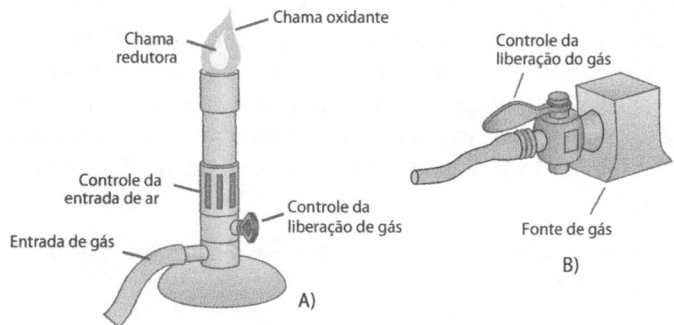

Figura 2.7 (A) Aspecto geral do bico de Bunsen. (B) Detalhe do sistema de gás.
Ilustração: Thiago Moura.

>> PROCEDIMENTO

Acendimento do bico de Bunsen
- Abra o registro geral do gás.
- Libere as válvulas de gás na bancada. A haste deve permanecer fechada (em ângulo reto com a saída do gás) sempre que o bico de Bunsen não estiver em uso. Para abri-la, posicione a haste na mesma direção da saída de gás (Figura 2.7B).
- Feche a entrada de ar do bico completamente.
- Acenda um fósforo e coloque sobre o bico.
- Abra lentamente o registro de gás do bico até obter uma chama grande de cor amarela.
- Abra vagarosamente a entrada de ar do bico de forma que a chama se torne totalmente azul (se a chama apagar ou houver combustão no interior do bico, feche a entrada de gás e reinicie o processo).
- Regule, por meio do controle de liberação do gás, o tamanho da chama.
- Realize o aquecimento.

>> **ATENÇÃO**
Ao término do uso do bico de Bunsen, todas as entradas de gás devem ser cuidadosamente fechadas.

>> **CURIOSIDADE**
A chama amarela também é conhecida como "chama suja", pois libera uma fuligem que adere sobre a superfície do recipiente que está sendo aquecido. Os produtos da queima são CO (monóxido de carbono), C (fuligem), vapor de H_2O e CO_2 (dióxido de carbono).

As chamas resultantes do acendimento do bico de Bunsen diferem de acordo com a regulação da entrada de ar na sua base.

Chama amarela: Quando os orifícios que permitem a entrada do ar estão fechados na base do aparelho, o gás se mistura com o ar ambiente somente após sua saída do tubo, na parte superior, resultando na formação de uma chama amarelo brilhante, menos quente, com cerca de 300 °C. Essa chama é conhecida como **chama de segurança**, pois, em razão de sua cor, é facilmente visualizada, o que previne acidentes.

Chama azul: Quando os orifícios que permitem a entrada do ar estão abertos, o ar se mistura ao gás durante sua passagem pelo tubo, tornando a queima mais eficiente. Forma-se uma chama de cor azul ou azulada, mais difícil de visualizar em algumas situações (chama invisível), a qual é utilizada para o aquecimento.

A chama azul ou chama "quente" apresenta duas zonas de diferentes temperaturas (Figura 2.7A). A zona externa ou oxidante corresponde à área da chama de cor violeta pálida, quase invisível, onde os gases sofrem combustão completa (1.540-1.560 °C). A zona intermediária ou redutora, luminosa, se caracteriza por combustão incompleta (> 1.540 °C). Bem próximo da saída de gás, na extremidade do tubo, concentram-se os gases ainda não queimados (300-530 °C). Os produtos da queima são CO_2 e vapor de H_2O.

O aquecimento de substâncias no bico de Bunsen é realizado de três formas principais, ilustradas na Figura 2.8.

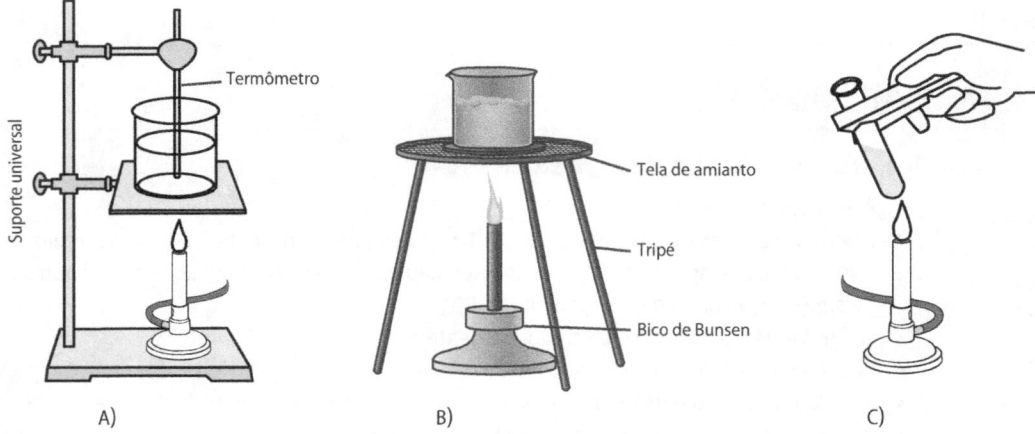

Figura 2.8 Modos de uso do bico de Bunsen. (A) Com o auxílio de um suporte universal, a temperatura pode ser monitorada com um termômetro. (B) Com tela de amianto sobre um tripé. (C) Com o tubo de ensaio diretamente sobre a chama, suportado por uma garra ou tenaz.
Fonte: Rosa, Gauto e Gonçalves (2013).

Quando se deseja aquecer substâncias que não podem ser diretamente expostas ao fogo, utiliza-se o **banho-maria**, que proporciona o aquecimento gradual e uniforme por meio da submersão do recipiente contendo a amostra em água com uma temperatura de 0,1 a 100 °C (fervura). Existem ainda diferentes tipos de "banhos", todos baseados no princípio do aquecimento gradual e uniforme, como banho-maria sorológico, banho-maria ultrassom, banho-maria com agitação, banho seco, entre outros.

Já as **placas** e as **chapas aquecedoras** são empregadas para o aquecimento de substâncias em geral, principalmente as inflamáveis. Muitas possuem um sistema de agitação integrado (Figura 2.9A) ideal para a dissolução de solutos no preparo de soluções. Sua temperatura pode atingir 500 °C, de acordo com o volume a ser aquecido.

As **mantas aquecedoras** (Figura 2.9B) apresentam o fundo de formato circular e se destinam ao aquecimento de balões de fundo redondo, em procedimentos de destilação e evaporação. O formato da manta proporciona o aquecimento uniforme do balão, reduzindo a perda de calor e atingindo temperaturas entre 350 e 500 °C.

» ATENÇÃO
Ao aquecer substâncias em um tubo de ensaio, este deve ser segurado em um ângulo entre 30 e 45° com a abertura do tubo voltada para a parede, e nunca para o seu corpo ou o de outra pessoa (Figura 2.8C). Efetue movimentos circulares ou passe o tubo sobre a chama, mas jamais o deixe parado sobre ela.

» ATENÇÃO
O banho-maria nunca pode ser ligado sem que a água da cuba esteja cobrindo totalmente as resistências elétricas (que são as fontes de calor). Use água destilada para preencher a cuba, evitando a deposição de sais nas suas paredes.

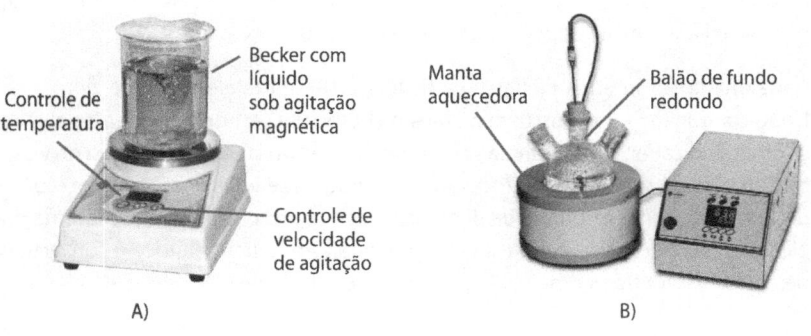

Figura 2.9 (A) Aspecto de um agitador magnético com aquecimento. (B) Aspecto de uma manta aquecida.
Fonte: Quimis (20--?).

Se o aquecimento tem por finalidade a desidratação de amostras biológicas, uma alternativa são as **estufas**, cuja temperatura, que atinge em geral até 200 °C, pode ser mantida constante. As estufas são de especial interesse quando a desidratação deve ocorrer de forma homogênea, com temperatura constante e moderada, prevenindo a alteração da composição química das amostras.

A **mufla** é um tipo de forno que propicia a calcinação de amostras devido às elevadas temperaturas que atinge.

>> **DEFINIÇÃO**
Calcinação consiste em submeter a amostra a temperaturas muito elevadas (até 1.700 °C), até que toda a matéria orgânica seja oxidada, restando somente o conteúdo inorgânico.

Outro equipamento que controla a temperatura é o **termociclador**, cuja temperatura varia em geral entre 4 e 99,9 °C. É utilizado para a amplificação do DNA na técnica de PCR (reação em cadeia da polimerase), controlando e alternando temperaturas por períodos programados de tempo.

>> Determinação do pH de soluções

A determinação do pH (potencial hidrogeniônico) em laboratório é comumente realizada por meio de um equipamento denominado medidor de pH de bancada ou **pHmetro**. Esse equipamento consiste basicamente em um potenciômetro ao qual são acoplados dois eletrodos: o eletrodo de referência, que é independente do pH e impermeável aos íons H^+, e o eletrodo de medição ou eletrodo indicador, permeável aos íons H^+ e em geral feito de vidro de borossilicato.

A maioria dos pHmetros de bancada (Figura 2.10) utiliza eletrodos de vidro (eletrodo combinado), que possuem no mesmo bulbo um eletrodo de referência e um eletrodo indicador. Na extremidade do bulbo encontra-se uma membrana de vidro que atua como sensor do eletrodo. Tal membrana é seletiva aos íons H^+, e o pH é determinado como resultado da diferença de potencial entre a solução interna do eletrodo de referência e a solução a ser medida. O potencial elétrico é convertido pelo potenciômetro por meio de uma escala de valores de pH.

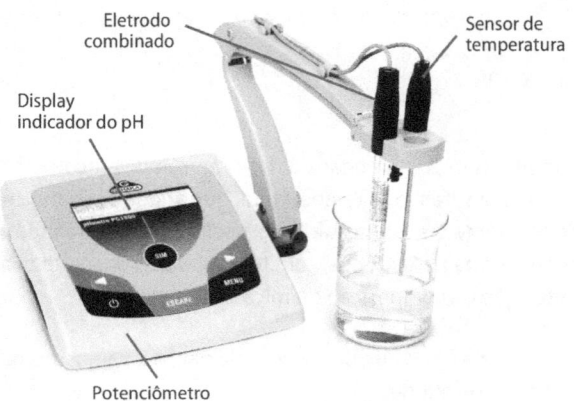

Figura 2.10 Representação de um pHmetro de bancada.
Fonte: Gehaka (20--?).

Quando não estiver em uso, o eletrodo deve permanecer coberto por uma capa de proteção contendo a solução de descanso (solução de KCl 3M) para manter a membrana hidratada. Para utilizá-lo, retire a capa protetora do bulbo, lave-o de preferência com água deionizada ou destilada e enxugue-o delicadamente com um papel absorvente e macio, sem friccionar para evitar a interferência estática.

Antes de dar início às medições, o equipamento precisa ser calibrado. A **calibração** é feita com soluções de calibração que, em geral, correspondem a três pontos de pH: ácido, neutro e básico. A calibração é feita apenas em um ponto ou nos três, de acordo com as características da solução. Se não se conhece a faixa aproximada de pH da solução, a calibração é realizada nos três pontos. Caso a solução tenha caráter ácido ou alcalino, a calibração poderá ser realizada apenas em dois pontos.

>> PROCEDIMENTO

Medição do pH

- Mergulhe o bulbo na solução de interesse e aguarde a estabilização do sensor que informa o valor.
- O eletrodo deve ser mergulhado no recipiente da amostra (ou da solução de calibração), de modo que fique totalmente submerso no líquido. Cuidado para não bater o bulbo no fundo do recipiente, para não danificá-lo.
- Sempre lave o bulbo com água deionizada quando mudar a solução a ser medida.

Terminada a análise, lave o bulbo e recoloque a chupeta com a solução de descanso. Algumas vezes, a utilização do pHmetro resulta em erros de mensuração de pH que podem não ser percebidos pelo operador (Quadro 2.2).

Quadro 2.2 >> **Principais erros que podem ocorrer durante a utilização do pHmetro**

- Quando não está em uso, o eletrodo não pode ficar sem a proteção, pois a desidratação altera sua sensibilidade, provocando erros de mensuração.
- As soluções tampão utilizadas na calibração do equipamento têm de ser perfeitamente padronizadas, pois se sua composição estiver alterada, todas as medições subsequentes também estarão.
- Se o pH é muito baixo (menor do que 0,5), a sensibilidade do eletrodo pode ser insuficiente e registrar valores mais altos.
- Danos ao eletrodo, como riscos e acúmulo de resíduos na superfície, podem reduzir ou alterar sua sensibilidade.

>> Centrifugação de amostras

Em laboratório, frequentemente é preciso utilizar técnicas para separar partículas biológicas em suspensão. Como exemplo, destacamos o isolamento de células, organelas subcelulares, macromoléculas (p. ex., proteínas, lipídeos e ácidos nucleicos) e até vírus. Para tal finalidade, utilizam-se equipamentos denominados **centrífugas**.

> **DEFINIÇÃO**
> Centrífuga é um equipamento que aplica uma força centrífuga para separar as partículas conforme suas características (tamanho, densidade, formato, viscosidade).

A força centrífuga relativa (FCR), ou RCF (do inglês *relative centrifugal force*), é gerada quando uma partícula é submetida a um movimento circular. A unidade de medida da FCR é g, que equivale à aceleração da gravidade na superfície da Terra. Assim, a velocidade de uma centrífuga será fornecida em g (também chamado RCF) ou em rotações por minuto (rpm).

Como determinar a velocidade da centrifugação?

Os protocolos técnicos costumam fornecer a velocidade em g, que é uma constante. O valor de rpm depende do tamanho e do tipo de rotor da centrífuga. Para fazer a **conversão** de g para rpm, ou vice-versa, utiliza-se a seguinte fórmula:

$$g \text{ (RCF)} = 1{,}12 \times 10^{-6} \times \text{raio (mm)} \times \text{rpm}^2.$$

Deve-se medir o raio do centro do rotor até a tampa do tubo a ser centrifugado.

>> Tipos de centrifugação

Os dois tipos de centrifugação mais comuns são a analítica e a preparativa. A **centrifugação analítica** analisa as propriedades físicas de partículas que sedimentam na centrifugação (p. ex., o peso molecular e o coeficiente de sedimentação) por meio de um sistema óptico para observar o processo enquanto ele ocorre. Já a **centrifugação preparativa** consiste em isolar partículas específicas de uma solução para utilizá-las posteriormente em algum procedimento.

Por ser a mais usual no contexto da biotecnologia, a centrifugação preparativa será abordada com mais detalhes neste capítulo. De acordo com o objetivo da técnica, ela é classificada basicamente em centrifugação diferencial e centrifugação por gradiente de densidade.

Centrifugação diferencial

Baseia-se na sedimentação de partículas de acordo com seu tamanho e densidade. Por meio da centrifugação de uma amostra biológica, por exemplo, são obtidas duas fases: o precipitado (também chamado *pellet*), no qual estarão as partículas maiores e mais densas, e a fração que não precipitou (chamada *sobrenadante*), que contém as partículas menores e menos densas.

O sobrenadante pode ser centrifugado posteriormente aumentando a velocidade e/ou o tempo de centrifugação. Esse processo pode ser repetido várias vezes com o objetivo de isolar partículas cada vez menores da amostra, conforme ilustrado na Figura 2.11, que representa a centrifugação de um homogenato de tecido em várias etapas para o isolamento de diferentes estruturas celulares.

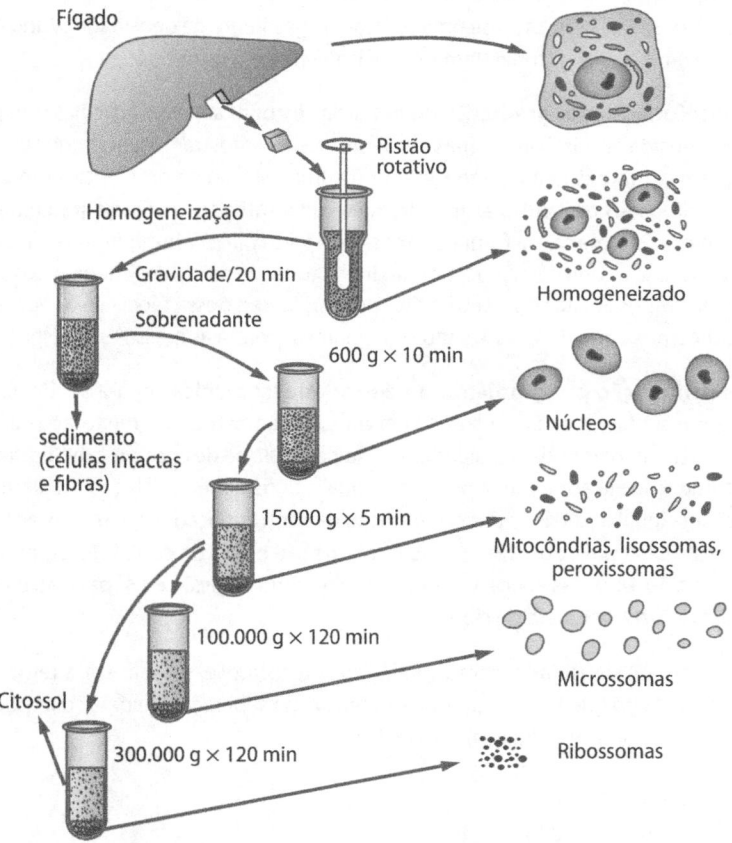

Figura 2.11 Representação esquemática do princípio da centrifugação diferencial.
Fonte: Adaptada de Fraccionamento... (20--?).

Outras aplicações da centrifugação diferencial incluem:

- a separação dos elementos figurados do sangue, processo essencial para a realização de diferentes dosagens bioquímicas e imunológicas, nas quais utiliza-se o soro ou o plasma;
- a separação de células e meios de cultura;
- a precipitação de DNA.

O **plasma** é a parte líquida do sangue, que contém componentes importantes para sua coagulação, como o fibrinogênio. Para sua obtenção, o sangue deve ser centrifugado junto com um anticoagulante. Diferentemente do plasma, o **soro** não contém componentes para a coagulação do sangue, sendo, portanto, obtido a partir da centrifugação do sangue sem anticoagulantes.

Centrifugação por gradiente de densidade

Esse tipo de centrifugação é útil para purificar partículas, como organelas ou macromoléculas, utilizando-se uma solução de gradiente de densidade sendo classificada em dois tipos: zonal (tamanho) e isopícnica (densidade).

A **centrifugação por gradiente de densidade zonal** separa partículas que possuem densidades similares e massas diferentes. A amostra é inserida no topo do tubo, em contato com a porção superior de uma solução de gradiente. Com a força centrífuga, as partículas sedimentam em diferentes zonas desse gradiente, de acordo com o tamanho, a forma e a massa da partícula. O tempo interfere no processo, pois, se a centrifugação for muito lenta, todas as partículas chegam ao fundo do tubo, impossibilitando a separação. Uma aplicação dessa técnica é a separação de anticorpos cujas densidades são semelhantes, porém as massas são distintas.

A **centrifugação por gradiente de densidade isopícnica** separa partículas de tamanho similar, mas densidades diferentes. As amostras são misturadas com a solução de gradiente de densidade, e cada partícula se desloca no tubo durante a centrifugação até atingir uma posição na qual a densidade da solução gradiente ao redor seja igual à sua densidade. A duração da centrifugação não é uma preocupação neste caso, pois, quando a partícula atinge seu ponto de equilíbrio, permanece nessa região. Uma das aplicações desse tipo de centrifugação é a separação de moléculas de DNA por meio de cloreto de césio.

Gradientes de densidade, como gradientes de sacarose, podem ser alternativas mais rápidas do que a centrifugação diferencial na separação de partículas pequenas (como organelas celulares) (Figura 2.12).

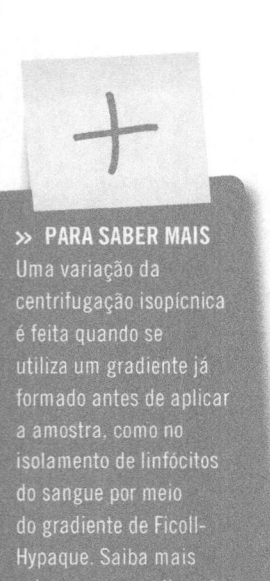

>> **PARA SABER MAIS**
Uma variação da centrifugação isopícnica é feita quando se utiliza um gradiente já formado antes de aplicar a amostra, como no isolamento de linfócitos do sangue por meio do gradiente de Ficoll-Hypaque. Saiba mais sobre esse procedimento acessando o ambiente virtual de aprendizagem Tekne.

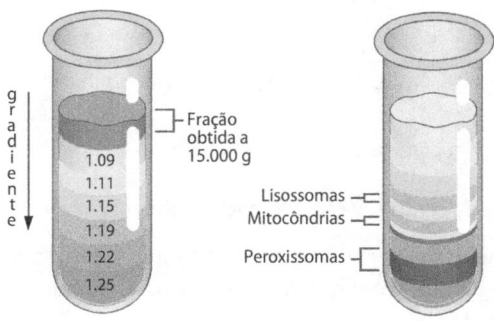

Figura 2.12 Representação esquemática do resultado da centrifugação em gradiente de densidade.
Fonte: Adaptada de Fraccionamento... (20--?).

>> Tipos de centrífuga

Além de variar conforme o tipo de rotor, as centrífugas diferem entre si em relação ao tamanho e ao modelo, de acordo com a aplicação. Essas diferenças determinam a velocidade máxima da centrifugação, o controle de temperatura (possibilidade de refrigerar a amostra), a capacidade de tubos e o volume máximo de líquido por tubo. A seguir, são descritos alguns tipos de centrífugas.

Centrífuga de bancada: Amplamente utilizada para centrifugar diferentes amostras e volumes até 200 mL.

Centrífuga clínica: Utilizada para a sedimentação de partículas em amostras biológicas (sangue, urina).

Microcentrífuga: Utilizada para tubos de pequeno volume, entre 0,5 e 2 mL.

Ultracentrífuga: Atinge altas velocidades, até 500.000 g.

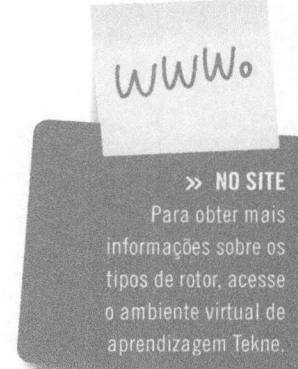

>> NO SITE
Para obter mais informações sobre os tipos de rotor, acesse o ambiente virtual de aprendizagem Tekne.

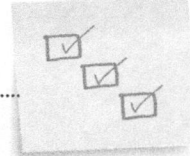

>> PROCEDIMENTO

Como centrifugar
- Escolha a centrífuga, o rotor e os tubos adequados para a aplicação que deseja.
- Coloque os tubos na centrífuga, cuidando para equilibrá-los corretamente, ou seja, cada tubo deve ser centrifugado com um tubo de mesmo peso colocado na diagonal (lado oposto no rotor). Tubos de microcentrífugas podem ser equilibrados pelo volume e não pelo peso, mas tubos de ultracentrífugas e centrífugas de alta velocidade devem ser pesados em uma balança.
- Feche a tampa do rotor e da centrífuga, assegurando-se do seu travamento.
- Programe a centrífuga ajustando a velocidade, o tempo, a temperatura e a velocidade de aceleração e desaceleração da centrifugação.
- Inicie a centrifugação. Espere ao lado da centrífuga até que a velocidade programada seja atingida, para garantir que a centrífuga esteja balanceada.
- Após o término da centrifugação, retire imediatamente os tubos, com cuidado para não misturar as fases de separação ou o sobrenadante do precipitado.
- Limpe a centrífuga cuidadosamente, especialmente quando utilizar centrífugas refrigeradas. Realize a limpeza com um pano úmido na parte interna e, se necessário, retire os suportes dos rotores, lave-os e enxague-os com água destilada.

Alguns cuidados devem ser tomados para garantir que a centrifugação ocorra de forma correta e segura (Quadro 2.3).

> **Quadro 2.3** » **Cuidados para uma centrifugação correta**
>
> **Com relação aos tubos da centrífuga**
>
> - Nunca utilize tubos danificados.
> - Verifique se os tubos resistem à velocidade de centrifugação aplicada.
> - Dê preferência a tubos de polipropileno em vez de vidro.
> - Verifique se os tubos são compatíveis quimicamente com a amostra.
> - Não preencha demais os tubos, para evitar vazamentos.
> - Tampe sempre os tubos que contenham uma amostra potencialmente contaminante.
> - Garanta que os tubos permitam a recuperação fácil da amostra após a separação.
>
> **Com relação ao rotor/centrífuga**
>
> - Avalie se comportam os tubos utilizados no processo e se atendem à aplicação esperada.
> - Verifique se são apropriados para a velocidade desejada.
> - Confira a necessidade ou não de refrigeração, de acordo com a técnica usada.
> - Não ultrapasse os limites de velocidade de cada centrífuga e rotor.
> - Quando o material a ser centrifugado for radioativo, infeccioso ou oferecer risco biológico, certifique-se de que a centrífuga utilizada é indicada para tal propósito.

» Separação de constituintes de uma mistura: cromatografia

A cromatografia permite separar constituintes de uma mistura por meio de sua migração diferencial por duas fases imiscíveis: uma **estacionária** (fixa) e outra **móvel**. Geralmente, o processo ocorre da seguinte maneira: uma mistura (amostra a ser analisada) é disssolvida em uma fase móvel (solvente gasoso ou líquido) que passa através de uma fase estacionária (sólido que permanece fixo no sistema).

À medida que a fase móvel carrega os componentes da amostra pela fase estacionária, estes são separados (retidos seletivamente na fase estacionária) de acordo com algumas propriedades físico-químicas. Constituintes com propriedades diferentes passarão pela fase estacionária em tempos diferentes de mobilidade e, assim, poderão ser isolados da amostra (Figura 2.13).

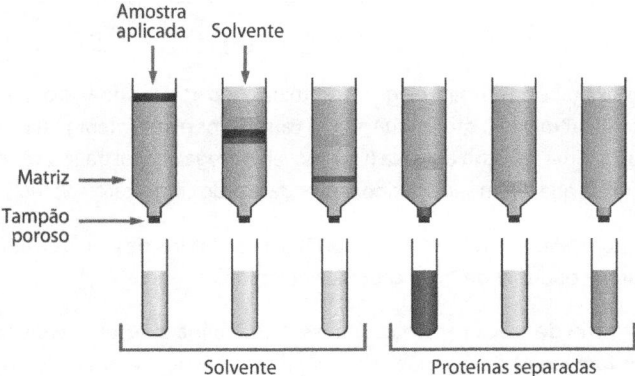

Figura 2.13 Representação de uma coluna cromatográfica. A amostra é aplicada no topo da coluna, e então é adicionado o solvente (fase móvel), que carrega a amostra pela matriz da coluna (fase estacionária). Os contituintes da amostra são retidos na coluna de acordo com suas características e depois são eluídos separadamente em momentos diferentes.
Fonte: Adaptada de QuimicaLibre (20--?).

Existe uma diversidade de combinações de fases móveis e estacionárias, conferindo à cromatografia muitas aplicações. De acordo com as características do processo, classifica-se a cromatografia em diferentes tipos, como cromatografia em papel, cromatografia líquida, cromatografia em camada delgada, cromatografia em gás, entre outros.

É muito comum em laboratórios a realização de cromatografias em colunas, as quais contêm uma matriz sólida e permeável (fase estacionária), por onde passa a fase móvel. A cromatografia por exclusão, por troca iônica e por afinidade, descritas a seguir, são exemplos dessa técnica.

» Cromatografia por exclusão (filtração em gel)

A matriz é um gel que consiste em partículas porosas muito pequenas que separam os componentes da amostra de acordo com o tamanho molecular. As moléculas grandes atravessam a coluna mais rapidamente, já que não ficam retidas nos poros do gel. Já as moléculas menores que entram nesses poros levam mais tempo para alcançar a base da coluna.

Existem matrizes de diferentes materiais (poliacrilamida ou polissacarídeos) com diferentes tamanhos de poros, possibilitando diversas aplicações, como a remoção de substâncias de pequena massa molar de uma solução e a determinação da massa molar ou do tamanho de proteínas em diferentes condições de temperatura, pH e concentração iônica.

>> **DEFINIÇÃO**
Solução é uma mistura homogênea de duas ou mais substâncias: uma delas consiste no meio (solvente) em que as demais substâncias (solutos) estão dissolvidas. Uma solução aquosa é uma solução na qual o solvente é a água.

>> **DEFINIÇÃO**
Eluição é a passagem de uma solução pela fase estacionária, ao final da cromatografia, para recuperar os componentes retidos na coluna cromatográfica.

>> **PARA SABER MAIS**
Você vai aprender mais sobre as soluções no Capítulo 4 deste livro.

>> **PARA SABER MAIS**
Saiba mais sobre a ligação existente entre antígenos e anticorpos no Capítulo 9 deste livro.

>> Cromatografia por troca iônica

A matriz, em geral, é uma resina ou gel constituída por partículas de agarose ou celulose ligadas covalentemente a grupos funcionais carregados e que interagem com íons de carga oposta. Uma **solução aquosa** (fase móvel) carrega a amostra através da coluna cromatográfica que retém seus componentes de acordo com a carga elétrica.

Como as moléculas são retidas em decorrência das interações iônicas, esse tipo de cromatografia pode ser de troca catiônica ou aniônica.

Cromatografia de troca catiônica: A fase estacionária apresenta em sua superfície grupos funcionais carregados negativamente e, assim, retém cátions (íons carregados positivamente).

Cromatografia de troca aniônica: Ocorre o inverso. Grupos carregados positivamente são expostos na fase estacionária, de modo que ânions são retidos.

As substâncias separadas (cátions ou ânions) são retidas na fase estacionária, mas podem ser **eluídas**, ao alterar fatores importantes na associação à coluna, como o pH e a força iônica da solução. Pode-se aumentar a concentração de compostos de carga similar, que competem pela resina ou matriz, para liberar os íons alvo da fase estacionária. Assim, a separação pode ser otimizada por meio de um gradiente de pH ou concentração de sal na fase móvel.

Como se baseia nas propriedades relacionadas à carga, esse método permite a separação de íons, moléculas polares e quase todos os tipos de moléculas que apresentam carga, como proteínas, peptídeos, oligonucleotídeos ou aminoácidos.

A cromatografia por troca iônica apresenta muitas aplicações em laboratórios e indústrias, como a deionização da água, análise ou eliminação de íons quando estes podem interferir em algum procedimento, separação de misturas de compostos carregados, separação de fármacos e seus metabólitos, entre outras.

>> Cromatografia por afinidade

A matriz é constituída por partículas ligadas covalentemente a moléculas que interagem de forma específica com outras moléculas de interesse na fase móvel. Ela baseia-se na afinidade de ligação altamente específica, como aquela existente entre antígeno e anticorpo ou entre enzima e substrato. Uma molécula pertencente à amostra analisada, com afinidade por esse grupo específico (ligante), liga-se à matriz e fica retida na coluna.

Soluções de lavagem são então passadas através da coluna, a fim de retirar as moléculas inespecíficas, que não se ligaram à fase estacionária. Então, a molécula de interesse ligada passa pelo processo de eluição, ou seja, é retirada da coluna por meio de uma solução que contenha o ligante livre ou, mais comumente, soluções que desfazem as interações entre o ligante e a molécula.

A chamada solução de eluição pode conter uma alta concentração de sal (força iônica elevada), pH elevado ou muito reduzido, ou agentes redutores. A cromatografia por afinidade tem sido empregada na purificação de moléculas biologicamente ativas, como enzimas e anticorpos.

>> **PARA SABER MAIS**
Para saber mais sobre os diferentes tipos de cromatografia, consulte o livro *Fundamentos de cromatografia* (COLLINS; BRAGA; BONATO, 2006).

>> Esterilização de materiais

Quando há a necessidade de trabalhar em ambientes com materiais estéreis, ou seja, sob condição livre de contaminação, adotamos procedimentos de **esterilização**. Algumas situações em que condições estéreis são importantes no laboratório incluem:

- técnicas de biologia molecular, para o trabalho com amostras de DNA ou RNA, que não podem ser contaminadas por outras moléculas/partículas;
- cultivo de células animais ou vegetais;
- cultivo de microrganismos, como bactérias ou fungos, em laboratórios de microbiologia.

Os processos de esterilização devem apresentar o potencial de interferir no crescimento/metabolismo dos microrganismos que se deseja eliminar, causando, por exemplo, danos a proteínas e ácidos nucleicos e/ou alterando a permeabilidade da membrana celular, levando à morte celular.

>> **DEFINIÇÃO**
Esterilização é um processo químico ou físico para destruir ou remover todas as formas de vida microbiana de um determinado material.

>> Esterilização por autoclave

Um dos processos mais comuns em laboratórios, hospitais, empresas e indústrias é a esterilização por calor úmido, utilizando a **autoclave**. A esterilização por autoclave é um método eficiente, rápido e econômico, sendo adotado para esterilizar materiais termorresistentes (que resistem a altas temperaturas sem sofrer alterações), vestimentas e soluções, bem como para descontaminar materiais.

A autoclave (Figura 2.14A) consiste em:

- um cilindro metálico, vertical ou horizontal, que possui uma resistência interna que aquece a água;
- uma tampa com parafusos para fechá-la hermeticamente;
- válvulas de segurança e para saída do ar, controle de temperatura e indicador de temperatura e pressão.

>> **DEFINIÇÃO**
Autoclave é um equipamento que coloca o material a ser esterilizado em contato direto com vapor de água em altas temperaturas e pressão por um determinado tempo, com o objetivo de eliminar todos os microrganismos presentes, incluindo esporos.

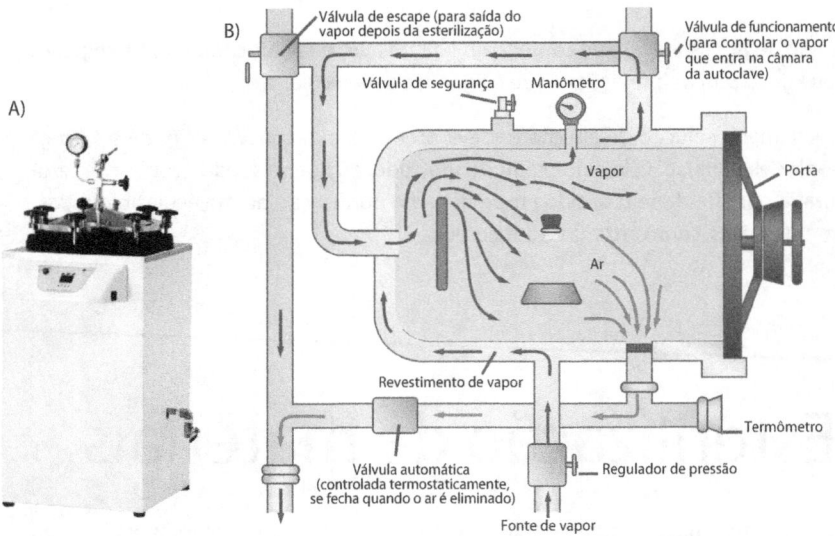

Figura 2.14 (A) Aspecto geral de uma autoclave. (B) Funcionamento da autoclave (representação de uma autoclave horizontal). O vapor que entra força o ar para fora da parte inferior (setas verdes). A válvula do ejetor automático permanece aberta enquanto uma mistura de ar e vapor está saindo pela tubulação. Quando todo o ar tiver sido ejetado, a temperatura mais elevada do vapor puro fecha a válvula e a pressão aumenta. Quanto maior a pressão, maior a temperatura atingida.
Fonte: (A) Quimis (20--?); (B) Adaptada de Microbiology Online (2009).

A alta pressão no interior do equipamento (pressões superiores a 15 psi, aproximadamente 1 atm acima da pressão atmosférica) permite que a temperatura do vapor de água ultrapasse a temperatura de ebulição, atingindo valores acima de 100 °C. Além disso, o vapor pressurizado oferece muito mais calor do que a água na mesma temperatura, o que garante uma distribuição rápida do calor, uma boa penetração nos materiais e, consequentemente, um alto potencial microbicida ao processo (Figura 2.14B).

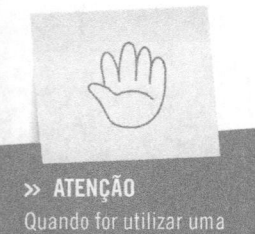

» ATENÇÃO
Quando for utilizar uma autoclave pela primeira vez, procure a orientação de alguém que já saiba manusear o equipamento.

» PROCEDIMENTO

Preparo do material a ser esterilizado

- Primeiramente, verifique se o material a ser autoclavado é resistente à temperatura do processo.
- O material (placas de Petri, pipetas, vidraria, etc.) deve ser embalado de maneira adequada (p. ex., com papel craft). O papel-alumínio não é adequado para a autoclavagem. Frascos com soluções devem ser fechados apropriadamente (p. ex., com buchas formadas por algodão e gaze).
- Não vede totalmente, para permitir que o vapor entre no frasco e esterilize o líquido, evitando também a quebra do frasco pelo aumento da pressão interna.
- Cole um pedaço de fita indicadora de esterilização em cada material a ser autoclavado. Anote a data em que o processo foi realizado.

>> PROCEDIMENTO

Preparo da autoclave

- Preencha com água no nível adequado: abra a tampa da autoclave usando o pedal localizado na parte inferior, verifique o nível de água e preencha com água destilada de modo a cobrir a resistência.
- Coloque o material no cesto da autoclave. Cuide para não sobrecarregá-la, preenchendo até um terço do volume do equipamento. A disposição dos materiais não pode interferir na circulação do vapor.
- Feche a tampa, apertando os parafusos de dois em dois, na diagonal. A válvula de controle da pressão deve estar aberta.
- Ligue a autoclave no máximo, espere a saída do ar residual e então feche a válvula (a partir deste momento, a temperatura e a pressão aumentam).
- Aguarde entre 15 e 20 minutos para que o registro atinja a temperatura desejada (normalmente 121 °C) e ajuste na temperatura média (início do processo de esterilização).
- Marque o tempo desejado (normalmente 15 ou 20 minutos, de acordo com o volume de material a ser esterilizado). A relação entre tempo e temperatura é muito relevante para o processo de autoclavagem. Geralmente, usa-se 121 °C por 15 minutos, mas essa condição varia de acordo com a densidade, o tamanho e a quantidade de material a ser esterilizado.
- Desligue a autoclave quando atingir o tempo programado.
- Aguarde a diminuição da temperatura e da pressão para abrir o equipamento.
- Retire o material da autoclave (cuidado para não se queimar com o vapor quente) e deixe-o secar em uma estufa apropriada ou em temperatura ambiente.
- Observe se a autoclavagem foi eficaz por meio dos métodos de controle (ver seção a seguir).

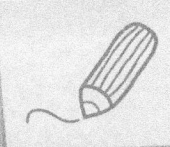

>> Agora é a sua vez!

Para esterilizar um frasco com 125 mL de meio de cultura bacteriológico e outro com 2 L de meio, o que você alteraria no processo de autoclavagem?

> **NO SITE**
> Acesse o ambiente virtual de aprendizagem Tekne para assistir a um vídeo sobre a utilização da autoclave.

Verificação da eficácia da autoclavagem

É muito importante garantir que a esterilização pela autoclave ocorra de forma adequada. Para isso, existem alguns métodos de verificação, como:

- fitas indicadoras inseridas nas embalagens dos materiais antes de serem autoclavados, que alteram sua cor quando o tempo e a temperatura corretos forem atingidos;
- aplicação de pastilhas dentro de um frasco de vidro para observar o seu derretimento com a temperatura e o tempo adequados da autoclavagem;
- indicadores biológicos disponíveis comercialmente.

Os indicadores biológicos disponíveis comercialmente consistem em esporos bacterianos impregnados em tiras, em geral esporos de microrganismos resistentes ao calor, como do *Geobacillus stearothermophilus* (ou *Bacillus stearothermophilus*). Após a autoclavagem, as tiras são inoculadas em meio de cultivo, e não pode haver crescimento microbiano. Outra forma de verificação é colocar os esporos na autoclave já em meio de cultivo e observar a alteração da coloração do meio caso a autoclavagem não tenha sido suficiente para destruir os esporos.

❯❯ Outros métodos de esterilização

Esterilização por calor seco

O calor seco também serve para esterilizar materiais termorresistentes. Esse processo é realizado em **estufas**, nas quais o material é submetido a temperaturas e tempos bem maiores do que em uma autoclave (p. ex., 160 a 170 °C por 2 a 4 horas), uma vez que o aquecimento dos materiais ocorre de forma irregular e mais lenta. Por meio do calor seco também se faz a esterilização de materiais metálicos, como alças bacteriológicas utilizadas na inoculação de microrganismos, colocando-os em contato direto com a chama do bico de Bunsen.

Filtração

Consiste na passagem de um líquido através de um material com poros suficientemente pequenos para reter os microrganismos. Assim, a filtração é um processo que não elimina os microrganismos, mas os remove. Esse método é comumente adotado para esterilizar soluções. Costuma-se utilizar filtros contendo membranas com poros de 0,2 µm de diâmetro, os quais retêm bactérias, mas não vírus. O processo de filtração também serve para esterilizar gases, retendo partículas e purificando o ar.

Esterilização por processos químicos

Além desses processos físicos, reagentes químicos são empregados para a obtenção de uma ação microbicida, como produtos do grupo dos aldeídos, glutaraldeídos e formaldeídos. Embora sejam reagentes tóxicos, tais produtos são úteis na esterilização de materiais termossensíveis, como materiais biológicos, materiais de Teflon® ou náilon, alguns tipos de plástico, tubos de borracha, entre outros.

Entre esses produtos destacam-se alcoóis, sais metálicos ou compostos orgânicos de metais, halogênios (p. ex., cloro sob a forma de hipocloritos e o iodo), fenóis e compostos fenólicos, compostos de amônio quaternário, agentes oxidantes e gases esterilizantes (óxido de etileno e dióxido de cloro).

Você sabe qual é a diferença entre esterilização, desinfecção e desinfestação?

Desinfecção é um processo que elimina os microrganismos na forma não vegetativa (não formadora de esporos) em uma superfície ou substância inerte. Alguns processos de desinfecção empregam substâncias químicas (os chamados desinfetantes), outros utilizam radiação ultravioleta, água fervente ou vapor. Já a **esterilização**, conforme descrito anteriormente, elimina todas as formas de vida microbiana, incluindo os endosporos.

Desinfestação é o termo aplicado ao processo de eliminação de microrganismos (bactérias, fungos) em estruturas vegetais, como sementes utilizadas em experimentos de germinação e em explantes de plantas na micropropagação vegetal.

Conforme abordado neste capítulo, existem várias formas de esterilizar materiais em um laboratório. Quando há a necessidade de lidar com materiais estéreis, muitas vezes isso também exige trabalhar em um ambiente estéril, livre de contaminantes, como os microrganismos presentes no ar atmosférico. Nesses casos, faz-se uso de capelas de fluxo laminar, equipamentos que permitem a filtração e recirculação do ar no ambiente do laboratório.

> **» NO SITE**
> Para saber mais sobre os agentes utilizados em esterilização e desinfecção, leia o *Guideline for Disinfection and Sterilization in Healthcare Facilities* (2008), disponível no ambiente virtual de aprendizagem Tekne.

> **» IMPORTANTE**
> A padronização dos procedimentos de lavagem de vidrarias é imprescindível em qualquer laboratório, já que o uso de materiais limpos é fundamental para a qualidade e confiabilidade dos resultados.

» Purificação da água para uso laboratorial

A água é o principal solvente utilizado em laboratórios, sendo destinada à lavagem de materiais e ao preparo de soluções. Dessa forma, a qualidade da água de uso laboratorial é fundamental para a exatidão dos resultados. Dois tipos de água são utilizados em laboratório: a da torneira (potável) e a com grau de laboratório ou reagente.

> **» NO SITE**
> Acesse o ambiente virtual de aprendizagem Tekne e aprenda a realizar a lavagem de vidrarias.

A **água da torneira** em geral é oriunda da rede de abastecimento local ou de poços artesianos, sendo empregada na lavagem inicial de materiais. A **água com grau de laboratório**, por sua vez, é aquela profundamente modificada, sendo comumente empregada no preparo de soluções ou na experimentação. Obtida de diferentes maneiras, esta água pode ser de três tipos: destilada, deionizada e ultrapura.

» Água destilada

É obtida por meio de um equipamento denominado destilador. No destilador do tipo Pilsen (Figura 2.15), o mais comum, a água penetra em uma coluna e sobe até uma cúpula externa na qual é aquecida até a ebulição por meio de uma resistência elétrica. O vapor é conduzido para a cúpula interna e, então, para a coluna do destilador, quando é condensado.

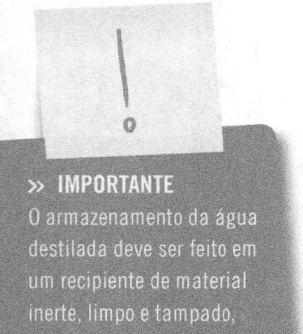

> **» IMPORTANTE**
> O armazenamento da água destilada deve ser feito em um recipiente de material inerte, limpo e tampado, ao abrigo de luz e calor.

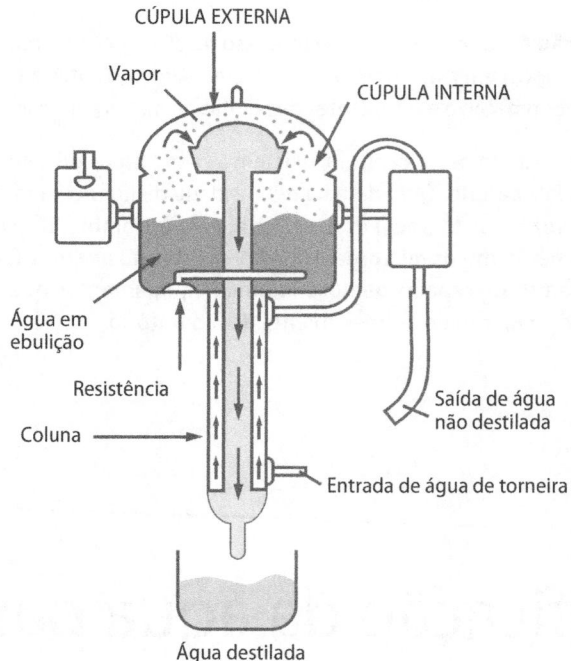

Figura 2.15 Aspecto geral de um destilador de água do tipo Pilsen.
Fonte: Adaptada de Shopping do Laboratório (20--?).

Os destiladores produzem água isenta de partículas sólidas e microrganismos. O processo de destilação, no entanto, apresenta alguns problemas: a destilação é lenta (cerca de 5 L por hora) e muito dispendiosa, com alto consumo de energia e baixo rendimento (5 L de água destilada a cada 50 L de água consumida).

>> Água deionizada

Corresponde àquela da qual foram removidos todos os íons inorgânicos. A deionização convencional é realizada por um equipamento denominado deionizador ou desmineralizador, que remove, por meio de resinas de troca iônica, os íons em solução. As resinas são compostas por pequenas partículas de polímeros orgânicos, geralmente esféricas, dispostas em um leito pelo qual a água passa. Nesse processo, as resinas catiônicas capturam cátions e liberam H^+, enquanto as resinas aniônicas capturam ânions trocando-os por OH^-.

Quando as resinas estão saturadas, perdem sua capacidade de troca e devem ser substituídas ou regeneradas. O consumo de energia é baixo, o processo é rápido e o rendimento é total, ou seja, todo o volume consumido resulta em água deionizada. No entanto, esse procedimento não remove todos os compostos orgânicos dissolvidos, devendo ser combinado com outros métodos de purificação.

>> Água ultrapura

É a que apresenta o maior grau de pureza, já que é o resultado de três processos: filtração, osmose reversa e deionização. A filtração costuma ser realizada com carvão ativado, que remove impurezas, como o cloro. A seguir, a água é bombeada através de uma membrana semipermeável pela qual as impurezas não passam, pois é aplicada uma pressão que impele a água contra o gradiente de concentração (osmose reversa). Finalmente, ela segue por uma coluna de deionização. Alguns equipamentos associam os processos utilizados para a obtenção de água ultrapura com luz ultravioleta.

Existem diversas normas que preconizam os parâmetros de qualidade da água reagente utilizando critérios específicos de acordo com sua destinação, classificando-a em três tipos ou graus, descritos a seguir.

Grau I: A água de maior grau de pureza, obtida por filtração, deionização e osmose reversa da água de grau II. É utilizada em cultura de células, espectrofotometria e cromatografia, entre outras aplicações.

Grau II: Água com grau de pureza intermediário, obtida por destilação da água de grau III ou deionização de água destilada. É utilizada na preparação de corantes e soluções microbiológicas.

Grau III: Água de menor grau de pureza, obtida por destilação simples, deionização ou osmose reversa. É utilizada para a limpeza de vidrarias e análises qualitativas, entre outras aplicações.

REFERÊNCIAS

COLLINS, C. H.; BRAGA, G.; BONATO, P. S. Fundamentos da cromatografia. Campinas: UNICAMP, 2006.

CHEMICOOL. Spectrometer1.gif. 2001. Disponível em: <http://www.chemicool.com/img1/graphics/spectrometer1.gif>. Acesso em: 16 maio 2014.

FRACCIONAMENTO celular. [20--?]. 1 figura, color. Disponível em: < http://materiais.dbio.uevora.pt/jaraujo/biocel/fracciontecnicas.htm>. Acesso em: 20 maio 2014.

GEHAKA. pH microprocessado de bancada. [20--?]. 1 fotografia, color. Disponível em: < http://www.gehaka.com.br/produto/phmetro-microprocessado-de-bancada/>. Acesso em: 20 maio 2014.

GUIDELINE for disinfection and sterilization in healthcare facilities. Washington: Department of Health and Human Services, 2008. Disponível em: <http://www.cdc.gov/hicpac/pdf/guidelines/Disinfection_Nov_2008.pdf>. Acesso em: 22 abr. 2014.

HLT LAB SOLUTIONS. Manuals. [S.l.: HLT, c2004]. Disponível em: <http://www.htl.com.pl/manuals.php>. Acesso em: 20 maio 2014.

MICROBIOLOGY Online. Autoclaving: real sterilization. 2009. 1 figura, color. Disponível em: < http://microbiologyon-line.blogspot.com.br/2009/08/autoclaving-real-sterilization.html>. Acesso em: 20 maio 2014.

QUIMICALIBRE. Separación de mezclas cromatografía y centrigugación. [20--?]. 1 figura, color. Disponível em: < http://quimicalibre.com/separacion-de-mezclas-cromatografia-y-centrifugacion/>. Acesso em: 20 maio 2014.

QUIMIS. Agitador magnético microprocessado. [20--?]. 1 fotografia, color. Disponível em: < http://www.quimis.com.br/produtos.php?prod=6> . Acesso em: 20 maio 2014.

QUIMIS. Autoclave vertical processada. [20--?]. 1 fotografia, color. Disponível em: < http://www.quimis.com.br/produtos.php?prod=317>. Acesso em: 20 maio 2014.

QUIMIS. Regulador de temperatura microprocessado para mantas aquecedoras: Q321R. [20--?]. 1 fotografia, color. Disponível em: < http://www.quimis.com.br/produtos.php?prod=323>. Acesso em: 20 maio 2014.

ROSA, G.; GAUTO, M.; GONÇALVES, F. Química analítica: práticas de laboratório. Porto Alegre: Bookman, 2013. (Série Tekne).

SHOPPING DO LABORATÓRIO. Destilador de água tipo Pilsen 2 litros/hora 220V 2000W (DDL DA-2). [20--?]. 1 figura, color. Disponível em: < https://www.shoppingdolaboratorio.com.br/produto.php?cod_produto=720205>. Acesso em: 20 maio 2014.

LEITURAS RECOMENDADAS

BARKER, K. At the bench: a laboratory navigator. New York: Cold Spring Harbor Laboratory, 2005.

BLOCK, S. S. Disinfection, sterilization and preservation. 5th ed. Philadelphia: Lippincott Williams & Wilkins, 2001.

HARISHA, S. Biotechnology procedures and experiments handbook. Hingham: Infinity Science, 2007.

LABTEST. Uso corretivo de pipetas. Lagoa Santa: Labtest, 2010. Disponível em: <http://www.labtest.com.br/publicacoes/publicacoeslabtest>. Acesso em: 05 maio 2014.

QUINO NETO, F. R.; NUNES, D. S. S. Cromatografia: princípios básicos e técnicas afins. Rio de Janeiro: Interciência, 2003.

WILSON, K.; WALKER, J. Principles and techniques of biochemistry and molecular biology. 7th ed. Cambridge: Cambridge University, 2010.

Karin Tallini
Milene Liska

>> capítulo 3

Biossegurança

Os laboratórios representam um ambiente de risco, já que ocupam o mesmo espaço equipamentos, reagentes, soluções, microrganismos, pessoas, papéis, livros, amostras, etc. Além disso, as atividades laboratoriais envolvem o manuseio de produtos químicos, vidrarias e equipamentos eletrônicos, bem como o uso de gases e a montagem de sistemas, como os de destilação.

Este capítulo descreverá o importante papel da biossegurança em minimizar e controlar os riscos que podem ocorrer em um laboratório, além de demonstrar diferentes exemplos de layouts *adaptados às condições de alguns laboratórios.*

Objetivos de aprendizagem

>> Aplicar os princípios de biossegurança em laboratórios.
>> Identificar os principais riscos no ambiente laboratorial.
>> Reconhecer os diferentes tipos de laboratórios de biotecnologia.
>> Identificar diferentes *layouts* de laboratórios.
>> Empregar as boas práticas de laboratório (BPLs).

>> PARA COMEÇAR

O que entendemos como biossegurança?
Biossegurança é um conjunto de ações voltadas para prevenção, minimização ou eliminação de riscos que podem comprometer a saúde do homem, dos animais, do meio ambiente ou a qualidade dos trabalhos desenvolvidos em atividades de pesquisa, produção, ensino, desenvolvimento tecnológico e prestação de serviços (TEIXEIRA, 2010).

O ambiente laboratorial deve ser entendido como um sistema complexo no qual existem interações constantes entre os fatores humanos, ambientais, tecnológicos, educacionais e normativos que podem favorecer a ocorrência de acidentes (MOLINARO, 2009). Assim, os cuidados com biossegurança têm de ser iniciados a partir da elaboração do projeto das instalações de um laboratório (*layout*).

De fato, os riscos em um laboratório nem sempre são visualizados. O trabalho na bancada, por exemplo, pode gerar respingos, **aerossóis**, e muitas vezes a proliferação de microrganismos que não conseguimos observar. O reconhecimento dos riscos nesses locais é uma etapa fundamental para a realização de ações de prevenção, eliminação ou controle desses riscos. A seguir, algumas definições básicas para compreender melhor o capítulo.

>> **DEFINIÇÃO**
Aerossóis são partículas microscópicas que permanecem suspensas no ar e podem carregar elementos químicos, biológicos ou sujidades.

Agente de risco é qualquer componente de natureza física, química ou biológica que possa comprometer a saúde do homem, dos animais, do meio ambiente ou a qualidade dos trabalhos desenvolvidos. Dessa forma, a avaliação de riscos é essencial para implantar uma ação em biossegurança.

Os riscos aos quais o trabalhador pode estar exposto (risco ocupacional) são aqueles capazes de provocar danos à sua saúde, ou seja, riscos químicos, físicos, biológicos, ergonômicos e de acidentes (MINISTÉRIO DO TRABALHO E EMPREGO, 1978).

Riscos químicos: Referem-se à exposição a agentes ou substâncias químicas na forma líquida, gasosa ou como partículas e poeiras minerais e vegetais, presentes nos ambientes ou processos de trabalho, que penetrem no organismo pela via respiratória, tenham contato ou sejam absorvidos pelo organismo através da pele ou por ingestão (p. ex., solventes, medicamentos, produtos químicos utilizados para limpeza e desinfecção, corantes, entre outros).

Riscos físicos: São causados por fatores como temperaturas extremas, radiações, ruídos, vibrações, pressões anormais, iluminação e umidade.

Riscos ergonômicos: Qualquer fator que interfira nas características psicofisiológicas do trabalhador, causando desconforto ou afetando a sua saúde. São exemplos: o levantamento e o transporte manual de peso, o ritmo excessivo de trabalho, a monotonia, a repetitividade, a responsabilidade excessiva, a postura inadequada de trabalho, o trabalho em turnos, entre outros.

Risco de acidente: É o risco de ocorrência de um evento negativo e indesejado do qual resulta uma lesão pessoal ou dano material. Em laboratórios, os acidentes mais comuns são queimaduras, cortes e perfurações. São considerados riscos de acidentes quaisquer fatores que coloquem o trabalhador em situação de perigo e que possam afetar sua integridade e seu bem-estar físico e moral, como máquinas ou equipamentos sem proteção, probabilidade de incêndio e explosão, arranjo físico e armazenamento inadequado, entre outros (OLIVEIRA, 2006).

Riscos biológicos: Originados pela presença de microrganismos que podem provocar graves doenças aos seres humanos. O Ministério do Trabalho e Emprego (MTE) considera agentes biológicos os microrganismos (geneticamente modificados ou não), as culturas de células, os parasitas, as toxinas e os **príons**. Esses agentes são capazes de provocar dano à saúde humana, podendo causar infecções, efeitos tóxicos, alergias, doenças autoimunes, tumores e malformações (MINISTÉRIO DO TRABALHO E EMPREGO, 2008).

Material biológico é todo material que contém informação genética, capaz de autorreprodução ou de reprodução em um sistema biológico. Inclui organismos cultiváveis e microrganismos (bactérias, fungos filamentosos, algas, vírus, leveduras e protozoários), células animais e vegetais. Abrange também os dados associados a esses organismos, como informações moleculares, fisiológicas e estruturais referentes ao material biológico.

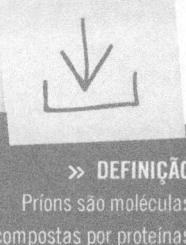

>> DEFINIÇÃO
Príons são moléculas compostas por proteínas normais do organismo que, quando modificadas, tornam-se patogênicas. Podem produzir cópias de si próprios, apesar de não possuírem nenhum tipo de ácido nucleico (DNA ou RNA).

>> IMPORTANTE
São considerados riscos biológicos aqueles produzidos por diversos animais e plantas por meio de substâncias alergênicas, irritativas e tóxicas (p. ex., pelos e pólen) ou por picadas e mordeduras.

>> Avaliação de riscos biológicos

A avaliação de riscos é o ponto mais importante quando se trata de segurança biológica. Um dos instrumentos disponíveis mais úteis para avaliar os riscos microbiológicos em laboratórios é a classificação dos grupos de risco de agentes biológicos.

A simples referência a um grupo de risco, no entanto, é insuficiente para realizar uma avaliação de riscos. Devem ser considerados pelo profissional microbiologista os seguintes fatores:

- patogenicidade do agente e dose infecciosa;
- resultado potencial da exposição;

>> **DEFINIÇÃO**
Parentérica é a via de administração de uma substância no organismo. Pode ser intravenosa (via artérias ou veias), intramuscular (pelo músculo) ou subcutânea (através da pele).

- via natural da infecção;
- outras vias de infecção resultantes de manipulações laboratoriais (**parentéricas**, via aérea, ingestão);
- estabilidade do agente no ambiente;
- concentração do agente e volume do material a ser manipulado;
- presença de um hospedeiro apropriado (humano ou animal);
- informação disponível de estudos sobre animais e relatórios de infecções adquiridas em laboratórios ou relatórios clínicos;
- atividade laboratorial (geração de ultrassons, produção de aerossóis, centrifugação, etc.);
- qualquer manipulação genética do microrganismo que possa ampliar o raio de ação do agente ou alterar a sensibilidade do agente a métodos de tratamento eficazes conhecidos;
- disponibilidade de profilaxia eficaz ou de intervenções terapêuticas.

>> **NO SITE**
A publicação "Diretrizes Gerais para o Trabalho em Contenção com Agentes Biológicos" (MINISTÉRIO DA SAÚDE, 2006) está disponível no ambiente virtual de aprendizagem Tekne: www.grupoa.com.br/tekne.

>> Classificação dos agentes biológicos

A classificação dos agentes biológicos distribui os agentes em classes de risco em uma escala de 1 a 4, considerando o risco que representam para a saúde do trabalhador, sua capacidade de propagação para a coletividade e a existência ou não de profilaxia e tratamento. A classificação baseia-se principalmente no risco de infecção. Na avaliação de risco para o trabalhador, consideram-se ainda os possíveis efeitos alergênicos, tóxicos ou carcinogênicos dos agentes biológicos.

O Ministério da Saúde (2006), na publicação "Diretrizes Gerais para o Trabalho em Contenção com Agentes Biológicos", apresenta quatro classes de risco (Tabela 3.1).

Após identificarmos a classe de risco e o perfil de laboratório, é fundamental discutir que métodos potencialmente vão conter os riscos oferecidos para os profissionais que trabalham em laboratório e, para isso, as barreiras de contenção têm de ser conhecidas.

>> **ASSISTA AO FILME**
Para saber mais sobre o vírus ebola, acesse o ambiente virtual de aprendizagem Tekne.

Tabela 3.1 » **Classificação dos riscos biológicos**

Classe de risco	Perfil de laboratório	Exemplos
I – Baixo risco individual e comunitário. Os microrganismos têm pouca probabilidade de provocar enfermidades humanas ou enfermidades de importância veterinária.	Agentes biológicos excluídos das diretrizes gerais.	Microrganismos usados na produção de cerveja, vinho, pão e queijo.
II – O risco individual é moderado e para a comunidade é limitado. A exposição ao agente patogênico pode provocar infecção, porém, há medidas eficazes de tratamento e prevenção, sendo o risco de propagação limitado.	Laboratórios clínicos, de diagnóstico e laboratórios-escolas com risco moderado de patógenos. Adequado para trabalhar com sangue, líquidos corporais, tecidos e linhagens de células humanas primárias.	*Salmonella* (gênero de bactérias que podem causar gastroenterites), vírus da hepatite A e *Toxoplasma ssp* (protozoário causador da toxoplasmose).
III – O risco individual é alto e para a comunidade é limitado. O agente patogênico provoca enfermidades humanas graves, podendo propagar-se de uma pessoa infectada para outra, entretanto, existe profilaxia e/ou tratamento. Realiza-se trabalho com agentes que possuam transmissão por via respiratória e que possam causar infecções sérias e potencialmente fatais.	Laboratórios-escola, de pesquisa ou produções aplicáveis para laboratórios clínicos e de diagnóstico.	*Mycobacterium tuberculosis* (bactéria responsável pela maioria dos casos de tuberculose); vírus da imunodeficiência humana (HIV, causador da Aids).
IV – O risco individual e para a comunidade é elevado. Os agentes patogênicos representam grande ameaça para humanos e animais, com fácil propagação de um indivíduo ao outro (direta ou indiretamente), não existindo profilaxia nem tratamento.	Laboratório de nível 4, com uso de cabine classe III ou macacão individual suprido com pressão de ar positivo. Geralmente construído em um prédio isolado com complexa ventilação e com sistema de gerenciamento de lixo à parte.	Agentes transmitidos por aerossóis, como o vírus Ebola (causador da febre hemorrágica ebola – FHE) e o vírus de Marburg (agente causador da febre hemorrágica de Marburg).

Barreiras de contenção

A contenção laboratorial objetiva reduzir a exposição da equipe de profissionais que trabalha tanto na bancada quanto na limpeza de um laboratório.

Para definir a contenção necessária, é importante uma análise de risco da atividade a ser desenvolvida nesse local, bem como a avaliação dos agentes de risco.

É importante que o profissional conheça a composição e os riscos associados a cada material a ser utilizado, podendo, para tanto, consultar o protocolo do experimento a ser realizado, a Ficha de Informação de Segurança de Produto Químico (FISPq) e/ou o Manual de Biossegurança (MOLINARO, 2009).

As **barreiras de contenção primárias** protegem os profissionais de laboratório contra os agentes contaminantes por meio do uso de equipamentos de proteção individual (EPI), do uso de equipamentos de proteção coletiva (EPC), da adoção das boas práticas de laboratório (BPLs) e da aplicação de vacinas.

As **barreiras de contenção secundárias** são medidas adotadas no exterior do laboratório e incluem o projeto de construção e o desenho (*layout*) das instalações.

Além das barreiras de proteção, é preciso ter, por escrito, as técnicas e os procedimentos do laboratório, chamados **procedimentos operacionais padronizados** (POPs). Tais procedimentos definem e detalham como deve ser realizada uma atividade laboratorial, além da rotina do laboratório, como a descrição de testes, a manutenção e a rotina com o uso de materiais e amostras biológicas, o preparo de soluções e as normas de limpeza do laboratório e equipamentos.

> **DEFINIÇÃO**
> Barreiras de contenção são equipamentos que se colocam entre o trabalhador e o material que ele utiliza com o objetivo de protegê-lo contra possíveis riscos químicos, físicos e biológicos.

> **PARA SABER MAIS**
> Mais informações sobre POPs estão disponíveis no ambiente virtual de aprendizagem Tekne.

Equipamentos de segurança

Considerados elementos de contenção primária ou barreiras primárias, os equipamentos de proteção individuais e coletivos reduzem ou eliminam a exposição da equipe do laboratório, de outras pessoas e do meio ambiente aos agentes potencialmente perigosos.

Equipamentos de proteção individual

A NR-6 do MTE estabelece que o empregador deve adquirir e fornecer equipamentos de proteção individual (EPIs) ao trabalhador orientando-o e treinando-o sobre o uso adequado, o armazenamento e a conservação, devendo ainda realizar periodicamente a higienização, a manutenção e a substituição em caso de dano e/ou extravio.

A seguir, são descritos os EPIs mais utilizados em laboratório.

Calçados: Destinados à proteção dos pés contra umidade, respingos (de substâncias químicas ou material biológico), derramamento de líquidos quentes e solventes, impacto de objetos diversos, cacos provenientes da quebra de vidrarias, materiais perfurocortantes, etc. Existem ainda os propés ou sapatilhas, recomendados para a proteção dos calçados/pés em áreas contaminadas ou para o trabalho em áreas estéreis.

Luvas de proteção: São de uso obrigatório para todos aqueles que trabalham em ambientes laboratoriais em que se realiza manipulação de microrganismos patogênicos, coleta de amostras para análise, esterilização, operação de materiais, manuseio de animais, lavagem de materiais, preparação de reagentes, manipulação, transporte e estocagem de produtos químicos ou em qualquer atividade com risco conhecido ou suspeito. Podem ser fabricadas em diferentes materiais para atender as diversas atividades laboratoriais.

Existe uma legislação nacional relacionada ao uso de luvas e a questões de saúde ocupacional, definida pela Associação Brasileira de Normas Técnicas (ABNT) e pelas instruções normativas do MTE. Há também legislações internacionais, como a Occupational Health and Safety Assessment Services (OHSAS).

Óculos de proteção: Destinados à proteção dos olhos, conforme o tipo de lente empregada, conferem proteção contra respingos de material infectante, substâncias químicas, partículas ou outros materiais que possam causar irritação ou lesões nos olhos, bem como para trabalhos com radiação ultravioleta ou infravermelha.

Protetor auditivo: Visa a prevenir a perda auditiva provocada por ruídos. Devem ser utilizados em situações em que os níveis de ruído sejam considerados prejudiciais ou nocivos em longa exposição.

Protetor facial: Equipamentos de proteção da face e dos olhos evitam lesões causadas por respingos de material infectante e de substâncias químicas, partículas ou vapores de produtos químicos. Devem ser leves, ter boa resistência mecânica e apresentar visor em acrílico incolor, além de ser totalmente transparentes e isentos de ondulações, para evitar distorções de imagem (Figura 3.1).

Figura 3.1 Protetor facial.
Fonte: Schwanke (2013).

» DEFINIÇÃO
Doenças ocupacionais são aquelas relacionadas à atividade desempenhada pelo trabalhador ou às condições de trabalho às quais ele está submetido (p. ex., lesões por esforços repetitivos, intoxicações por produtos químicos, doenças das vias aéreas, etc.).

Roupas de proteção: Devem ser utilizadas em todas as atividades em que se manipulem agentes danosos que possam provocar **doenças ocupacionais**. Servem para evitar o contato de contaminantes com a pele, eliminando ou minimizando a possibilidade de doença, lesão ou intoxicação. Seu uso é importante para garantir a segurança do funcionário tanto contra uma simples sujeira não tóxica quanto contra um gás mortal.

Jaleco ou avental: É de uso obrigatório em ambientes laboratoriais. Deve ser exclusivamente de manga longa, devendo cobrir, além dos braços, o dorso, as costas e a parte das pernas acima dos joelhos. Deve-se utilizá-lo preferencialmente com calças compridas (Figura 3.2).

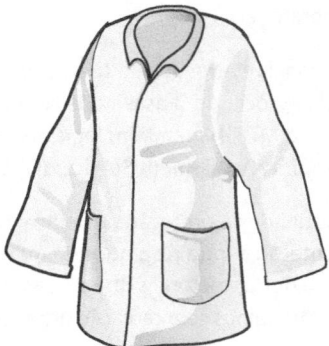

Figura 3.2 Jaleco.
Fonte: Schwanke (2013).

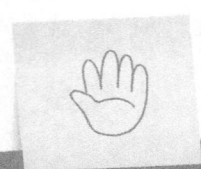

» ATENÇÃO
O jaleco deve ser lavado sempre que sujar ou, no mínimo, uma vez por semana, mesmo que apresente aspecto limpo.

Respiradores: São dispositivos com sistemas de filtro para serem usados em áreas de alta contaminação com aerossóis de material biológico e na manipulação de substâncias químicas com alto teor de evaporação, dando proteção ao aparelho respiratório. O uso do respirador não dispensa o uso da capela de segurança química ou da cabine de segurança biológica.

Touca: Nos ambientes laboratoriais, os cabelos longos devem ficar presos para evitar acidentes e, dependendo da atividade desenvolvida, têm de ser protegidos por toucas (gorros), especialmente em locais onde há poeira ou microrganismos em suspensão. As toucas protegem os cabelos dos contaminantes existentes no local e evitam que os cabelos contaminem uma área estéril.

Equipamentos de proteção respiratória (EPRs): Usados para a manipulação de substâncias de risco químico ou biológico, em situação de alto risco ou de emergência. Podem ser descartáveis ou exigir manutenção. Os EPRs são escolhidos com base nos riscos respiratórios aos quais os trabalhadores estão expostos. Deve ser conhecida a forma como os contaminantes se apresentam no ambiente (poeira, névoa, fumo, gases, vapores), bem como sua concentração medida ou estimada (ARAÚJO, 2005).

A Instrução Normativa nº 1, de 11 de abril de 1994, da Secretaria da Saúde e Segurança do Trabalhador (MINISTÉRIO DO TRABALHO E EMPREGO, 1994), estabelece o regulamento técnico quanto ao uso de EPRs, além da série de normas brasileiras NBR/ABNT, que tratam especificamente dos tipos de equipamentos de proteção respiratória.

Equipamentos de proteção coletiva

Os equipamentos de proteção coletiva (EPCs) visam a proteger o meio ambiente, a saúde e a integridade dos ocupantes de determinada área, diminuindo ou eliminando os riscos provocados pelo manuseio de produtos químicos (principalmente os tóxicos e inflamáveis) e de agentes microbiológicos e biológicos. Podem ser de uso rotineiro ou para situações de emergência, devendo estar instalados em locais de fácil acesso e devidamente sinalizados. A seguir, são descritos os principais EPCs.

Cabine de segurança química (CSQ): É um equipamento de contenção que visa a proteger o operador e o meio ambiente quando ocorre a manipulação de substâncias químicas que liberam vapores tóxicos, irritantes e perigosos. Deve ser construído com material resistente e possuir sistema de exaustão, sistema de iluminação, visor de proteção e bancada de trabalho com entrada para água e esgoto.

Capelas de segurança biológica (CSB): Também conhecidas como capelas de fluxo laminar, são destinadas a trabalhos com produtos biológicos em condições absolutamente estéreis e a trabalhos com ausência de partículas em suspensão no ar. Há dois tipos de CSBs (Quadro 3.1), e elas podem ser divididas em três classes (Quadro 3.2).

Quadro 3.1 » **Tipos de capelas de segurança biológica**

Horizontais	São usadas para trabalhos com produtos estéreis não patogênicos (não contaminados). A trajetória do fluxo de ar não permite que o ar ambiente entre em contato com as amostras. O operador recebe o ar já filtrado, que vem do interior da capela impulsionado na direção horizontal.
Verticais	São usadas em trabalhos com amostras ou produtos patogênicos, sendo necessárias condições de absoluta segurança para o operador. Nesse sistema, o ar já filtrado (através de um filtro absoluto), livre de partículas ou microrganismos de até 0,2 micra de diâmetro, atinge a amostra na direção vertical, sendo aspirado para dentro da capela. O ar passa por nova filtração antes de sair para o ambiente. Dessa forma, a cortina frontal de ar cria uma barreira que isola o interior da área externa.

Quadro 3.2 » **Classificação das capelas de segurança biológica**

Classe I	Com a frente aberta, é uma barreira primária que oferece níveis significativos de proteção para a equipe do laboratório e para o meio ambiente quando utilizada com boas técnicas microbiológicas.
Classe II	Também apresenta a frente aberta. Subdivide-se, segundo o padrão de fluxo do ar, em A, B1, B2 e B3 e fornece uma proteção contra a contaminação externa de materiais (p. ex., cultura de células, estoque microbiológico) que serão manipulados dentro das cabines.
Classe III	É hermética e impermeável aos gases e proporciona o mais alto nível de proteção aos funcionários e ao meio ambiente.

>> **ATENÇÃO**
O caminho até o chuveiro de emergência deve ser livre de obstáculos.

Chuveiros de emergência: Destinados à lavagem das roupas e da pele quando esta for atingida acidentalmente por produtos químicos ou material biológico ou quando as vestimentas estiverem em chamas (Figura 3.3). Devem ser instalados em locais estratégicos para permitir o acesso fácil e rápido de qualquer ponto do laboratório. A altura de instalação também deve ser observada para permitir que todos os funcionários consigam acioná-lo. Deve ser testado periodicamente para assegurar seu perfeito funcionamento.

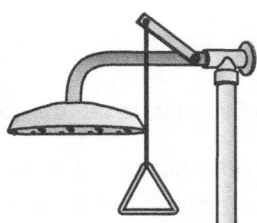

Figura 3.3 Chuveiro de emergência.
Fonte: Schwanke (2013).

Lava-olhos: Utilizado para a lavação dos olhos em casos de respingos ou salpicos acidentais. Pode fazer parte do chuveiro ou ser do tipo frasco lava-olhos (*pissete*). O lava-olhos tipo pissete possui a vantagem de ser barato e não exigir local especial para instalação. Deve-se ter cuidado para abastecê-lo com água destilada e trocar a água periodicamente para evitar contaminações (em especial com fungos). O equipamento é formado por dois chuveiros pequenos cujos jatos de água são direcionados de maneira a atingir os olhos da pessoa que os utilizar (Figura 3.4). O modelo a ser escolhido tem de ser compatível com o *layout* do laboratório. Podem ser de bancada, de coluna, de parede e ser acoplados, ou não, ao chuveiro de emergência.

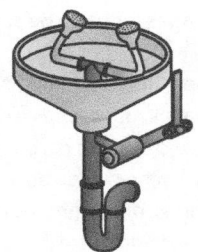

Figura 3.4   Lava-olhos.
Fonte: Schwanke (2013).

Extintores de incêndio: São utilizados em acidentes envolvendo fogo. Podem ser de vários tipos, dependendo do material envolvido no incêndio.

Boas práticas de laboratório

As **boas práticas de laboratório** (BPLs) são técnicas, normas e procedimentos de trabalho que visam a minimizar e controlar a exposição dos trabalhadores aos riscos inerentes às suas atividades. A aplicação das boas práticas é indispensável para a segurança do trabalhador, do produto que está sendo manipulado e do ambiente de trabalho, devendo, portanto, fazer parte de sua rotina.

Para desenvolver um trabalho de forma adequada em um laboratório, é imprescindível que você:

- tenha formação e treinamento adequados para as funções que serão realizadas;
- procure garantir a qualidade dos procedimentos, visando à confiabilidade dos resultados produzidos e à segurança durante a sua realização;
- planeje, monitore e registre os procedimentos laboratoriais por meio de POPs, conforme discutido.

A seguir, algumas normas importantes que devem ser seguidas no desenvolvimento de atividades em laboratórios (adaptado de MASTROENI, 2004).

- Tenha consciência do que estiver fazendo.
- Sempre siga o protocolo (POP).
- Deixe o local de trabalho limpo e organizado.
- Ao término de suas atividades, recoloque os materiais nos locais de onde foram retirados. Isso possibilita que outros profissionais os localizem facilmente quando necessário.
- O acesso ao laboratório deverá ser limitado ou restrito aos seus frequentadores. Outras situações deverão ser comunicadas aos responsáveis.
- Evite ao máximo a geração de aerossóis. Procure realizar movimentos leves quando estiver manuseando produtos que geram aerossol.
- Nunca pipete com a boca qualquer tipo de produto, inclusive água. Utilize para isso pera ou pipetador automático.

- O uso de avental com mangas longas e de sapato fechado é obrigatório em todos os laboratórios.
- Mantenha seu jaleco sempre limpo e higienizado com hipoclorito de sódio.
- Mantenha o hábito de lavar as mãos antes e depois de cada atividade.
- Mantenha as unhas sempre curtas e a barba feita.
- Não tente coçar os olhos, o nariz, o ouvido ou a boca com as mãos usando luvas.
- Se você possui cabelos longos, mantenha-os presos no ambiente de trabalho e, quando necessário, faça uso do gorro protetor.
- Procure não usar perfumes ou desodorantes fortes.
- Utilize protetor facial ao manipular produtos que geram aerossóis e respingos.
- Os EPIs foram desenvolvidos para utilização somente dentro do ambiente de trabalho. Evite sair do laboratório vestindo jaleco, calçando luvas e usando máscara.
- Quando trabalhar com material biológico, parta do princípio de que o material está contaminado e utilize sempre os EPIs necessários para sua segurança.
- Não cultive plantas ou circule com animais dentro do laboratório, salvo em protocolos de aula prática, especialmente cultura de tecidos vegetais.
- Jamais utilize recipientes de trabalho para outras finalidades, como para beber água, café, sucos, etc.
- Evite trabalhar sozinho no laboratório, principalmente fora dos horários de aula ou de expediente de trabalho.
- Nunca faça refeições em seu ambiente de trabalho. Procure o refeitório ou outro local específico para esta finalidade.
- Não manuseie maçanetas, telefones, puxadores de armários ou outros objetos de uso comum usando luvas durante a execução de suas atividades.
- Quando estiver manipulando material contaminado, procure manter próximo à sua atividade papel absorvente embebido em desinfetante, a fim de evitar a dispersão de qualquer derramamento ou respingo acidental.
- Não deixe material de trabalho sujo e sem identificação por muito tempo na bancada ou na pia.
- Use a rotulagem adequada ao fazer soluções nos laboratórios.
- Siga corretamente os protocolos para tratamento e descarte de resíduos químicos e biológicos.
- Nunca reutilize agulhas de seringas e lancetas.
- Nunca apanhe cacos de vidro diretamente com as mãos ou com um pano. Use sempre pá e vassoura.
- Ao derramar qualquer substância, providencie a limpeza imediata, seguindo as recomendações necessárias para cada produto.
- Nunca sobrecarregue seu limite de trabalho.
- Evite trabalhar no mesmo horário em que é feita a limpeza do laboratório. Para diminuir a exposição ao aerossol gerado pelo pessoal da limpeza, procure aguardar de 15 a 30 minutos para reiniciar suas atividades.
- Tenha cuidado ao utilizar o bico de Bunsen. Procure sinalizá-lo com a frase "utilizado recentemente", para evitar que outra pessoa se queime.
- Ao transportar materiais pesados, peça auxílio a um colega ou use dispositivos auxiliares, como um carrinho.

- Verifique sempre a voltagem do aparelho antes de conectá-lo à rede.
- Não utilize equipamentos com componentes alterados, como fios desencapados, tomadas desprotegidas, etc.
- Evite utilizar mais de um equipamento na mesma tomada.
- Mantenha sua imunização atualizada.
- Relate e registre imediatamente qualquer acidente de trabalho ao responsável pelo laboratório.
- Ao transportar um material para outra sala (reagentes e soluções), mantenha-o em recipiente fechado e à prova de vazamentos.
- Nunca armazene mais de um litro ou quilograma de produto químico em seu ambiente de trabalho. Quantidades maiores devem ser estocadas em local específico, previamente estabelecido.
- Antes de armazenar ou estocar materiais, anexe um rótulo contendo dados como data, tipo de produto, forma de armazenamento, periculosidade, seu nome e demais dados importantes.
- Sempre manipule produtos químicos cancerígenos e teratogênicos dentro de cabines de segurança química (CSQs).
- Não tente cheirar nem provar qualquer tipo de produto químico.
- Leia com atenção o rótulo dos reagentes antes de abri-los.
- Procure manusear produtos químicos sobre uma bandeja para prevenir derramamentos em caso de ruptura dos frascos.
- Ao utilizar a cabine de segurança biológica (CSB), mantenha as portas e janelas fechadas. Evite circulação de ar nesse momento.
- Nunca exceda a capacidade de um equipamento. Mantenha sempre a margem de segurança recomendada.
- Quando for utilizar a centrífuga, mantenha os tubos fechados para evitar a geração de aerossóis.
- Faça a limpeza regular do banho-maria, a fim de evitar a multiplicação de microrganismos.
- Ao armazenar ou estocar materiais em geladeira ou *freezer*, certifique-se de que estão bem identificados e o rótulo seja resistente à umidade.
- Antes de colocar materiais dentro da autoclave, certifique-se de que a água está no nível adequado, bem como siga corretamente o protocolo indicado para uso e limpeza.

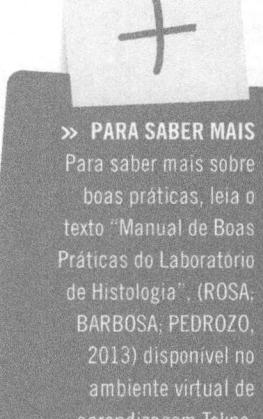

>> **PARA SABER MAIS**
Para saber mais sobre boas práticas, leia o texto "Manual de Boas Práticas do Laboratório de Histologia", (ROSA; BARBOSA; PEDROZO, 2013) disponível no ambiente virtual de aprendizagem Tekne.

>> *Layout* de laboratório

O desenvolvimento do *layout* do laboratório é uma etapa fundamental para a redução dos riscos. Para a obtenção de um laboratório com um *layout* adequado às suas necessidades, é preciso acompanhar as legislações pertinentes do projeto de arquitetura e engenharia, bem como as normas regulamentadoras do Ministério do Trabalho e Emprego e as diretrizes de biossegurança.

Para a elaboração de um projeto de arquitetura ou de engenharia, devemos fazer uma avaliação quanto à classificação de risco de acordo com os tipos de laboratórios existentes no local e a finalidade do trabalho a ser desenvolvido. A partir dessas informações, é possível elaborar um programa de necessidades e avaliar e criar laboratórios mais seguros. Eis alguns itens a ser considerados nessa avaliação.

- Disposição em relação ao terreno, implantação da edificação e sua relação com o local escolhido.
- Acessibilidade.
- Definição do tipo de material da construção.
- Projeto básico de engenharia e arquitetura para o dimensionamento da área física de trabalho e das atividades que serão exercidas (laboratório, administração, corredores, recepção de amostras, almoxarifado, banheiros, vestiário, atendimento, entre outros).
- Avaliação da demanda e da qualidade do trabalho que será desenvolvido no laboratório ao longo do tempo.
- Número de trabalhadores por m^2.
- Espaço suficiente para permitir que as áreas de trabalho sejam mantidas limpas e arrumadas, devendo ser proporcional ao volume de análises realizadas e à organização interna do laboratório (AGÊNCIA NACIONAL DE VIGILÂNCIA SANITÁRIA, 2006).
- Quantidade de equipamentos necessários por espaço físico útil.
- Otimização do posicionamento dos equipamentos de acordo com o fluxo de trabalho.
- Compatibilidade das atividades desenvolvidas em áreas próximas.
- Garantia de fornecimento de água, luz e tratamento de esgoto.
- Gerenciamento e avaliação de resíduos.
- Avaliação de pisos, parede e teto.
- Mobiliário adequado aos trabalhadores e que suporte equipamentos.
- Previsão dos locais de instalação de equipamentos.
- Verificação das instalações de condicionadores de ar, ventiladores e exaustão.
- Adequação do projeto às legislações federais, estaduais e municipais.
- Adequação às normas de biossegurança.

Dessa forma, para construir laboratórios de acordo com os requisitos de segurança, devemos seguir os critérios da Organização Mundial da Saúde (OMS). Os laboratórios apresentam basicamente quatro níveis de biossegurança, classificados de acordo com os agentes de risco. Os laboratórios que trabalham com agentes de risco de 1 a 4 precisam aplicar normas para o trabalho em contenção, cujo nível é determinado pelo agente da maior classe de risco presente. Por exemplo, para um laboratório em que são manipulados agentes das classes de risco 1 e 2, deverá ser adotado o nível de contenção 2.

Uma estrutura laboratorial conforme é aquela que está de acordo com o funcionamento do laboratório e com o nível de biossegurança recomendado para os agentes manipulados no local, atuando também como uma barreira de contenção secundária. A seguir, são descritos os quatro níveis de laboratório.

Nível de biossegurança 1 (NB-1): Necessário ao trabalho que envolva agentes biológicos da classe de risco 1. Representa um nível básico de contenção, que se fundamenta na aplicação das boas práticas de laboratório (BPLs), na utilização de equipamentos de proteção e na adequação das instalações com ênfase em indicadores de biossegurança. O laboratório não precisa estar separado das demais dependências do edifício. O trabalho é conduzido, em geral, em bancada; os equipamentos de contenção específicos não são exigidos. Os profissionais do laboratório devem ter treinamento em biossegurança e na atividade específica do laboratório. Recomenda-se a supervisão por um profissional de nível superior.

Nível de biossegurança 2 (NB-2): Aplica-se a laboratórios que utilizam agentes biológicos de classe 2, como laboratórios de análises clínicas, de diagnóstico e laboratórios-escola, nos quais o trabalho envolve sangue humano, líquidos corporais, tecidos ou linhas de células humanas primárias em que a presença do agente infeccioso pode ser desconhecida. Os agentes infecciosos são de um espectro de gravidade moderada para a comunidade e de gravidade variável a uma patologia humana. A planta do laboratório apresenta especificações próprias para NB-2. Devem ser adotados todos os procedimentos padrão para o NB-1, mais as práticas padrão e especiais para o NB-2. Os equipamentos de contenção, como CSB e CSQ, serão avaliados de acordo com as técnicas de agentes de risco manuseados. O uso de autoclave faz parte desse processo, pois é necessária para a descontaminação de todos os materiais e resíduos gerados no NB-2.

Nível de biossegurança 3 (NB-3): Necessário a laboratórios em que são desenvolvidos trabalhos com agentes biológicos da classe de risco 3, aplicados a serviços especiais de diagnóstico e pesquisas. Esse nível de laboratório tem de ser registrado junto a autoridades sanitárias brasileiras. O NB-3 exige construção e *layout* especiais. Todos os procedimentos que envolverem a manipulação de agente biológico devem ser conduzidos dentro de CSB, empregando EPIs e EPCs específicos. Precisa ser estudado o uso de máscaras de proteção respiratória ou de dispositivos de ar. Devem ser seguidos os procedimentos padrão e as práticas especiais de NB-3. Será mantido um controle rígido quanto à operação, à inspeção e à manutenção das instalações e dos equipamentos. O pessoal técnico receberá treinamento específico sobre procedimentos de segurança para a manipulação desses agentes.

Nível de biossegurança 4 (NB-4): Edificação construída separadamente de outras edificações ou localizada em uma zona completamente isolada. Deve possuir características específicas quanto ao projeto e aos sistemas de engenharia para a prevenção da disseminação de agentes no meio ambiente. Os laboratórios de contenção máxima só devem funcionar com autorização e fiscalização das respectivas autoridades sanitárias, em razão da manipulação de agentes patogênicos perigosos (MINISTÉRIO DA SAÚDE, 2006). Além dos requisitos físicos e operacionais dos níveis de contenção 1, 2 e 3, requerem ainda barreiras de contenção (instalações, equipamentos de proteção) e procedimentos especiais de segurança.

De acordo com a utilização e o nível de biossegurança, cada laboratório precisa de um *layout* com características próprias. Mesmo assim, existem alguns itens gerais que o projeto vai contemplar, como piso antiderrapante, superfícies laváveis, iluminação e ventilação natural, mobiliário adequado, segurança e acessibilidade.

> **» NO SITE**
> Acesse o ambiente virtual de aprendizagem Tekne para assistir a um vídeo sobre os quatro níveis de biossegurança.

Tanto a iluminação quanto a ventilação natural são muito importantes, devendo apresentar dimensões de vão de acordo com a legislação municipal. Sempre que possível, a ventilação tem de ser cruzada (janelas em paredes opostas) e os laboratórios precisam ser climatizados. Em conjunto com a iluminação natural, a iluminação geral deve estar de acordo com a NBR5413 – Iluminância de interiores (ASSOCIAÇÃO BRASILEIRA DE NORMAS TÉCNICAS, 1992).

Os acessos e as circulações internas, para facilitar a movimentação, devem respeitar a NBR9050 – Acessibilidade a edificações, mobiliário, espaços e equipamentos urbanos (ASSOCIAÇÃO BRASILEIRA DE NORMAS TÉCNICAS, 2004). Além de acessíveis, os laboratórios precisam apresentar um espaço físico seguro, com dois acessos externos, com o sentido de abertura das portas para o lado de fora e o caminho até o chuveiro de segurança livre de obstáculos, conforme a ANSI-Z358.1/2009 (AMERICAN NATIONAL STANDARDS INSTITUTE, 2009).

As bancadas devem ser preferencialmente construídas em concreto com pintura à base de epóxi. Uma maior profundidade, 70 a 90 cm, propicia uma utilização mais adequada e segura dos equipamentos.

Exemplos de *layout* de laboratórios

Além dos itens gerais descritos anteriormente, cada laboratório apresenta as suas peculiaridades. A seguir, são apresentados alguns exemplos de *layout* elaborados conforme a necessidade de laboratórios específicos.

No caso de um laboratório de cultura animal (Figura 3.5), as salas limpas devem ter pressão negativa e iluminação com lâmpadas germicidas. Uma sala de crescimento vegetal (Figura 3.6), por sua vez, deve ter um centro de distribuição de energia próprio e controle de temperatura. Os visores internos têm de ser preferencialmente fixos e em vidro laminado temperado, para evitar acidentes.

No *layout* apresentado na Figura 3.7, observe que junto às bancadas laterais foram indicados pontos de energia elétrica, lógica e telefonia necessários para a utilização dos equipamentos, que devem ser acrescidos à quantidade mínima de tomadas de uso geral (TUG), de acordo com a área dos ambientes, conforme NBR5410 – Instalações elétricas de baixa tensão (ASSOCIAÇÃO BRASILEIRA DE NORMAS TÉCNICAS, 2001).

No *layout* de laboratórios que utilizam materiais biológicos, têm de estar previstas áreas separadas ou áreas claramente designadas para as seguintes situações (AGÊNCIA NACIONAL DE VIGILÂNCIA SANITÁRIA, 2006):

- recepção de amostras e áreas de armazenamento;
- preparação das amostras para ensaio;
- análise das amostras, incluindo a incubação;
- manutenção dos microrganismos de referência;
- preparação dos meios de cultura, equipamentos e vidrarias, incluindo esterilização;
- avaliação de esterilidade quando pertinente;
- áreas de descontaminação de materiais e de restos de culturas, microrganismos, entre outros.

» IMPORTANTE
Em todos os exemplos apresentados, visando à segurança e à acessibilidade, os *layouts* dos laboratórios foram elaborados com dois acessos externos (um principal e um secundário). A porta do acesso principal é composta de duas folhas, com 90 e 30cm, totalizando 1,20 m de vão. A porta do acesso secundário, assim como as demais portas internas, apresenta 1 m de vão.

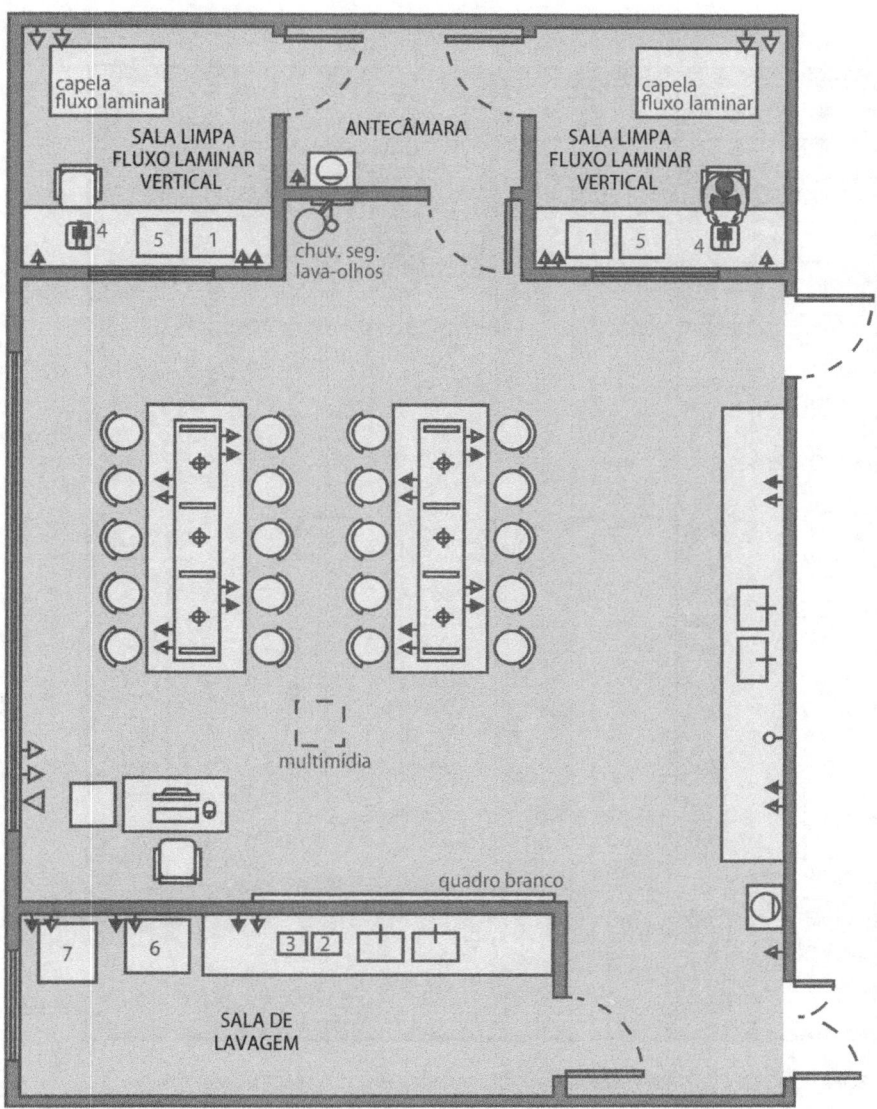

LABORATÓRIO DE CULTURA ANIMAL
Capacidade: 16 a 20 alunos
ÁREA TOTAL: 117,00 m²

EQUIPAMENTOS
1 - Estufa de incubação
2 - Destilador
3 - Deionizador
4 - Microscópio invertido
5 - Banho-maria
6 - Autoclave esterilização
7 - Autoclave descarte

LEGENDAS
↠ Tomada 110 V/h=0,30 m
↠ Tomada 110 V/h=1,20 m
↠ Tomada 220 V/h=1,20 m
◁ Ponto de lógica/h=0,30 m
⊕ Iluminação fluorescente sob castelo
⊙ Ponto de GLP/h=1,20 m

Figura 3.5 *Layout* de laboratório NB-2 adequado para um laboratório de cultura de células animais.
Fonte: As autoras.

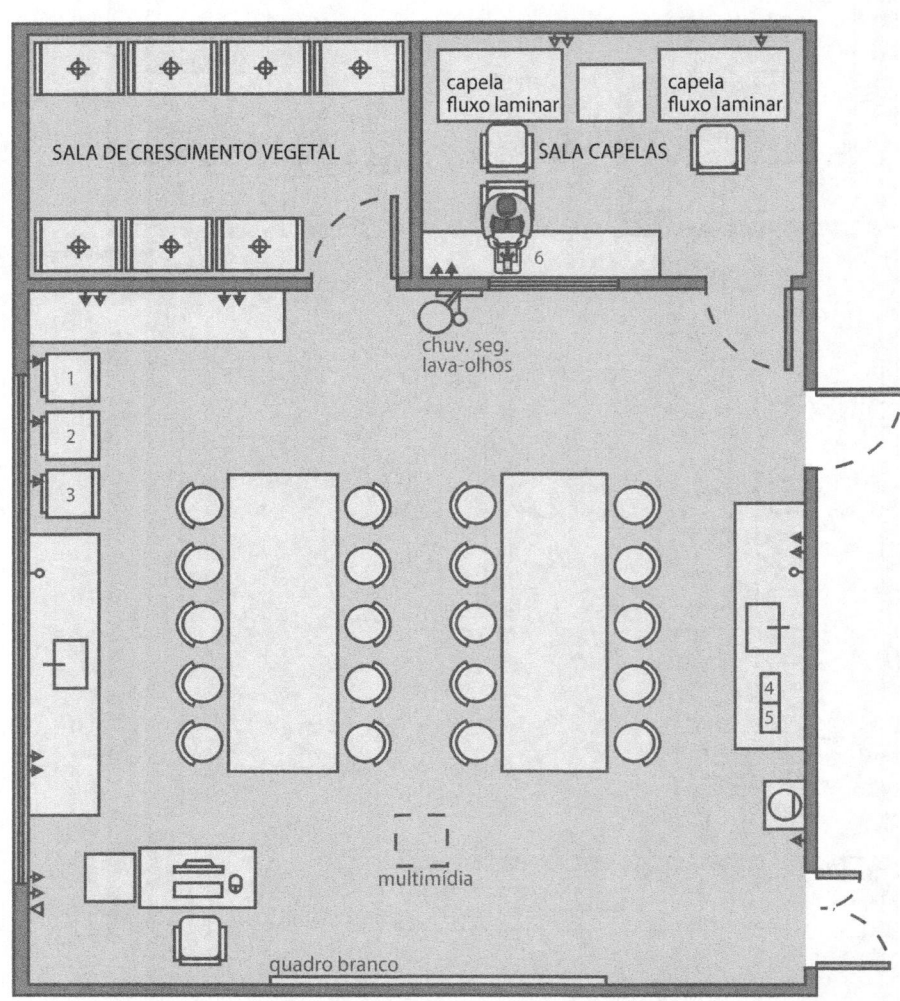

LABORATÓRIO DE CULTURA VEGETAL
Capacidade: 16 a 20 alunos
ÁREA TOTAL: 106,00 m²

EQUIPAMENTOS
1 - Fitotron
2 - Refrigerador
3 - Freezer
4 - Destilador
5 - Deionizador
6 - Microscópio

LEGENDAS
⇥ Tomada 110 V/h=0,30 m
⇥ Tomada 110 V/h=1,20 m
⇥ Tomada 220 V/h=1,20 m
◁ Ponto de lógica /h=0,30 m
✣ Iluminação fluorescente nas prateleiras
⊶ Ponto de GLP /h=1,20 m

Figura 3.6 *Layout* de laboratório NB-1 adequado para um laboratório de cultura de células vegetais.
Fonte: As autoras.

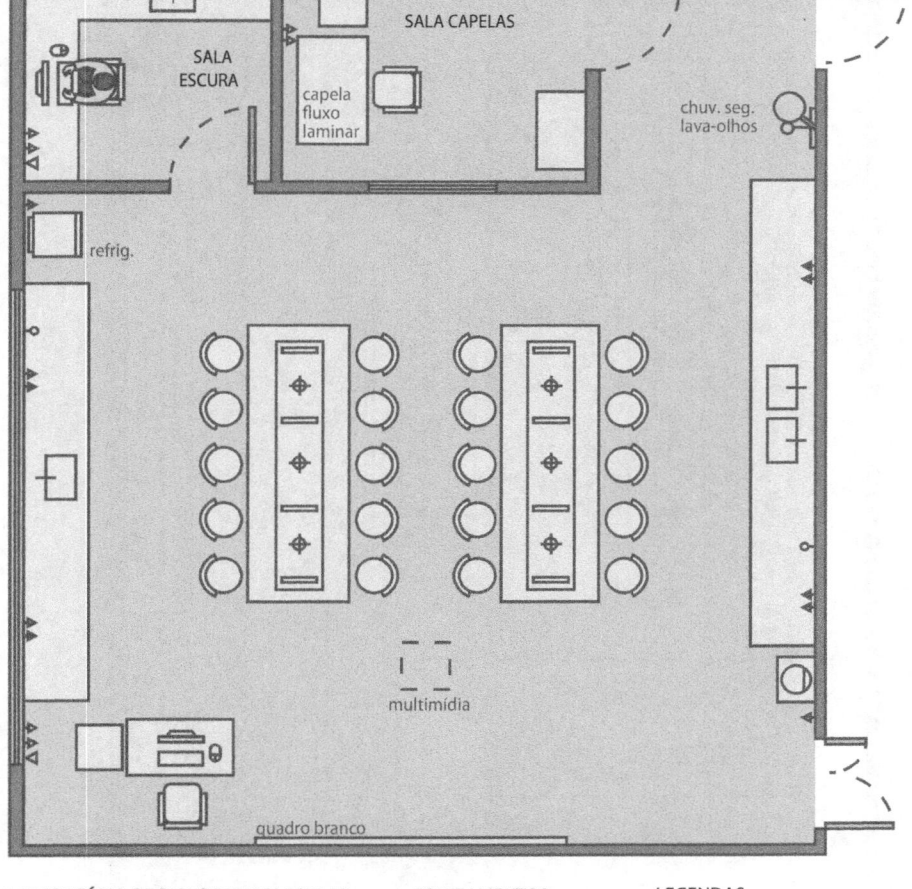

LABORATÓRIO DE BIOLOGIA MOLECULAR
Capacidade: 16 a 20 alunos
ÁREA TOTAL: 95,00 m²

EQUIPAMENTOS
1 - Transiluminador

LEGENDAS
- Tomada 110 V/h=0,30 m
- Tomada 110 V/h=1,20 m
- Tomada 220 V/h=1,20 m
- Ponto de lógica /h=0,30 m
- Iluminação fluorescente sob castelo
- Ponto de GLP /h=1,20 m

Figura 3.7 *Layout* de laboratório NB-1 adequado para um laboratório de cultura de biologia molecular.
Fonte: As autoras.

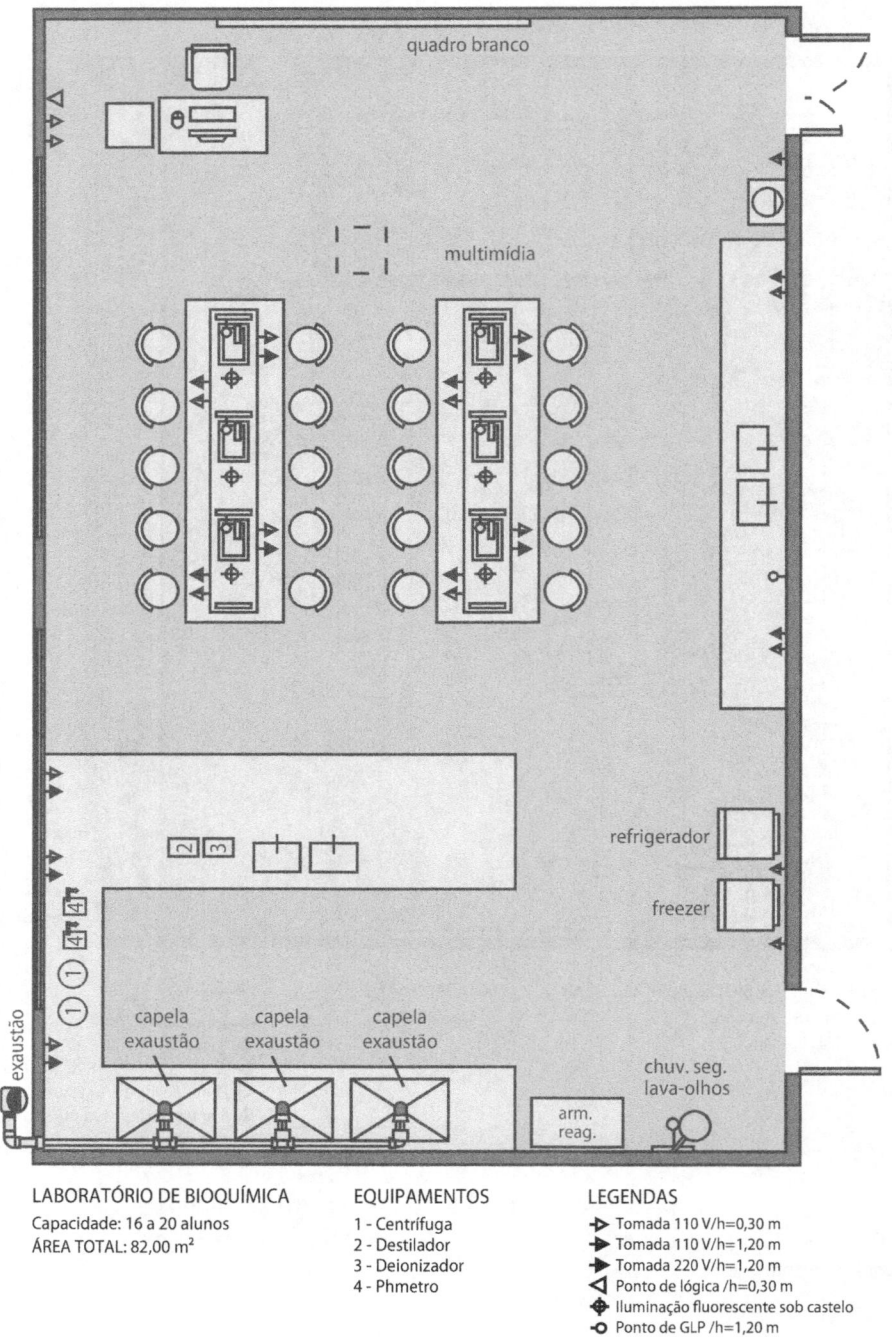

Figura 3.8 *Layout* de laboratório NB-1 adequado para um laboratório de bioquímica. *Fonte*: As autoras.

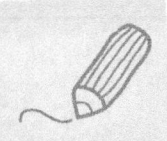

>> Agora é a sua vez!

Neste capítulo você estudou os princípios de biossegurança, os riscos associados ao ambiente laboratorial, além de identificar diferentes tipos de laboratório por meio da visualização de *layouts*. A partir desse estudo, visite pelo menos dois laboratórios de sua escola ou instituto e monte um quadro comparativo com as principais diferenças encontradas entre os ambientes.

Pesquise também sobre as atividades executadas em cada local, equipamentos básicos, os tipos de agentes biológicos manipulados, os principais produtos químicos e EPIs e EPCs mais utilizados. Após a conclusão do quadro, avalie cada um quanto à aplicação das boas práticas de laboratório.

REFERÊNCIAS

AGÊNCIA NACIONAL DE VIGILÂNCIA SANITÁRIA. *Habilitação para laboratórios de microbiologia*. Brasília: Ministério da Saúde, 2006.

AMERICAN NATIONAL STANDARDS INSTITUTE. *ANSI/ISEA Z358.1*: American national standard for emergency eyewash and shower equipament. New York: ANSI, 2009.

ARAÚJO, G. M. *Segurança na armazenagem, manuseio e transporte de produtos perigosos*: gerenciamento de emergência química. 2. ed. Rio de Janeiro: Gerenciamento Verde, 2005.

ASSOCIAÇÃO BRASILEIRA DE NORMAS TÉCNICAS. *NBR-5410* – instalações elétricas em baixa tensão. Rio de Janeiro: ABNT, 2001.

ASSOCIAÇÃO BRASILEIRA DE NORMAS TÉCNICAS. *NBR-5413* – iluminância de interiores. Rio de Janeiro: ABNT, 1992.

ASSOCIAÇÃO BRASILEIRA DE NORMAS TÉCNICAS. *NBR-9050* – acessibilidade a edificações, mobiliário, espaços e equipamentos urbanos. Rio de Janeiro: ABNT, 2004.

MASTROENI, M. F. *Biossegurança*: aplicada a laboratórios e serviços de saúde. São Paulo: Atheneu, 2004.

MINISTÉRIO DA SAÚDE. *Diretrizes gerais para o trabalho em contenção com agentes biológicos*. 2. ed. Brasília: Ministério da Saúde, 2006. Disponível em: <http://bvsms.saude.gov.br/bvs/publicacoes/06_1155_M.pdf>. Acesso em: 22 abr. 2014.

MINISTÉRIO DO TRABALHO E EMPREGO. *Instrução normativa nº 01*. Estabelece o regulamento técnico sobre o uso de equipamentos para proteção respiratória. Brasília: MTE, 1994. Disponível em: <http://portal.mte.gov.br/data/files/8A7C816A2E7311D1012EBAE9534169D8/in_19940411_01.pdf>. Acesso em: 22 abr. 2014.

MINISTÉRIO DO TRABALHO E EMPREGO. *Norma regulamentadora nº15* – atividades e operações insalubres. Brasília: MTE, 1978. Disponível em: <http://portal.mte.gov.br/data/files/8A7C816A36A27C140136A8089B344C39/NR-15%20(atualizada%202011)%20II.pdf>. Acesso em: 22 abr. 2014.

MINISTÉRIO DO TRABALHO E EMPREGO. *Riscos biológicos*: guia técnico. Brasília: MTE, 2008. Disponível em: <http://portal.mte.gov.br/data/files/FF8080812BCB2790012B-D509161913AB/guia_tecnico_cs3.pdf>. Acesso em: 22 abr. 2014.

MOLINARO, E. M. *Conceitos e métodos para a formação de profissionais em laboratórios de saúde*. Rio de Janeiro: EPSJV; IOC, 2009. v. 1.

OLIVEIRA, C. J. R. *Manual de boas práticas*: laboratórios clínicos. São Paulo: Ponto Crítico, 2006.

ROSA, A. I.; BARBOSA, C. S.; PEDROZO, J. *Manual de boas práticas do laboratório de histologia*. [S.l.: s.n.], 2013. Trabalho realizado para o curso Técnico em Biotecnologia do IFRS – Campus Porto Alegre.

SCHWANKE, Cibele (Org.). *Ambiente*: conhecimentos e práticas. Porto Alegre: Bookman, 2013. (Série Tekne).

TEIXEIRA, P. S. V. *Biossegurança*: uma abordagem multidisciplinar. 2. ed. Rio de Janeiro: FIOCRUZ, 2010.

LEITURAS RECOMENDADAS

MINISTÉRIO DA CIÊNCIA E TECNOLOGIA. *Sistema de avaliação da conformidade de material biológico*. Brasília: SENAI/DN, 2002. Disponível em: <http://www.ctnbio.gov.br/upd_blob/0000/10.pdf>. Acesso em: 22 abr. 2014.

MINISTÉRIO DO TRABALHO E EMPREGO. *Norma regulamentadora nº 06* – equipamento de proteção individual – EPI. Brasília: MTE, 1978. Disponível em: <http://portal.mte.gov.br/data/files/8A7C812D36A28000013881 30953C1EFB/NR-06%20(atualizada)%202011.pdf>. Acesso em: 22 abr. 2014.

Adriana de Farias Ramos
Claudia Wyrvalski

capítulo 4

Cálculos de soluções

Sabemos que o trabalho em um laboratório de biotecnologia, em suas diferentes áreas e aplicações, inclui o uso de variados tipos de soluções. Logo, a atuação nessa área requer o conhecimento do preparo de soluções, desde a parte teórica de cálculos até os procedimentos propriamente ditos.

Assim, consideramos importante neste livro um capítulo sobre a forma de calcular quantidades de soluto e de solvente para o preparo de soluções, já que esse tema ainda parece ser de difícil compreensão para muitos alunos e profissionais que se deparam com essa função (ROGADO, 2004).

Este capítulo mostra as principais abordagens para os cálculos de soluções nas diversas formas em que a concentração de um determinado soluto pode ser expressa.

Objetivos de aprendizagem

>> Identificar as principais formas de expressar a concentração de soluções.

>> Realizar os cálculos necessários para o preparo de soluções.

>> Efetuar conversões entre diferentes formas de expressão de concentrações de soluções.

>> Compreender o conceito de diluição de soluções e executar os respectivos cálculos.

Algumas definições iniciais

>> **PARA SABER MAIS**
Para uma abordagem mais aprofundada sobre as técnicas de preparo das soluções, leia o Capítulo 8, de Ramos e Wyrvalski (2013), do livro Ambiente: conhecimentos e práticas.

Antes de abordar os cálculos que envolvem o preparo de soluções, apresentaremos algumas definições prévias fundamentais para a compreensão do conteúdo deste capítulo. De acordo com o nível de exatidão que necessitamos, podemos preparar soluções do tipo comum ou do tipo padrão. Em ambos os casos, precisamos ter o domínio das unidades de medidas e de conceitos como massa atômica e molar.

>> Unidades de medida e suas grandezas

Praticamente todas as grandezas que utilizamos para medir alguma característica do mundo físico possuem uma unidade. Para fins de medida de grandezas, há dois principais sistemas de medida: o **sistema CGS** (centímetro-grama-segundo), muito utilizado na Inglaterra, e o **SI** (Sistema Internacional), baseado no sistema MKS (metro-kilograma-segundo) e adotado por muitos países, incluindo o Brasil.

>> **CURIOSIDADE**
As medidas surgiram com a necessidade de estabelecer comparações para fins de troca de produtos. Desde então, esse campo evoluiu muito.

O SI possui sete unidades básicas de medida, das quais derivam todas as outras:

- metro, para comprimento;
- quilograma, para massa;
- segundo, para tempo;
- ampère, para corrente elétrica;
- kelvin, para temperatura termodinâmica;
- candela, para intensidade luminosa;
- mol, para quantidade de matéria.

Neste capítulo, vamos nos ater a apenas duas unidades de base: o quilograma e o mol. Além dessas unidades de base, vamos tratar de outra unidade importante: o volume.

>> **NO SITE**
No ambiente virtual de aprendizagem Tekne (www.grupoa.com.br/tekne), você encontra o material produzido pelo INMETRO sobre definições e conceitos referentes ao Sistema Internacional de Medidas (INSTITUTO NACIONAL DE METROLOGIA, QUALIDADE E TECNOLOGIA, 2012).

O **quilograma** é a unidade de base para medidas de massa, mas, na química, utilizamos mais os seus submúltiplos, como o grama e o miligrama. A Tabela 4.1 mostra os múltiplos e submúltiplos do grama.

O mol teve sua definição consagrada em 1967 como "[...] a quantidade de matéria de um sistema que contém tantas entidades elementares quantos átomos existem em 0,012 quilograma de carbono-12[...]" (INSTITUTO NACIONAL DE METROLOGIA, QUALIDADE E TECNOLOGIA, 2012). O símbolo adotado para a quantidade de matéria é "n". Na prática, usamos o mol para expressar a massa molar de compostos químicos e algumas expressões de concentração de substâncias.

Tabela 4.1 » **Relação de múltiplos e submúltiplos do grama***

Múltiplos			Submúltiplos		
Múltiplo	Sigla	Valor	Múltiplo	Sigla	Valor
Giga	G	1.000.000.000 (10^9 g)	Deci	d	0,1 (10^{-1} g)
Mega	M	1.000.000 (10^6 g)	Centi	c	0,01 (10^{-2} g)
Quilo	K	1.000 (10^3 g)	Mili	m	0,001 (10^{-3} g)
Hecto	H	100 (10^2 g)	Micro	μ	0,000001 (10^{-6} g)
Deca	Da	1,0 (10^1 g)	Nano	n	0,000000001 (10^{-9} g)

* Esta tabela foi formulada com base em 1 grama, mas também é válida para outras unidades, como o litro.

» Massa atômica e massa molar

A massa atômica é definida como a média do número de massa do elemento ponderada pela sua ocorrência, e sua unidade é a unidade de massa atômica (u), que corresponde a 1/12 da massa do carbono-12 (MORTIMER, 2006). Se quisermos calcular o valor da massa atômica do oxigênio, por exemplo, temos que saber três informações: a quantidade de isótopos do oxigênio, a porcentagem de ocorrência de cada um e, por fim, a massa atômica de cada isótopo.

» NA HISTÓRIA

A noção de massa atômica surgiu com Dalton, no século XVIII, e o hidrogênio era utilizado como referência. Foi Berzellius, no século XIX, quem determinou experimentalmente várias massas atômicas utilizando como base de comparação a massa atômica do oxigênio. Somente em 1961 a confusão estabelecida por haver mais de uma referência para a medida de massa foi resolvida, quando foi universalmente aceito o carbono como referência de medida de massa (TOLENTINO; ROCHA-FILHO; PEREIRA, 1997).

O oxigênio possui três isótopos, a saber: O^{16}, com 99,76%;  O^{17}, com 0,04% e o O^{18}, com 0,20% de abundância. Para calcular o número de massa, precisamos fazer a média ponderada dos isótopos:

$$Massa\ atômica = \frac{(16 \times 99,76) + (17 \times 0,04) + (18 \times 0,20)}{100} = 16,0044\ u$$

Obviamente, não precisamos fazer esses cálculos para todos os átomos. Os valores de massa atômica encontram-se na **tabela periódica** e facilitam o cálculo das massas molares dos compostos químicos.

A massa molar de um composto químico é definida como a soma das massas atômicas de todos os átomos constituintes da molécula e é expressa em grama por mol (g/mol). Por exemplo, se precisamos saber o valor da massa molar da água (H_2O), precisamos somar todos os átomos presentes e multiplicar a quantidade de átomos pela sua respectiva massa atômica (obtida na tabela periódica).

Dessa forma, como temos dois hidrogênios e cada um tem uma massa atômica arredondada de 1 u, multiplicamos 1 u por 2 e somamos com a massa atômica arredondada do oxigênio, que é 16 u, expressando o resultado final em gramas por mol. Assim, a massa molar da água é 18 g/mol.

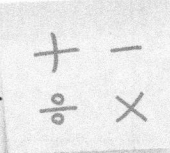

>> VAMOS CALCULAR!

Para saber qual é o valor da massa molar do sulfato de alumínio [$Al_2(SO_4)_3$], precisamos somar todos os átomos presentes e multiplicar pela sua respectiva massa atômica, retirada da tabela periódica. Sabemos que no sulfato de alumínio temos 12 átomos de oxigênio, 3 átomos de enxofre e 2 átomos de alumínio. Consultando a tabela periódica, verificamos que a massa atômica arredondada do oxigênio é 16 u, do enxofre é 32 u, e do alumínio é 27 u. Então:

$$MM_{Al_2[(SO)_4]_3} = (12 \times 16\,u) + (3 \times 32\,u) + (2 \times 27\,u) = 192 + 96 + 54 = 342\,\frac{g}{mol}$$

A partir desse cálculo, sabemos que 1 mol de sulfato de alumínio equivale a 342 g, e é esse valor que utilizamos para calcular concentrações dessa solução em mol/L, por exemplo.

>> Volume

O volume não é uma unidade de base do SI, mas uma unidade derivada. As unidades derivadas são expressas a partir das unidades de base por meio dos símbolos matemáticos de multiplicação e divisão (no caso do volume, expresso em metros cúbicos, a unidade de base é o metro). No SI, a unidade de volume é o metro cúbico, embora também seja aceito o litro. O litro também possui múltiplos e submúltiplos, a saber: quilolitro ou 1.000 L; hectolitro ou 100 L; decalitro ou 10 L; decilitro ou 0,1 L; centilitro ou 0,01 L; e mililitro ou 0,001 L. No cotidiano dos laboratórios, além do litro, são mais comuns os submúltiplos mililitro e microlitro (10^{-6} L).

≫ Soluções

Soluções são misturas homogêneas de duas ou mais substâncias caracterizadas como misturas monofásicas, ou seja, misturas que apresentam uma única fase. A maioria dos procedimentos executados em laboratório envolve o uso de soluções. Por isso, a preparação de soluções faz parte de uma rotina e o conhecimento sobre a técnica empregada no preparo é fundamental.

As soluções são classificadas quanto ao seu estado físico como sólidas, líquidas e gasosas. Nos laboratórios, são utilizadas quase que exclusivamente as soluções líquidas. Aquelas que empregam água como **solvente** são chamadas **soluções aquosas**; já as que empregam álcool (etanol) como solvente são denominadas **soluções alcoólicas**.

As soluções líquidas mais preparadas nos laboratórios são aquelas obtidas pela dissolução de **solutos** sólidos ou líquidos em um solvente líquido. Um dos primeiros passos para o preparo de soluções é fazer os cálculos referentes às quantidades necessárias dos reagentes (soluto e solvente) para o preparo.

Para realizar os cálculos, primeiro precisamos selecionar os reagentes (soluto e solvente) envolvidos no preparo da solução. Os reagentes químicos utilizados no preparo de soluções são comercializados em diferentes graus de pureza. Existem várias classificações quanto à pureza dos reagentes, entretanto, uma das mais adotadas divide os compostos químicos na seguinte escala:

- grau comercial, com 70 a 90% de pureza;
- grau farmacêutico, a partir de 95% de pureza;
- grau para análise (PA), que chega a 99,9% de pureza.

Existem graus de pureza ainda maiores para análises mais específicas.

Mas quando, de fato, é importante considerar o grau de pureza dos produtos químicos nos cálculos de preparo de soluções?

Normalmente, consideramos o grau de pureza somente quando precisamos calcular as quantidades de reagentes necessários para o preparo de soluções do tipo padrão, pois o grau de exatidão nesse caso é mais rigoroso em função dos fins aos quais essas soluções se destinam. No preparo de soluções comuns, cujo grau de exatidão é menos necessário em virtude de sua utilização, normalmente não consideramos o grau de pureza do reagente, exceto se sua pureza for inferior ao grau comercial, como por exemplo, no preparo de soluções de ácido clorídrico (pureza de 37%).

A Figura 4.1 mostra uma série de situações envolvendo misturas. A Figura 4.1A ilustra uma solução de cloreto de sódio, que é incolor e transparente. Na Figura 4.1B, temos uma mistura heterogênea, uma suspensão de carbonato de cálcio. Nessa situação, observamos nitidamente na parte superior da proveta a mistura turva (por-

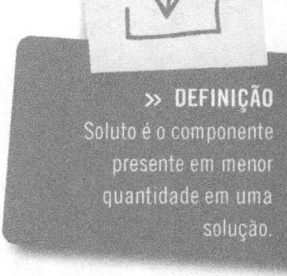

≫ **DEFINIÇÃO**
Soluto é o componente presente em menor quantidade em uma solução.

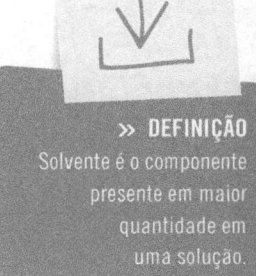

≫ **DEFINIÇÃO**
Solvente é o componente presente em maior quantidade em uma solução.

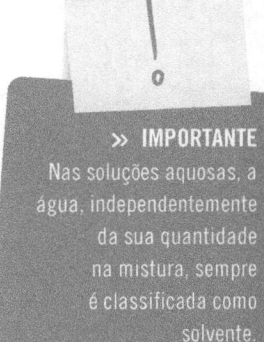

≫ **IMPORTANTE**
Nas soluções aquosas, a água, independentemente da sua quantidade na mistura, sempre é classificada como solvente.

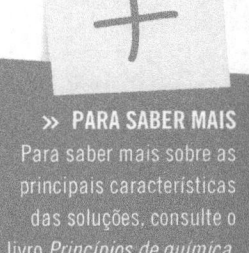

≫ **PARA SABER MAIS**
Para saber mais sobre as principais características das soluções, consulte o livro *Princípios de química*, de Atkins e Jones (2012).

> **IMPORTANTE**
> As soluções devem sempre ser transparentes na presença da luz (não confundir com incolor). Quando um líquido mostra-se turvo sob o efeito da luz, significa que nesse líquido há um sólido em suspensão (substância que não está dissolvida no solvente), ou seja, trata-se de uma mistura heterogênea, e não de uma solução.

que o carbonato de cálcio é praticamente insolúvel em água) e, na parte inferior, o carbonato de cálcio depositado.

A Figura 4.1C ilustra uma solução concentrada de permanganato de potássio. Essa solução parece uma mistura turva, já que não é transparente, entretanto, isso não é verdade. Ela não é transparente aos olhos porque o soluto ($KMnO_4$), em determinadas concentrações, apresenta uma coloração violeta bastante intensa, mas está totalmente dissolvido no solvente e não há sólido em suspensão. Na Figura 4.1D temos uma solução diluída de permanganato de potássio, que é violeta e transparente.

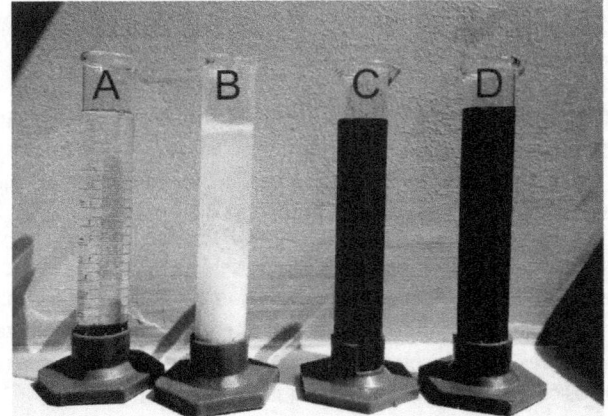

> **NO SITE**
> Acesse o ambiente virtual de aprendizagem para visualizar a Figura 4.1 em cores e em alta resolução.

Figura 4.1 Misturas. (A) Solução de cloreto de sódio. (B) Suspensão de carbonato de cálcio. (C) Solução concentrada de permanganato de potássio. (D) Solução diluída de permanganato de potássio.
Fonte: As autoras.

≫ Concentração das soluções

A concentração de uma solução fornece, em geral, informações quanto à quantidade de soluto presente em uma determinada solução. Existem inúmeras expressões de concentrações, pois há várias relações que informam as quantidades de soluto presentes em uma quantidade de solução. A Tabela 4.2 mostra algumas dessas relações.

Tabela 4.2 » **Algumas relações possíveis entre as quantidades de soluto presentes em uma dada quantidade de solução**

Grandeza utilizada para expressar a quantidade de soluto	Grandeza utilizada para expressar a quantidade de solução formada	Relações de unidades de concentração*	Tipos de concentrações
Massa	Volume	$\dfrac{m_1}{V}$	• Concentração comum
Massa	Massa	$\dfrac{m_1}{m}$	• Título em massa • Percentual em massa • ppm (partes por milhão)
Volume	Volume	$\dfrac{V_1}{V}$	• Título em volume • Percentual em volume • ppm (partes por milhão)
Quantidade de matéria	Volume	$\dfrac{n_1}{V}$	• Concentração em quantidade de matéria
Quantidade de matéria	Quantidade de matéria	$\dfrac{n_1}{n}$	• Fração molar
Quantidade de equivalente grama	Volume	$\dfrac{n_{Eq}}{V}$	• Normalidade

* Fórmulas que expressam a relação entre as quantidades de soluto presentes em uma dada quantidade de solução.

A partir dos dados da Tabela 4.2, percebemos que cada uma das relações origina tipos de concentrações diferentes, cada um deles com uma fórmula específica. A quantidade de fórmulas é exatamente uma das dificuldades inerentes a essa área da química. A resolução dos cálculos necessários para o preparo de soluções pode ser feita por meio de fórmulas ou do raciocínio, empregando a proporcionalidade. A escolha do método fica a critério do leitor. Neste capítulo, empregaremos tanto a aplicação de fórmulas quanto o raciocínio químico.

Nas expressões das unidades de concentração (fórmulas) usadas na Tabela 4.2, adotamos uma convenção para diferenciar grandezas referentes ao soluto, ao solvente e à solução:

- índice 1, para quantidades relativas ao soluto;
- índice 2, para quantidades relativas ao solvente;
- sem índice, para quantidades relativas à solução (soluto + solvente).

Nas atividades cotidianas em um laboratório, diversas expressões de unidades de concentração são utilizadas. A seguir, as mais importantes e de emprego mais frequente.

>> Concentração comum

Uma das expressões de concentração de soluções mais simples é a concentração comum. A partir dessa expressão, relacionamos a massa de soluto, expressa em gramas, com o volume de solução, expresso em litros.

$$C = \frac{m_1(g)}{V(L)}$$

A partir da utilização de subdivisões de massa e volume, obtemos outras unidades, como g/mL ou g/cm^3, kg/L, mg/L e g/m^3.

Podemos começar a pensar sobre o raciocínio químico envolvido nesta expressão de concentração. Já sabemos que o soluto é o reagente que vamos usar para ser devidamente dissolvido no solvente adequado. Esse solvente normalmente é a água, mas pode ser um solvente apolar, dependendo das características de polaridade do soluto, já que "semelhante dissolve semelhante".

Ao analisar um rótulo de qualquer produto que compramos no mercado, veremos que muitas das concentrações das substâncias constituintes estão expressas em concentração comum. A Figura 4.2 mostra o rótulo de um leite longa vida.

Apesar de, quimicamente, o leite não ser considerado uma solução, mas uma dispersão, optamos por utilizá-lo como exemplo, por ser um produto do cotidiano. As

>> **IMPORTANTE**
A expressão de concentração comum tem como unidade final no SI o quilograma por metro cúbico (kg/m^3); no entanto, é mais comum usar o grama por litro (g/L). Neste capítulo, adotaremos predominantemente a unidade g/L como unidade padrão para a concentração comum.

Figura 4.2 Rótulo de composição de um litro de leite longa vida.
Fonte: As autoras.

informações sobre os constituintes do leite estão na tabela de informações nutricionais e têm como referência uma porção de 200 mL (volume aproximado de um copo americano).

Podemos expressar em concentração comum as quantidades de qualquer um dos constituintes da amostra, escolhendo uma das opções de unidades já apresentadas. Para esse caso, vamos expressar a concentração comum em gramas por litro. Se quisermos saber quanto existe de cada um dos constituintes do leite e expressá-los em concentração comum (g/L), precisaremos expressar a quantidade de soluto em gramas, e o volume, em litros.

Ao analisar quimicamente as informações referentes à quantidade de proteínas no leite utilizado como exemplo, em termos de concentração comum (g/L), precisamos saber a massa em gramas de proteína presente no volume definido, expresso em litros.

A informação sobre a massa é de que existem 6,4 g. Portanto, a massa já está expressa na unidade correta. O volume, por sua vez, precisa ser ajustado, já que está expresso em mL e queremos saber a quantidade expressa em litros. Se simplesmente dividirmos a massa de 6,4 g pelos 200 mL, teremos a expressão de concentração comum de proteínas em g/mL.

Para obter a expressão de concentração comum conforme o padrão adotado (g/L), precisamos **expressar sempre a massa de soluto em gramas e o volume de solução em litros**. Então, os 200 mL precisam ser expressos em litros, o que é feito com uma regra de três simples. Dessa forma, 200 mL = 0,2 L.

Assim, com as unidades resolvidas, é possível saber a expressão de proteínas em 1 L de leite, conforme o padrão adotado:

$$C = \frac{m_1(g)}{V(L)} = \frac{6,4}{0,2} = \frac{32\,g}{L}$$

Portanto, esta é a concentração de proteínas no leite longa vida expressa na forma mais usual de concentração comum (g/L).

Se quisermos raciocinar exclusivamente por regra de três simples, vamos pensar da seguinte forma: no rótulo do produto há a informação de que existem 6,4 g de proteína em 0,2 L de leite (para simplificar, já convertemos os 200 mL para litros). Então, para expressar em concentração comum, uma única regra de três é suficiente:

6,4 g de proteína → 0,2 L
x g → 1 L

x = 32 g/L de proteína.

O resultado dessa regra de três é exatamente igual ao da equação e revela a concentração de proteínas no leite em g/L.

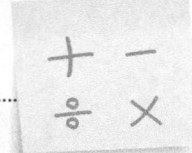

>> VAMOS CALCULAR!

Como saber qual é a concentração comum de sódio presente em 1 litro de leite? O rótulo informa que os 200 mL de leite possuem 144 mg de sódio. Vamos calcular a quantidade de sódio presente na embalagem de leite e expressar essa quantidade em concentração comum, conforme o padrão estipulado (g/L). Iniciamos pela massa do íon sódio, que deve ser expressa em gramas. Então, precisamos expressar 144 mg na unidade gramas e a primeira linha da regra de três deve ter essa proporção: a relação entre grama e miligrama. Assim,

$$1\,g \rightarrow 1.000\,mg$$
$$x \rightarrow 144\,mg$$
$$x = 144\,mg$$

O próximo passo, já realizado no exercício anterior, é converter 200 mL em litros, e o resultado é 0,2 L. Agora, podemos calcular a quantidade de sódio na amostra de leite e expressá-la em concentração comum, conforme o padrão estipulado:

$$c = \frac{m_1}{V} = \frac{0,144}{0,2} = 0,72\,g/L$$

Portanto, 0,72 g/L é a concentração de sódio em 1 litro de leite.

Tanto a **concentração comum** quanto a **densidade** relacionam massa com volume, podendo ser expressas em g/mL, por isso, você deve ter cuidado para não confundi-las. A densidade de uma solução relaciona a massa da solução pelo volume que ela ocupa, e a concentração comum informa a massa de soluto que foi dissolvida para preparar um determinado volume de solução.

No contexto de cálculo de soluções, é comum usar a densidade para converter massa em volume e vice-versa. Por exemplo, a fim de calcular o volume de um ácido concentrado necessário para o preparo de uma solução diluída, vamos precisar da densidade do ácido para converter a massa de ácido calculada em volume, pois não é recomendado pesar o ácido por questões de segurança. Mais adiante neste capítulo vamos apresentar um exemplo de uso da densidade.

Título

O título de uma solução é uma concentração obtida a partir da relação entre as massas do soluto e da solução ou da relação de volumes desses componentes.

Título em massa

O título em massa (T) de uma solução é a relação entre a massa do soluto e a massa da solução. Essa definição é representada pela seguinte equação:

$$T = \frac{m_1}{m} \quad ou \quad T = \frac{m_1}{m_1 + m_2}$$

De acordo com essa equação, percebemos que o título em massa é adimensional, ou seja, não possui unidade. Isso ocorre porque o numerador e o denominador relacionam massa, cuja unidade obrigatoriamente deve ser expressa na mesma ordem de grandeza. Além disso, o título em massa sempre será um valor menor que a unidade ($0 < T < 1$), porque o numerador (massa do soluto) sempre será um número menor que o denominador (massa da solução = $m_1 + m_2$).

Para entender qual é a interpretação dessa unidade de concentração, vamos imaginar a seguinte solução preparada no laboratório: em um béquer, 20 g de NaCl são adicionados a 80 g de água. Relacionando a massa do soluto com a massa da solução, temos:

$$T = \frac{20}{20 + 80} = \frac{20}{100} = 0{,}2$$

Desse modo, a solução preparada possui título em massa de 0,2. Isso significa que, em 1 g de solução, temos 0,2 g de NaCl, e o restante, 0,8 g, de água.

O título em massa não é uma unidade de concentração muito utilizada em laboratório, entretanto, se o multiplicarmos por 100, passaremos a ter a concentração chamada **percentual em massa** (% m/m) ou **percentual em peso** (% p/p), também chamada por alguns autores de percentual ponderal ou ainda porcentagem em massa. Essa unidade de concentração expressa a massa de soluto em gramas contida em 100 g de solução (isso se a unidade de massa utilizada for o grama). A fórmula que expressa essa relação é:

$$\% \frac{m}{m} = \frac{m_1}{m_1 + m_2} \times 100$$

>> **DICA**
A relação de título em massa pode ser feita em qualquer unidade de massa. Por exemplo, em 1 g de solução, temos 0,2 g de NaCl e 0,8 g de água. Em 1 kg de solução, teremos 0,2 kg de NaCl e 0,8 kg de água. O importante é que as massas do soluto e da solução sejam expressas na mesma ordem de grandeza (mesma unidade).

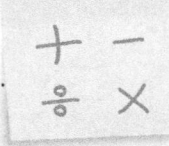

> **IMPORTANTE**
> A unidade de concentração percentual em massa (% m/m) sempre relaciona a massa de soluto em gramas existente em 100 g de solução.

Voltando ao exemplo da solução preparada anteriormente, em que o título em massa obtido foi 0,2 de NaCl, também podemos expressar a relação entre as quantidades de soluto e solução dessa mesma solução em % m/m. Essa solução possui uma concentração de 20% em massa (0,2 × 100). Portanto, em 100 g da solução existem 20 g de NaCl, e em 100 kg de solução, há 20 kg do soluto NaCl.

>> VAMOS CALCULAR!

Vamos pensar agora em outra situação corriqueira em laboratório. Você precisa preparar 400 g de uma solução 15% m/m em glicose. A pergunta é: que massa de glicose deve ser pesada para preparar essa solução? Para resolver o problema, utilizamos a fórmula, ou empregamos a proporcionalidade (regra de três simples). Vamos optar pelo emprego da regra de três. Se a concentração da solução desejada é 15% m/m, isso significa que existem 15 g de glicose em 100 g de solução; como precisamos preparar 400 g de solução, fazemos a seguinte proporção:

$$15 \text{ g glicose} \rightarrow 100 \text{ g solução}$$
$$x \rightarrow 400 \text{ g solução}$$
$$x = 60 \text{ g de glicose}$$

Então, a massa a ser pesada de glicose para preparar essa solução é de 60 g. A partir desse valor de massa de soluto, podemos dizer ainda que a massa de água que devemos adicionar para fazer essa mistura é 340 g (400 g solução – 60 g soluto). Também conseguimos resolver esse problema calculando diretamente pela equação:

$$\% \frac{m}{m} = \frac{m_1}{m_1 + m_2} \times 100$$

$$15 = \frac{m_1}{400} \times 100$$

$$m_1 = 60 \text{ g de glicose}$$

>> PARA SABER MAIS

Os ácidos inorgânicos, como HCl (ácido clorídrico), HNO_3 (ácido nítrico) e H_2SO_4 (ácido sulfúrico), são comercializados na forma de soluções concentradas. Os rótulos dessas soluções, além de indicar a proporção soluto/solução em porcentagem em massa (% m/m), trazem a densidade da solução. Por exemplo, uma solução de ácido clorídrico vendida comercialmente possui concentração 36,5% (em massa) e densidade 1,19 g/cm^3 (densidade da solução a 20 °C). Os dados de concentração e densidade de solução contidos nos rótulos serão empregados nos cálculos de conversão de unidades de concentração.

Título em volume

O título em volume (T_V) de uma solução é uma unidade de concentração que mostra a relação existente entre o volume do soluto e o volume da solução. Essa relação é representada pela seguinte equação:

$$T_v = \frac{V_1}{V}$$

onde o numerador e o denominador relacionam o volume, cuja unidade obrigatoriamente deve ser expressa na mesma ordem de grandeza.

Assim como o título em massa, o título em volume é uma unidade de concentração adimensional e sempre terá um valor menor que a unidade ($0 < T_V < 1$). Ele é utilizado para expressar a concentração de soluções nas quais o soluto é um líquido ou gás.

Diferentemente do título em massa, o volume da solução (V) nem sempre é igual à soma do volume do soluto (V_1) com o volume do solvente (V_2). Isso acontece porque, em muitas misturas de solutos e solventes realizadas, há uma contração de volume na mistura.

O título em volume também pode ser expresso na forma de porcentagem, muito utilizada em laboratórios. A fórmula para essa relação é a seguinte:

$$\% \frac{V}{V} = \frac{V_1}{V} \times 100$$

Nesse caso, a unidade de concentração é chamada **percentual em volume** ou **porcentagem em volume**, simbolizada por % V/V. Essa unidade de concentração indica o volume de soluto, em mililitros, contido em 100 mL de solução (caso a unidade de volume utilizada seja o mililitro). Desse modo, uma solução com concentração 20% V/V contém 20 mL do soluto em cada 100 mL de solução.

A acetona comercial, solução muito utilizada como removedora de esmaltes, tem uma concentração em torno de 4% V/V. Caso você precise preparar 250 mL dessa solução, qual é a quantidade de acetona pura necessária? Para responder a essa pergunta, vamos pensar em termos de proporcionalidade. Sabendo que 4% V/V significa que há 4 mL de acetona em 100 mL de solução, então temos:

$$\begin{array}{rcl} 4 \text{ mL de acetona} & \rightarrow & 100 \text{ mL de solução} \\ x & \rightarrow & 250 \text{ mL de solução} \end{array}$$

$x = 10$ mL de acetona pura

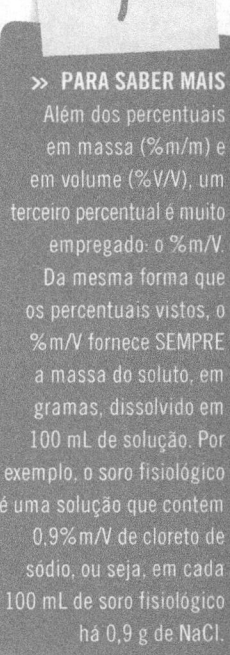

>> **IMPORTANTE**
A unidade de concentração percentual em volume (% V/V) sempre relaciona o volume de soluto em mL existente em 100 mL de solução.

>> **PARA SABER MAIS**
Além dos percentuais em massa (%m/m) e em volume (%V/V), um terceiro percentual é muito empregado: o %m/V. Da mesma forma que os percentuais vistos, o %m/V fornece SEMPRE a massa do soluto, em gramas, dissolvido em 100 mL de solução. Por exemplo, o soro fisiológico é uma solução que contém 0,9%m/V de cloreto de sódio, ou seja, em cada 100 mL de soro fisiológico há 0,9 g de NaCl.

> **IMPORTANTE**
> As soluções alcoólicas comerciais podem apresentar sua concentração expressa no frasco em duas unidades. Uma delas é o grau Gay Lussac (°GL), e a outra, o grau INPM (°INPM). Vimos que a unidade de concentração °GL equivale ao percentual em volume (% V/V), já o °INPM, ou grau alcoólico INPM, equivale à porcentagem de etanol em massa na mistura (% m/m). O °INPM é a unidade de concentração utilizada pelo Instituto Nacional de Pesos e Medidas. A Figura 4.3 mostra um frasco de uma solução alcoólico de concentração em etanol de 92,8°INPM.

Também resolvemos essa questão empregando a fórmula:

$$\% \frac{V}{V} = \frac{V_1}{V} \times 100$$

Substituindo os valores:

$$4 = \frac{V_1}{250} \times 100$$

$$V_1 = 10 \; mL \; de \; acetona \; pura$$

A unidade de concentração % V/V é muito empregada para soluções que envolvem etanol como soluto, ou seja, soluções alcoólicas comerciais e bebidas alcoólicas. A Figura 4.3 mostra um frasco de álcool hidratado que, assim como as bebidas alcoólicas comercializadas, também apresenta a concentração expressa em graus Gay Lussac (°GL).

A unidade de concentração graus Gay Lussac estabelece o grau alcoólico das misturas, informando a quantidade de álcool puro (etanol) presente em cada 100 partes da solução. Ou seja, % V/V e °GL fornecem a mesma informação. Então, o álcool hidratado 96°GL contém, em cada 100 mL da solução, 96 mL de etanol.

$$96°GL = 96\%V/V$$

Figura 4.3 Frasco de solução alcoólica com concentração expressa em °INPM e °GL.
Fonte: As autoras.

≫ VAMOS CALCULAR!

Qual será a concentração de uma solução alcoólica de concentração em etanol de 92,8°INPM em graus GL?

Para fazer esse cálculo, primeiro precisamos interpretar o significado da concentração 92,8°INPM. Como o grau INPM equivale a uma porcentagem em massa de etanol na solução, temos que: em 100 g de solução há 92,8 g de etanol e 7,2 g de água. Como queremos expressar a concentração de etanol em %V/V, temos que transformar todas as informações de composição (92,8 g de etanol e 7,2 g de água) em volumes desses componentes. Para isso, é preciso ter as densidades do etanol e da água. A densidade do etanol a 20 °C é 0,80 g/mL, enquanto a da água, a essa mesma temperatura, é 1,00 g/mL. Fazendo os devidos cálculos, temos que: a 20 °C em 100 g de solução há 116 mL de etanol e 7,2 mL de água. Como visto anteriormente, o volume da solução resultante NÃO é a soma dos volumes individuais dos componentes, pois há uma contração do volume final devido às forças intermoleculares. Logo o volume da solução NÃO é 123,2 mL. O volume final dessa mistura só pode ser obtido experimentalmente, e o volume observado é de 120,8 mL (TITO; CANTO, 2006). Agora temos as seguintes informações a respeito dessa solução: 120,8 mL de solução contêm 116 mL de etanol. Então, para determinar o %V/V, fazemos a seguinte regra de três simples:

120,8 mL de solução → 116 mL de etanol
100 mL de solução → x

$x = 96,03$ mL de etanol em 100 mL de solução

Dessa forma, temos que, a 20 °C, a solução com concentração 92,8°INPM também pode ser representada como 96°GL (96% V/V).

≫ Concentração em quantidade de matéria

A concentração em quantidade de matéria (M) relaciona o número de mols do soluto (simbolizado por n_1) em mols e o volume da solução em litros. Essa relação é expressa na seguinte fórmula:

$$M = \frac{n_1 \, (mols)}{V \, (L)}$$

Por sua vez, o número de mols do soluto é determinado pelo quociente entre a massa do soluto usado no preparo da solução e a sua massa molar, resultando na seguinte expressão:

$$n_1 = \frac{m_1 \, (g)}{MM_1 \left(\dfrac{g}{mol}\right)}$$

Ao juntar todas essas equações, chegamos a uma equação geral para a concentração em quantidade de matéria:

$$M = \frac{n_1}{V} = \frac{m_1/MM_1}{V} = \frac{m_1}{MM_1} \times \frac{1}{V}$$

$$\text{Então,} \qquad M = \frac{m_1}{MM_1 V}$$

Essa unidade de concentração, mol/L, informa quantos mols do soluto há em um litro de solução.

Vamos interpretar essa concentração? Quando temos no laboratório um frasco com o rótulo "2,0 mol/L de NaOH", está sendo informado que em cada litro da solução há 2 mols de NaOH. Mas o que isso significa?

Vimos anteriormente como calcular a massa molar de uma substância, assim, vamos determinar a massa, em gramas, desses 2 mols de NaOH, por meio da seguinte proporcionalidade:

$$\begin{aligned} 1 \text{ mol NaOH} &\rightarrow 40,0 \text{ g} \\ 2 \text{ mols NaOH} &\rightarrow x \end{aligned}$$

$$x = 80 \text{ g NaOH}$$

"Traduzindo" melhor o significado da concentração 2 mol/L: há 80 g do soluto NaOH dissolvidos em 1 L da solução.

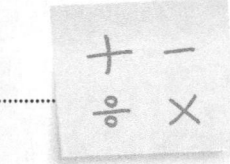

>> VAMOS CALCULAR!

Imagine que você precisa preparar 300 mL de uma solução 0,15 mol/L de nitrato de sódio. Qual é a massa de nitrato de sódio a ser pesada para preparar essa quantidade? Como você faria para determinar a massa a ser pesada? A primeira coisa é saber a fórmula química dessa substância a fim de estabelecer o valor da massa molar. O nitrato de sódio é um sal de fórmula $NaNO_3$, e possui uma massa molar de 85 g/mol. Em seguida, a partir da concentração desejada (0,15 mol/L), vamos ver quantos mols do soluto precisamos para preparar o volume desejado da solução (300 mL). Isso será feito pela seguinte regra de três simples:

$$\begin{aligned} 0,15 \text{ mol} &\rightarrow 1.000 \text{ mL} \\ x &\rightarrow 300 \text{ mL} \end{aligned}$$

$$x = 0,045 \text{ mol}$$

>> VAMOS CALCULAR!

O cálculo anterior mostra que são necessários 0,045 mol de $NaNO_3$ para preparar os 300 mL da solução desejada. Como a massa molar do nitrato de sódio é 85 g/mol, temos mais uma regra de três a fazer:

$$1 \text{ mol } NaNO_3 \rightarrow 85 \text{ g}$$
$$0,045 \text{ mol } NaNO_3 \rightarrow x$$

$$x = 3,83 \text{ g de } NaNO_3$$

Então, para preparar 300 mL de uma solução de concentração 0,15 mol/L, é necessário pesar 3,83 g do soluto nitrato de sódio. Também resolvemos este problema calculando diretamente pela equação:

$$M = \frac{m_1}{MM_1 V}$$

Substituindo os dados: M = 0,15 mol/L; MM_1 = 85 g/mol e V = 0,3 L, temos:

$$0,15 = \frac{m_1}{85 \times 0,3} \qquad m_1 = 3,83 \, g \text{ de } NaNO_3$$

>> Normalidade

Apesar de ser desaconselhado pela União Internacional de Química Pura e Aplicada (IUPAC) desde 1971, o uso da normalidade como concentração de soluções ainda é frequente no cotidiano dos laboratórios. Isso ocorre porque seu conceito é de fácil compreensão, não exigindo o domínio da estequiometria de uma reação envolvida.

A unidade da normalidade é o normal (N).

$$N = \frac{n_{Eq_1}}{V(L)}$$

O **número de equivalentes-grama** de um soluto é determinado pelo quociente entre a massa do soluto usado no preparo da solução e o seu equivalente-grama.

$$n_{Eq} = \frac{m_1}{Eq_1}$$

>> **DEFINIÇÃO**
Normalidade é a concentração expressa em número de equivalentes-grama do soluto em 1 L de solução.

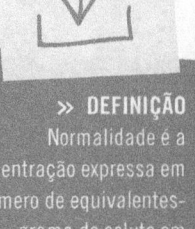

>> **NO SITE**
No ambiente virtual de aprendizagem Tekne você encontra um artigo sobre algumas das dificuldades encontradas no uso da normalidade.

» DEFINIÇÃO
Equivalente-grama corresponde a uma equivalência em gramas das substâncias que reagem entre si.

» CURIOSIDADE
A introdução do conceito de equivalente-grama foi possível a partir da Lei de Richter, também chamada Lei das Proporções Recíprocas (LUZ, 2014). Essa lei define que a proporção das massas dos elementos que reagem entre si são iguais ou correspondem a uma proporção de múltiplos ou submúltiplos de um elemento de referência, no caso, o oxigênio (seu equivalente-grama foi fixado em 8 g). A grande facilidade de utilização desse conceito é que a relação entre equivalentes-grama de qualquer substância é sempre 1:1.

O equivalente-grama de um soluto é determinado pelo quociente de sua massa molar por um fator k, que depende da espécie em questão.

$$Eq_1 = \frac{MM_1}{k}$$

Ao juntar todas essas equações, chegamos a uma equação geral para a normalidade:

$$N = \frac{n_{eq}}{V} = \frac{m_1}{Eq} \times \frac{1}{V} = \frac{m_1}{\frac{MM_1}{k}} \times \frac{1}{V} = \frac{m_1 \times k}{MM_1 \times V}$$

$$\text{Então,} \quad N = \frac{m_1 k}{MM_1 V}$$

O Quadro 4.1 mostra como determinar o valor de k para cada tipo de substância.

Quadro 4.1 » Valores do fator k para cada tipo de substância

Substância	Valor de k
Ácidos	Coincide com o número de hidrogênios ionizáveis (aqueles ligados diretamente ao oxigênio ou aos halogênios e que, em água, se convertem em íon H^+ ou H_3O^+)
Bases	Igual ao número de hidroxilas presentes
Íons	Corresponde à valência do íon
Sais	Coincide com a valência total do cátion ou do ânion (a valência total é calculada multiplicando-se o número de oxidação do cátion ou ânion pelo número de vezes que ele aparece na fórmula da substância)
Substâncias redutoras ou oxidantes	Corresponde ao número total de elétrons cedidos ou recebidos pelas substâncias oxidantes ou redutoras nas reações redox

Na Tabela 4.3, são apresentados alguns exemplos de equivalente-grama para várias substâncias.

Tabela 4.3 » **Valores do equivalente-grama de alguns compostos químicos**

Elemento/substância	Massa Molar (g/mol)	Valor de k	Equivalente-grama
Ba^{+2}	137	2	$137/2 = 68,5$ g
HCl	36,5	1	$36,5/1 = 36,5$ g
H_2SO_4	98	2	$98/2 = 49$ g
H_3PO_4	98	3	$98/3 = 32,67$ g
$Al(OH)_3$	78	3	$78/3 = 26$ g
NaOH	40	1	$40/1 = 40$ g
CaF_2	78	2	$78/2 = 39$ g
$Na_2S_2O_3$	158	2	$158/2 = 79$ g
$KMnO_4$	158	Meio ácido: 5	$158/5 = 31,6$ g
		Meio básico: 3	$158/3 = 52,67$ g

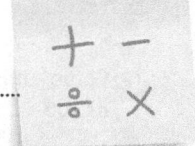

» VAMOS CALCULAR!

Imagine que você precisa preparar 500 mL de uma solução 0,1 N de hidróxido de sódio. Como você faria?

A aplicação direta da equação geral da normalidade resolve a questão: a variável da equação é a massa de soluto. Então, isolando m_1 e resolvendo a equação, temos:

$$N = \frac{m_1 \times k}{MM_1 \times V}$$

$$m_1 = \frac{N \times V \times MM_1}{k} = \frac{0,1 \times 0,5 \times 40}{1} = 2g$$

Perceba que o volume foi expresso em litros e o valor de k foi igual a 1, pois trata-se de uma base que só tem uma hidroxila. Dessa forma, dissolver 2 g do soluto em 500 mL de água, gerará uma solução 0,1 N.

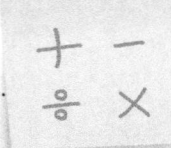

>> VAMOS CALCULAR!

Imagine que temos uma solução de ácido sulfúrico no laboratório em que a única informação conhecida é que existem 20 g de soluto dissolvidos em 200 mL de solução. Como calcular a concentração dessa solução em termos de normalidade?

A primeira coisa é iniciar pelo conceito de normalidade. Sabemos, a partir do conceito de normalidade, que uma solução 1 normal contém 1 equivalente-grama de soluto em 1 litro de solução. Então, partindo desse princípio, devemos saber quantos equivalentes-grama de ácido sulfúrico existem em 20 g do ácido e converter 200 mL em litros.

1) Quantos equivalentes-grama existem em 20 g de H_2SO_4? Pela Tabela 4.3, um equivalente-grama do ácido equivale à 49 g. Então, com uma regra de três simples, encontramos a quantidade de equivalentes do ácido:

$$1 \text{ Eq de } H_2SO_4 \rightarrow 49 \text{ g}$$
$$x \text{ Eq} \rightarrow 20 \text{ g}$$

Logo,

$$x = 0{,}408 \text{ Eq de } H_2SO_4$$

2) Como a normalidade é calculada sobre o volume de solução expresso em litros, devemos converter os 200 mL em litros e, então, o volume fica 0,2 L.

3) A partir daí, calculamos a normalidade utilizando a compreensão de que há 0,408 equivalente-grama em 0,2 L de solução e que precisamos calcular a quantidade para 1 L:

$$0{,}408 \text{ Eq } H_2SO_4 \rightarrow 0{,}2 \text{ L}$$
$$x \text{ Eq} \rightarrow 1 \text{ L}$$

Então,

$$x = 2{,}09 \text{ Eq } H_2SO_4$$

Essa quantidade de equivalentes-grama está calculada para 1 L de solução. Portanto, pela definição de normalidade, o valor 2,09 corresponde à concentração normal do ácido sulfúrico. Também podemos calcular diretamente pela equação:

$$N = \frac{m_1 \times k}{MM_1 V} = \frac{20 \times 2}{98 \times 0{,}2} = 2{,}09 \, N$$

>> Agora é a sua vez!

Que tal calcular algumas concentrações de soluções? Para exercitar os cálculos que envolvem concentrações de soluções, consulte o livro *Princípios de química*, de Atkins e Jones (2012).

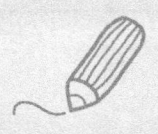

>> Partes por milhão e partes por bilhão

Quando as concentrações de soluções são muito pequenas (muito diluídas), é comum expressá-las como partes por milhão (ppm) ou partes por bilhão (ppb), para evitar números com muitos zeros à esquerda. A expressão em ppm ou ppb pode ser em massa ou em volume e sempre guarda uma relação de $1/10^6$ ou $1/10^9$, respectivamente, entre a quantidade de soluto e a quantidade de solução.

Imagine que você tenha uma solução muito diluída cuja concentração é 0,0000015 grama por litro. Esse número é expresso por notação científica da seguinte forma: sabendo que $10^{-6} = \frac{1}{10^6}$, temos:

$$\frac{1,5 \times 10^{-6} g}{L} = \frac{1,5 g}{10^6 L} = 1,5 \times \frac{1 g}{10^6 L} = 1,5 \text{ ppm}$$

>> PARA REFLETIR

Se você encontra em seu laboratório uma solução cujo rótulo informa a presença de 2,5 ppm de cloreto de sódio, qual é o significado disso em termos de proporção dos componentes? Se a concentração é 2,5 ppm, isso indica que temos 2,5 partes do soluto em 1 milhão de partes de solução. Como o soluto é sólido, e o solvente, líquido, podemos imaginar que essa solução possui 2,5 mg de NaCl em 1 L de solução. Também podemos ter 2,5 µg do sal em 1 mL de solução.

E se tivermos outra solução cujo rótulo mostre a presença de 5 ppm de acetato de etila? O acetato é um soluto líquido e isso nos remete às relações de ppm em (v/v). Veja que não há diferença substancial no raciocínio: se a concentração é 5 ppm, temos 5 partes de soluto líquido em 1 milhão de partes de solução. Como, agora, a relação é (v/v), chegamos à conclusão de que essa solução possui 5 mL do soluto em 1 L de solução, ou 5 µL de soluto em 1 mL de solução.

As equações do Quadro 4.2 mostram as diferentes formas de expressar concentrações em ppm:

Quadro 4.2 » Diferentes formas de expressar concentrações de soluções em ppm

Expressão de concentração em ppm	Exemplos
1 ppm em massa por massa	$1\,ppm = \dfrac{1\,g}{1\,t}$ ou $\dfrac{1\,mg}{1\,kg}$ ou $\dfrac{1\,\mu g}{1\,g}$
1 ppm em volume por volume	$1\,ppm = \dfrac{1\,L}{1.000\,m^3}$ ou $\dfrac{1\,mL}{1\,m^3}$ ou $\dfrac{1\,\mu L}{1\,L}$ ou $\dfrac{1\,mL}{1.000\,L}$
1 ppm em massa por volume	$1\,ppm = \dfrac{1\,g}{1.000\,L}$ ou $\dfrac{1\,mg}{1\,L}$ ou $\dfrac{1\,\mu g}{1\,mL}$

Veja que, em todos os exemplos, sempre há a relação de $1/10^6$, independentemente da forma de expressão. Se considerarmos o exemplo de 1 g/1 t, temos que:

$$1\,t = 1.000\,kg = 1.000 \times (1.000)\,g = 1.000.000\,g = 10^6\,g$$

Se 1 t corresponde a 10^6 g, então:

$$\frac{1\,g}{1\,t} = \frac{1\,g}{10^6\,g} = 1\,ppm$$

Essa lógica pode ser usada para qualquer um dos exemplos do Quadro 4.2. Imagine as relações de massa por volume. Podemos exemplificar com 1 μg/mL. Se sabemos que 1 μg corresponde a 1×10^{-6} g, e que $10^{-6} = \dfrac{1}{10^6}$, temos:

$$\frac{1\,\mu g}{mL} = \frac{1 \times 10^{-6}\,g}{mL} = \frac{1}{10^6} \times \frac{g}{mL} = 1\,ppm$$

Para apresentarmos um exemplo, como prepararíamos 500 mL de uma solução 10 ppm de KCl?

Como o soluto é sólido, vamos usar as relações de (m/v). Se o volume é 500 mL, podemos usar a relação de mg/L. Então, como a concentração é 10 ppm, precisamos ter 10 mg de soluto em 1 L de solução. Uma regra de três simples fornece a massa de KCl que precisa ser pesada para preparar a solução:

$$10 \text{ mg de KCl} \rightarrow 1.000 \text{ mL}$$
$$x \text{ mg} \rightarrow 500 \text{ mL}$$

Então,
$$x = 5 \text{ mg de KCl}$$

>> PARA SABER MAIS

Uma norma da ANVISA determina que os cremes dentais possuam de 1.000 a 1.500 ppm de flúor (SECRETARIA NACIONAL DE SAÚDE DE VIGILÂNCIA SANITÁRIA, 1989). Essa quantidade é garantida pela adição de algumas substâncias que contêm flúor. Neste caso, é o fluoreto de sódio.

Imagine que no rótulo de um creme dental vendido no comércio há a seguinte informação: "Contém fluoreto de sódio (1.450 ppm de flúor)". Como você traduziria essa informação? Neste exemplo, temos dois conceitos importantes: o conceito de ppm e o conceito de expressão de uma substância simples a partir de uma composta. Vamos iniciar pela expressão da concentração em ppm.

Quando o rótulo afirma que há 1.450 ppm de flúor, está também informando que há 1.450 partes de flúor para cada 10^6 partes de creme dental. Se a unidade neste caso é o grama, então podemos afirmar que há 1.450 g de flúor em cada tonelada (1.000 kg) de creme dental, assim, guardamos a relação de $1/10^6$:

$$\frac{1g}{10^6 g} = \frac{1g}{1t} \text{ ou } \frac{1 mg}{1 kg} = \frac{10^{-3} g}{10^3 g} = \frac{g}{10^3 g \times 10^{-3} g} = \frac{1g}{10^6 g} = 1 \, ppm$$

Podemos, então, dizer que há 1.450 mg de flúor para cada kg de creme dental para que existam 1.450 ppm de flúor.

A essa altura, você já deve ter percebido que o flúor presente no creme dental está sob a forma de fluoreto de sódio – NaF. Qual seria a massa de NaF necessária para obter 1.450 mg de flúor?

Para obter 1.450 ppm de flúor a partir do fluoreto de sódio, temos que pesar uma quantidade de fluoreto de sódio maior que 1.450 mg. Sabendo que a massa molar do flúor é 19 g/mol e a massa molar do fluoreto de sódio é 42 g/mol, uma regra de três simples (que pode ser construída de duas maneiras) resolve o problema:

$$42 \text{ g/mol de NaF} \rightarrow 19 \text{ g/mol de flúor}$$
$$x \text{ mg} \rightarrow 1.450 \text{ mg de flúor}$$

Então, $x = 3.205$ mg de flúor

$$1.450 \text{ mg de Flúor} \rightarrow 19 \text{ g/mol de flúor}$$
$$x \text{ mg de NaF} \rightarrow 42 \text{ g/mol de NaF}$$

$$x = 3205 \text{ mg de NaF}$$

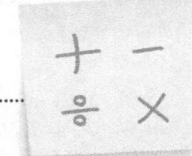

>> VAMOS CALCULAR!

Imagine que você precise preparar 1 litro de uma solução padrão de ferro (massa molar = 55,84 g/mol) 100 ppm a partir do $(NH_4)_2Fe(SO_4)_2 \cdot 6H_2O$ (sulfato ferroso amoniacal hexahidratado, massa molar = 284,05 g/mol). Como você faria?

Primeiramente, vemos que o soluto é sólido e, por esse motivo, temos que usar as relações de ppm em massa/volume. Se o volume da solução é 1 litro, podemos usar a relação mg/L. A solução que vamos preparar é 100 ppm e, pela teoria apresentada, essa solução precisa ter 100 partes de ferro para 1 milhão de partes de solução, ou seja: 100 mg de ferro para 1 litro de solução.

Como não temos ferro puro, e sim, um produto químico contendo o ferro, uma regra de três simples usando ambas as massas molares revela a massa de sulfato ferroso amoniacal que precisamos pesar para ter 100 mg de ferro:

$$100 \text{ mg} \rightarrow 55{,}84 \text{ g/mol de ferro}$$
$$x \text{ mg} \rightarrow 284{,}05 \text{ g/mol de sulfato ferroso amoniacal}$$

Então, temos que

$$x = 508{,}68 \text{ mg de ferro}$$

Assim, quando pesamos 508,58 mg (ou 0,50858 g) de sulfato ferroso amoniacal e dissolvemos em 1 litro de solução, estamos preparando uma solução 100 ppm de ferro.

E se você agora precisasse preparar 1 litro de uma solução 50 ppm de etanol (C_2H_5OH)? Sendo o etanol um soluto líquido (v/v), como você prepararia?

>> Diluição de soluções

Muitas vezes nos deparamos com a necessidade de preparar uma solução diluída a partir de outra mais concentrada. Quando isso acontece, estamos fazendo uma diluição e, em muitos casos, este procedimento é melhor e mais simples do que preparar uma solução nova com a concentração necessária.

Com um bom controle de estoque de soluções no laboratório, conseguimos facilmente encontrar uma solução passível de ser diluída. A diluição de soluções é sempre recomendada a fim de renovar o estoque do laboratório.

» Diluição com acréscimo de solvente

Quando o assunto é diluir soluções a partir de uma mais concentrada, acrescentando solvente, a seguinte equação é consagrada:

$$C_1 V_1 = C_2 V_2$$

Nessa equação, os índices 1 se referem à solução mais concentrada, e os índices 2, à solução mais diluída. Os fatores C_1 e C_2 referem-se às concentrações das soluções concentrada e diluída, respectivamente. Para esses fatores, qualquer expressão de concentração pode ser usada, desde que as unidades nos dois membros da equação se mantenham iguais. Da mesma forma, os volumes V_1 e V_2 (volume da solução concentrada e diluída, respectivamente) precisam ser expressos na mesma unidade ou ordem de grandeza.

Essa equação possui sempre uma única variável e três valores constantes conhecidos. Normalmente, a variável é V_1, ou seja, o volume da solução concentrada a ser utilizado para preparar a solução diluída.

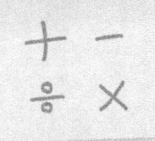

» VAMOS CALCULAR!

Imagine que você precisa preparar 500 mL de uma solução de ácido clorídrico 0,1 mol/L a partir de uma solução 1,5 mol/L do mesmo ácido que você encontrou no estoque do laboratório. Como você faria? Pela simples aplicação da equação $C_1 V_1 = C_2 V_2$ você consegue facilmente chegar à resposta, pois a única variável presente é V_1, ou seja, o volume da solução mais concentrada (1,5 mol/L) que deve ser adicionado para chegar ao volume final (500 mL) de solução mais diluída (0,1 mol/L):

$$C_1 V_1 = C_2 V_2 \quad \rightarrow \quad 1{,}5 \text{ mol/L} \times V_1 = 0{,}1 \text{ mol/L} \times 500 \text{ mL} \quad \rightarrow \quad V_1 = \frac{0{,}1 \frac{mol}{L} \times 500 \, mL}{1{,}5 \frac{mol}{L}} = 33 \, mL$$

Se utilizarmos uma proveta de 50 mL e medirmos aproximadamente 33 mL de ácido clorídrico 1,5 mol/L, adicionando essa quantidade em outra proveta de 500 mL já contendo cerca de 100 mL de água, ao avolumarmos com água até os 500 mL, estaremos preparando a solução 0,1 mol/L por diluição.

>> Mistura de soluções

O processo de mistura de soluções é recomendado quando estamos otimizando o estoque de soluções do laboratório. A concentração final será o resultado da mistura, e o seu valor dependerá das concentrações e dos volumes usados de cada solução individual.

Quando precisamos misturar diversas soluções de mesmo soluto, mas com concentrações diferentes, aplicamos a seguinte relação:

$$C_1V_1 + C_2V_2 + C_3V_3 + ... + C_nV_n = C_fV_f$$

Nessa relação, vemos que há a soma de tantas parcelas quantas são as soluções disponíveis para serem misturadas. Além disso, o segundo membro da equação somente possui os termos C_fV_f, sendo que C_f representa a concentração final da solução preparada por mistura, e V_f, o volume final adquirido da mistura.

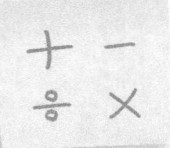

>> VAMOS CALCULAR!

Imagine que você queira organizar melhor o estoque de soluções do seu laboratório e percebe que existem várias soluções de NaOH em pequena quantidade ocupando espaço nas prateleiras. Você faz uma relação do que tem e anota tudo: 250 mL de NaOH 0,1 mol/L; 0,5 L de solução 0,5 mol/L; 50 mL de solução 2 mol/L e 200 mL de NaOH 1 mol/L. O que você faria nesse caso? Como já dito, uma alternativa é misturar todas as soluções para ter uma única:

$$C_1V_1 + C_2V_2 + C_3V_3 + C_4V_4 = C_fV_f$$

$$(0{,}1\,\text{mol/L} \times 250\,\text{mL}) + (0{,}5\,\text{mol/L} \times 500\,\text{mL}) + (2\,\text{mol/L} \times 50\,\text{mL}) + (1\,\text{mol/L} \times 200\,\text{mL}) = C_f \times 1.000\,\text{mL}$$

$$\frac{25+250+100+200}{1.000} = C_f \qquad C_f = 0{,}575\,\frac{\text{mol}}{L}$$

Quando misturamos todas as soluções do exemplo, obtemos 1.000 mL de uma solução de NaOH aproximadamente 0,58 mol/L. Note que todas as unidades de concentração envolvidas devem ser iguais, assim como os volumes têm de estar na mesma ordem de grandeza. Então, por exemplo, se precisamos misturar várias soluções expressas em título, normalidade e concentração molar, antes de executar os cálculos, devemos converter todas as concentrações e os volumes em uma única unidade de medida.

Conversão de unidades

Muitas vezes temos de executar a conversão de unidades de soluções em função da diversidade de formas para expressar sua concentração. Por exemplo, podemos utilizar o puro raciocínio químico, ou artifícios matemáticos que foram construídos com base no raciocínio químico e que facilitam a vida de quem trabalha em laboratório.

Mesmo compreendendo a importância de desenvolver o raciocínio químico no leitor, optamos, neste momento, por apresentar apenas os artifícios matemáticos.

A forma de conversão mais comum no cotidiano do laboratório é de normalidade para concentração molar (M), e vice-versa. A maneira mais simples de realizar essa conversão é a partir da seguinte equação:

$$N = m \cdot x$$

Nessa equação, conhecida entre os químicos por "**N**ão **M**e**X**e", N é o valor de normalidade; M, o de concentração molar; e X é, o mesmo fator k presente na equação da normalidade, cujo valor varia de acordo com a natureza da substância em questão (ver Quadro 4.1).

Por exemplo, se quisermos expressar em concentração molar uma solução 2 normal de ácido sulfúrico, utilizamos a equação substituindo os valores e adotando X = 2, pois trata-se de um ácido com dois hidrogênios ionizáveis, conforme a Tabela 4.4. Logo, o valor de molaridade é igual a 1. Essa equação, embora útil, é bastante limitada, já que somente serve para a interconversão de concentração molar e normalidade.

>> **IMPORTANTE**
Os ácidos minerais, como o clorídrico, o nítrico e o sulfúrico, são comercializados na forma de concentração em % (m/m). Por esse motivo, é comum usar a conversão de % (m/m) para mol/L.

>> **PARA SABER MAIS**

Muito utilizada como antisséptica e desinfetante é uma solução de etanol a 70°INPM (70%m/m). Essa solução é obtida pela mistura de etanol (soluto) em água (solvente), onde em cada 100 g da mistura há 70 g de etanol e 30 g de água. Assim como feito anteriormente, essa concentração em %m/m pode ser transformada em %V/V, resultando em uma concentração de 77%V/V. Então, a concentração adequada para as soluções antissépticas e desinfetantes é de 70%m/m (70°INPM) ou 77%V/V (77°GL).

Se você precisasse preparar 1 litro de uma solução 70% m/m de álcool, como você faria essa diluição a partir de álcool 92,8°INPM?

>> PARA SABER MAIS (continuação)

Aplicamos a fórmula $C_1V_1 = C_2V_2$, onde os dados a ser substituídos são:

$C_1 = 92,8°INPM = 92,8\%$ m/m
$V_1 = ?$ É exatamente o que precisa ser calculado!
$C_2 = 70\%$ m/m
$V_2 = 1.000$ mL

Temos:

$$V_1 = \frac{70.000}{92,8} = 754,3 \, mL \text{ do álcool concentrado}$$

Então, para preparar 1.000 mL de álcool 70%m/m, precisamos de aproximadamente 754 mL do álcool 92,8°INPM (92,8% m/m) e adicionar água suficiente para preparar 1 L de solução.

Outra forma muito usada para a conversão de unidades a partir de artifícios matemáticos é a análise dimensional. O princípio é bem simples: sabendo a unidade de partida, multiplicamos a grandeza inicial por um conjunto de fatores que vão convertendo essa unidade de partida até resultar na unidade de chegada.

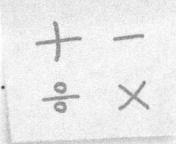

>> VAMOS CALCULAR!

Imagine que você tenha em seu laboratório uma solução em cujo rótulo está escrito: "Solução de nitrato de prata 10% (m/v)". Você precisa de uma solução desse sal com concentração de 1 mol/L e de uma conversão de unidades para ter certeza de que essa solução é compatível com a sua necessidade. Como você faria?

Note que, para essa conversão, precisamos dividir a unidade de partida (% m/v) pela massa molar do soluto e converter de mL para litro. Faremos isso de uma forma que, matematicamente, seja possível a conversão por simplificação.

Vamos tentar?

Primeiramente, você precisa ter claro que uma solução 10% (m/v) de $AgNO_3$ possui 10 g do soluto em 100 mL de solução. Esse é o seu ponto de partida:

$$\frac{10\,g}{100\,mL}$$

>> VAMOS CALCULAR!

A partir dessa informação, você vai propor um conjunto de multiplicações para realizar a conversão das unidades. Iniciando pelo numerador, que está expresso em gramas e precisa ser convertido para mol, introduzimos o primeiro fator (mol/169,87g). Na prática, estamos dividindo a unidade de partida pela massa molar do nitrato de prata:

$$\frac{10\,g}{100\,mL} \times \frac{mol}{169,87\,g} = \frac{10\,mol}{100 \times 169,87\,mL}$$

Assim, se uma determinada unidade está no numerador, a mesma unidade precisa ser colocada no denominador de algum fator de multiplicação para que seja cancelada posteriormente.

O próximo passo é converter o denominador de mL para litro:

$$\frac{10\,mol}{100 \times 169,87\,mL} \times \frac{1.000\,mL}{1\,L} \times = \frac{10 \times 1.000\,mol}{100 \times 169,87 \times 1\,L}$$

Juntando todas as partes:

$$\frac{10\,g}{100\,mL} \times \frac{mol}{169,87\,g} \times \frac{1.000\,mL}{1\,L} = \frac{10 \times 1.000\,mol}{100 \times 169,87\,L} = 0,588\,\frac{mol}{L} \text{ de } AgNO_3$$

>> PARA SABER MAIS

1) Convertendo uma solução 1.000 ppm de nitrato de chumbo para título (% m/v): note que temos agora como concentração de partida uma concentração em ppm de um soluto sólido. Isso nos faz iniciar com 1.000 mg/L. Portanto, para obter a concentração de chegada em % (m/v), o numerador precisa ser convertido de mg para grama. Por sua vez, o denominador deve ser convertido de 1 L para 100 mL para obter a porcentagem.

$$\frac{1.000\,mg}{L} \times \frac{1\,g}{1.000\,mg} \times \frac{0,1\,L}{100\,mL} = \frac{1.000 \times 1 \times 0,1\,g}{1.000 \times 100\,mL} = 0,1 = \frac{g}{100\,mL} = 0,1\% \left(\frac{m}{v}\right)$$

2) Convertendo uma solução de peróxido de hidrogênio 5% (v/v) para concentração molar: uma solução 5% (v/v) de peróxido de hidrogênio possui 5 mL de H_2O_2 em 100 mL de solução e essa é a concentração de partida. Para converter o numerador de mL para mol, primeiro temos que usar a densidade do soluto (1,476 g/mL) para converter o volume em massa e, depois, a massa molar para converter a massa em mol. Com relação ao denominador, é necessária uma conversão de mL para litro.

$$\frac{5\,mL}{100\,mL} \times \frac{1,476}{1\,mL} \times \frac{mol}{34\,g} \times \frac{1.000\,mL}{1\,L} = \frac{5 \times 1,476 \times 1.000\,mol}{100 \times 1 \times 34\,L} = 2,17\,\frac{mol}{L}$$

>> **PARA SABER MAIS** (*continuação*)

3) Convertendo o ácido clorídrico concentrado (solução 37% m/m) para concentração molar: pelos dados fornecidos, a concentração de partida é 37 g de HCl por 100 g de solução concentrada. Nesse sentido, para converter o numerador de massa para mol, precisamos da massa molar do ácido (36,5 g/mol). No denominador, devemos converter massa de solução em gramas para volume de solução em litros, então, precisamos da densidade do ácido (d=1,19 g/mL) e de um ajuste de ordem de grandeza.

$$\frac{37\,g}{100\,mL} \times \frac{1\,mol}{36,5} \times \frac{1,19\,g}{1\,mL} \times \frac{1.000\,mL}{1\,L} = \frac{37 \times 1 \times 1,19 \times 1.000\,mol}{100 \times 36,5 \times 1 \times 1} = 12,06\,\frac{mol}{L}$$

Dessa forma, calculamos a concentração molar do ácido clorídrico concentrado que é comercializado. Com isso, podemos usar a relação $C_1V_1 = C_2V_2$ para preparar qualquer solução de ácido diluída, e expressa em mol/L, a partir da concentrada.

REFERÊNCIAS

ATKINS, P.; JONES, L. *Princípios de química*: questionando a vida moderna e o meio ambiente. Porto Alegre: Bookman, 2012.

INSTITUTO NACIONAL DE METROLOGIA, QUALIDADE E TECNOLOGIA. *Sistema internacional de unidades* – SI. Duque de Caxias: INMETRO, 2012. Disponível em: <http://www.inmetro.gov.br/inovacao/publicacoes/si_versao_final.pdf >. Acesso em: 28 jan. 2014.

LUZ, L. M. *Equivalente-grama*. [S.l.]: Infoescola, 2014. Disponível em: <http://www.infoescola.com/quimica/equivalente-grama/>. Acesso em: 15 fev. 2014.

MORTIMER, E. F. *Química*. Brasília: [s.n.], 2006. (Explorando o Ensino, v. 4.).

RAMOS, A. F.; WYRVALSKI, C. Laboratório de química. In: SCHWANKE, C. *Ambiente*: conhecimentos e práticas. Porto Alegre: Bookman, 2013. p. 248.

ROGADO, J. A grandeza quantidade de matéria e sua unidade, o mol: algumas considerações sobre dificuldades de ensino e aprendizagem. *Ciência & Educação*, v. 10, n. 1, p. 63-73, 2004.

SECRETARIA NACIONAL DE SAÚDE DE VIGILÂNCIA SANITÁRIA. Portaria nº 22, de 20 de dezembro de 1989. *Diário Oficial [da] União*, Brasília, 22 dez. 1989. Seção 1, p. 24111.

TITO, M. P.; CANTO, E. L. *Química na abordagem do cotidiano*. 3. ed. São Paulo: Moderna, 2006.

TOLENTINO, M.; ROCHA-FILHO, R. C.; PEREIRA, C. A. Alguns aspectos históricos da classificação periódica dos elementos químicos. *Química Nova*, v. 20, n. 1, p. 103-117, 1997.

Alessandra Nejar Bruno
Karin Tallini

capítulo 5

Bioquímica experimental

Neste capítulo, apresentaremos um conjunto de práticas bioquímicas orientadas para a área de biotecnologia, contendo procedimentos laboratoriais simples e de fácil execução, podendo ser adaptados às diferentes condições de laboratórios de instituições de ensino e ressaltando a não utilização de animais ou de materiais potencialmente contaminantes.

Este capítulo está dividido em três grandes blocos, onde cada um representa uma biomolécula com aplicação em biotecnologia. Assim, veremos informações e práticas que envolvem biomoléculas como proteínas, carboidratos e lipídeos.

Objetivos de aprendizagem

» Reconhecer a importância e a aplicação das diferentes práticas de bioquímica para a biotecnologia.

» Identificar e quantificar proteínas, carboidratos e lipídeos.

» Interpretar o princípio e os objetivos das técnicas apresentadas.

>> PARA COMEÇAR

Como entender a bioquímica por meio de práticas facilmente desenvolvidas em laboratório

Grande parte dos procedimentos realizados em um laboratório de bioquímica é significativa para a biotecnologia, como a realização de experimentos científicos e tecnológicos para testar a eficiência de novos produtos ou de produtos já conhecidos. No laboratório de bioquímica, aprimoramos técnicas, desenvolvemos e testamos novos produtos para as áreas da saúde e do ambiente, bem como produtos de interesse econômico e/ou social. Destacamos os processos e/ou produtos voltados para as indústrias farmacêutica, alimentícia e cosmética, análises clínicas, saúde, meio ambiente e desenvolvimento sustentável.

>> Bloco das proteínas

>> **CURIOSIDADE**
A palavra proteína deriva do vocábulo grego *proteios*, que significa em primeiro lugar.

As proteínas são moléculas orgânicas encontradas em todas as partes das células, contribuindo com funções essenciais para a sua estrutura e o seu funcionamento. Entre as suas diferentes características, destacam-se:

- funções catalisadoras (enzimas);
- funções estruturais e contráteis;
- armazenamento, transporte, comunicação celular (hormônios);
- nutrição e defesa imunológica (anticorpos).

As proteínas são constituídas por aminoácidos unidos por ligações covalentes denominadas **ligações peptídicas** (ligações dos grupamentos amino de um aminoácido e carboxila de outro, com eliminação de uma molécula de água). O tamanho da molécula proteica é, portanto, determinado pelo número de aminoácidos que a constituem.

>> Quantificação das proteínas

As metodologias para a quantificação de proteínas são de grande interesse para diferentes áreas, como indústria de alimentos, indústria farmacêutica, análises clínicas, saúde, meio ambiente, pesquisa científica e controle de qualidade de produtos. Os métodos de dosagem de proteínas mais difundidos, e abordados aqui, são os que utilizam a espectrofotometria. Para identificar os diferentes métodos de quantificação de proteínas, devemos compreender o princípio da espectrofotometria ou fotocolorimetria.

>> Espectrofotometria

Espectrofotometria, ou fotocolorimetria, é uma técnica analítica que permite determinar a concentração das soluções por meio da intensidade de luz absorvida ou transmitida por elas. Com soluções coloridas, em que a intensidade de cor produzida na solução é proporcional à concentração da substância que está sendo dosada, conseguimos quantificar a concentração de uma dada substância em uma solução. Isso é possível, pois diversas **biomoléculas** absorvem luz em comprimentos de onda (λ) característicos. A luz branca é um espectro contínuo dos comprimentos de onda de todas as cores. Se a luz branca atravessar uma solução contendo um composto corado, certos comprimentos de onda de luz são absorvidos seletivamente.

A partir de 1852, Johann Lambert estudou a transmissão de luz por sólidos homogêneos, enquanto August Beer estendeu os estudos para a análise das soluções, resultando na **Lei de Lambert-Beer** que determina que: "Quando uma faixa de luz monocromática atravessa uma solução colorida, a quantidade de luz absorvida é diretamente proporcional à concentração da solução colorida e à espessura da camada atravessada." (NELSON; COX, 2011).

O espectrofotômetro é um equipamento que compara quantitativamente a fração de luz que passa através de uma solução de referência e de uma solução de teste. Em geral, um espectrofotômetro possui uma fonte estável de energia radiante (normalmente uma lâmpada incandescente), um seletor de faixa espectral (monocromatizadores, como os prismas, que selecionam o comprimento de onda da luz que passa através da solução de teste), um recipiente para inserir a amostra a ser analisada (a amostra deve estar em recipientes apropriados conhecidos como cubetas) e um detector de radiação, que permite uma medida relativa da intensidade da luz. O espectrofotômetro informa quanta luz foi transmitida (T) ou quanta luz foi absorvida (A). Assim, afirmamos que:

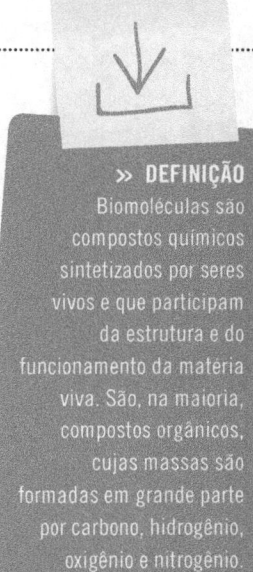

>> DEFINIÇÃO
Biomoléculas são compostos químicos sintetizados por seres vivos e que participam da estrutura e do funcionamento da matéria viva. São, na maioria, compostos orgânicos, cujas massas são formadas em grande parte por carbono, hidrogênio, oxigênio e nitrogênio.

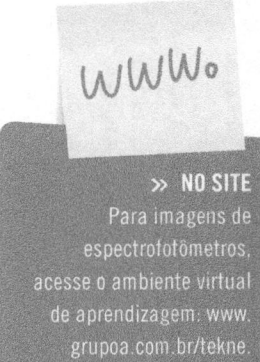

>> NO SITE
Para imagens de espectrofotômetros, acesse o ambiente virtual de aprendizagem: www.grupoa.com.br/tekne.

Absorbância (A): é a quantidade de luz que uma solução absorve. Apresenta a vantagem de variar de forma linear com a concentração da amostra.

Transmitância (T): é a quantidade de luz que uma solução deixa passar, ou seja, não absorve. É expressa em porcentagem de luz transmitida. Assim, quando T = 100%, não há absorção de fótons.

A determinação da concentração de um soluto em uma determinada solução por espectrofotometria envolve também a comparação da absorbância da solução comum com uma solução de referência, na qual já se conhece a concentração do soluto. Em geral, essa solução de referência é chamada **solução-padrão**. Pode-se então diluir a solução-padrão para obter diferentes concentrações (pontos), determinar as suas respectivas absorbâncias e traçar um gráfico, cujo perfil é conhecido como curva-padrão. Na Figura 5.1, a reta indica a proporcionalidade entre o aumento da concentração e da absorbância, bem como a porção linear que corresponde ao limite de sensibilidade do método espectrofotométrico utilizado. Confira algumas dicas de utilização do espectrofotômetro no Quadro 5.1.

» **NO SITE**
Visite o laboratório virtual da Universidade Federal de Alfenas para fazer uma simulação do funcionamento do espectrofotômetro (disponível no ambiente virtual de aprendizagem).

Em cada ponto obtido na curva-padrão, obtemos o **fator de calibração** (FC) de cada ponto da curva. Realizando a média dos fatores de calibração parcial, obtemos o **fator de calibração médio** (FCM) e, com ele, calculamos as concentrações desconhecidas em uma solução por meio da seguinte fórmula:

$$C\ (concentração) = A\ (absorbância\ da\ amostra) \times FCM$$

Na Figura 5.1, temos um exemplo do gráfico descrito. A configuração de uma linha reta passando pela origem denota fidelidade à lei de Beer.

» **ASSISTA AO FILME**
Para entender melhor como funciona um espectrofotômetro, acesse o ambiente virtual de aprendizagem.

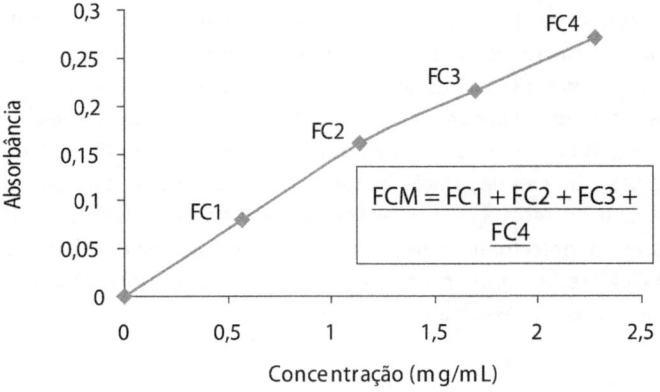

Figura 5.1 Exemplo de gráfico obtido a partir da curva-padrão utilizando albumina bovina como solução-padrão.
Fonte: As autoras.

Quadro 5.1 » **Dicas para a utilização do espectrofotômetro**

Estabilização do equipamento	O espectrofotômetro requer um tempo para o aquecimento e a estabilização. Após ligar o equipamento, aguarde, no mínimo, 15 minutos para iniciar a sua utilização.
Uso do branco	Sempre que o espectrofotômetro for usado, ele deve ser zerado com um branco, o qual deve ser previamente preparado com: (a) o mesmo volume final nos tubos de ensaio; (b) o mesmo volume do reagente colorimétrico em todos os tubos.
Volume completo	Normalmente, água ou tampões são utilizados para completar o volume dos tubos, pois cada um deles deve possuir exatamente o mesmo volume final.

A seguir, veremos diferentes técnicas colorimétricas (com reagentes coloridos) para quantificar proteínas por meio da espectrofotometria.

Método de Biureto

O método de Biureto é uma técnica colorimétrica baseada na formação em meio alcalino de um complexo entre o íon cúprico (Cu^{3+}) e as múltiplas ligações peptídicas das proteínas (ver Quadro 5.2). O complexo formado apresenta coloração violeta púrpura estável, cujo ponto máximo de absorção ocorre no comprimento de onda de 545 nm (filtro verde).

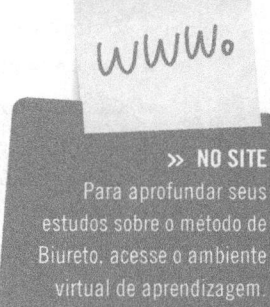

» NO SITE
Para aprofundar seus estudos sobre o método de Biureto, acesse o ambiente virtual de aprendizagem.

Apesar de ser rápido e utilizar reagentes de baixo custo, esse método não é muito sensível. Ainda assim, o método de Biureto continua sendo recomendado para a determinação da concentração de proteínas totais em plasma sanguíneo, na saliva e no leite (ZAIA; ZAIA; LICHTIG, 1998).

» **APLICAÇÃO**

Preparo do reativo de Biureto
- 1,5 g de sulfato de cobre;
- 6,0 g de tartarato de sódio e potássio;

Complete com água destilada até 500 mL. Adicione 300 mL de NaOH 10% e complete com água destilada para 1 L.

>> PROCEDIMENTO

Você vai precisar de tubos de ensaio de vidro, estantes para tubos de ensaio, espectrofotômetro, cubetas, micropipetas, pipetas de vidro, banho-maria e termômetro, reativo de Biureto, solução-padrão de albumina e água destilada.

Faremos uma curva-padrão para obter o FCM, e esse valor será utilizado para quantificar a proteína de interesse. Para isso:

- Disponha os tubos de ensaio (em duplicata), conforme a tabela a seguir.
- Pipete 2,5 mL do reativo de Biureto em todos os tubos. Lembre-se de que o reagente colorimétrico deve ser adicionado em todos os tubos e no mesmo volume em cada um deles.
- Agite vigorosamente.
- Deixe os tubos em banho-maria a 37 °C durante 20 minutos.
- Selecione o comprimento de onda (545 nm) no espectrofotômetro.
- Zere o aparelho com o branco.
- Realize as leituras e anote os valores das absorbâncias na tabela a seguir.
- Calcule, a partir dos dados da curva-padrão, o FC e o FCM de cada tubo.
- Desenhe a curva-padrão obtida em papel milimetrado ou no computador (nas abcissas, as concentrações de albumina de cada tubo e, nas ordenadas, as absorbâncias obtidas no equipamento).
- Calcule, utilizando o FCM, a concentração da amostra utilizada.

Tubo	Concentração (mg/mL)	Albumina bovina 5 mg/mL (µL)	Água (µL)
Branco	0	0	1.000
1	0,5	100	900
2	1	200	800
3	1,5	300	700
4	2	400	600
Amostra		500 de amostra	500

Método de Bradford

O método de Bradford (1976) é uma técnica para a determinação de proteínas totais baseada na interação entre o corante que utiliza o reagente Coomassie Brilliant Blue, e proteínas que contêm aminoácidos de cadeias laterais básicas ou aromáticas. O método de Bradford é rápido e sensível, apresentando linearidade para albumina bovina padrão (BSA) de 0,2 a 0,9 mg/ml. A técnica serve para a determinação de proteínas totais em amostras como plasma ou soro sanguíneo, líquido cerebrospinal (liquor), urina, saliva, produtos alimentícios, leite, tecidos vegetais e suspensões de células.

>> APLICAÇÃO

Preparo do reagente de Coomassie Brilliant Blue (1 L)
Dissolva 100 mg de Coomassie Brilliant Blue G 250 em 50 mL de etanol. Agite e adicione lentamente 100 mL de ácido fosfórico concentrado. Complete o volume com água destilada e/ou deionizada para 1 L.

>> PROCEDIMENTO

Você vai precisar de tubos de ensaio de vidro, estantes para tubos de ensaio, espectrofotômetro, cubetas, micropipetas, pipetas de vidro, reagente Coomassie Brilliant Blue, solução-padrão de albumina e água destilada.

- Disponha os tubos de ensaio (em duplicata) conforme a tabela a seguir.
- Pipete 2,5 mL de Coomassie Brilliant Blue em todos os tubos.
- Selecione o comprimento de onda (595 nm) no espectrofotômetro.
- Zere o aparelho usando o conteúdo do tubo branco.
- Realize as leituras, iniciando pela curva-padrão, e anote os valores das absorbâncias na tabela a seguir.
- Calcule, a partir dos dados da curva-padrão, o FC e o FCM de cada tubo.
- Desenhe a curva-padrão obtida em papel milimetrado ou no computador (nas abcissas, as concentrações de albumina de cada tubo e, nas ordenadas, as absorbâncias obtidas no equipamento).

Tubo	Concentração (mg/mL)	Albumina bovina 5 mg/mL (µL)	Água (µL)
Branco	0	0	50
1	0,01	10	40
2	0,02	20	30
3	0,03	30	20
4	0,04	40	10
5	0,05	50	0
Amostra		30 de amostra	20

Método de Lowry

O método de Lowry et al. (1951) baseia-se na redução do reagente de Fenol (Folin-Ciocalteu) quando reage com proteínas na presença do catalisador cobre (II) em meio alcalino. Essa reação resulta na produção de um composto de coloração azul e com absorção máxima em 750 nm que possibilita a quantificação espectrofotométrica.

Essa técnica é comumente empregada para a determinação da concentração de proteínas totais em amostras como líquido cerebrospinal (liquor), plasma sanguíneo, saliva humana, tecidos animais e vegetais, leite, membranas e produtos alimentícios.

O método de Lowry tem como principais vantagens a alta sensibilidade e a exatidão, além de necessitar de uma quantidade pequena de amostra. Entretanto, apresenta longo tempo de análise e pode estar sujeito a muitos interferentes. Por esses motivos, algumas alterações na técnica vêm sendo sugeridas.

>> APLICAÇÃO

Preparo do reativo de Lowry
A: 5 g/L de sulfato de cobre e 10 g/L de citrato de sódio.
B: 20 g/L de carbonato de sódio, 4 g/L de hidróxido de sódio.
C: Prepare no momento do uso uma parte do reagente A + 50 partes do reagente B.
D: Partes iguais de reagente de Folin-Ciocalteu 2N e água. Pode ser estocada diluída.

>> PROCEDIMENTO

Você vai precisar de tubos de ensaio de vidro, estantes para tubos de ensaio, espectrofotômetro, cubetas, micropipetas, pipetas de vidro, os componentes do reativo de Lowry, solução-padrão de albumina, água destilada, além das amostras biológicas para dosagem.

- Prepare a amostra a ser quantificada. A amostra deve ser diluída de forma que a sua concentração fique dentro da amplitude da curva-padrão (0,1 – 0,5 mg/mL). Se a amostra utilizada for leite de vaca, deverá ser diluída 80x.
- Pipete as amostras a ser quantificadas conforme a tabela a seguir (em duplicata).
- Prepare o reagente C: uma parte do reagente A + 50 partes do reagente B (35 mL por grupo).
- Adicione 2,5 mL do reagente C em cada tubo de ensaio.

>> PROCEDIMENTO

- Incube por 5 minutos à temperatura ambiente.
- Adicione 250 μL do reagente D (reagente de Folin-Ciocalteu 1:1) e aguarde 30 minutos à temperatura ambiente e no escuro, já que o reagente é fotossensível.
- Leia a absorbância em espectrofotômetro em 750 nm.
- Calcule o fator de calibração médio a partir da curva-padrão.
- Calcule a concentração de proteína nos tubos contendo a amostra.

Tubo	Concentração (mg/mL)	Albumina Bovina 5 mg/mL (μL)	Água (μL)
Branco	0	0	1.000
1	0,1	20	980
2	0,2	40	960
3	0,3	60	940
4	0,4	80	920
5	0,5	100	900
Amostra		500 de amostra	500

Análise enzimática em leveduras

As enzimas são proteínas especializadas que atuam como catalisadores biológicos, ou seja, são capazes de aumentar a velocidade das reações biológicas. Elas também atuam sobre moléculas denominadas substrato em condições específicas de pH e de temperatura.

A invertase (β-d-frutosidase ou sacarase) é uma enzima que catalisa a hidrólise de sacarose para frutose e glicose, principalmente na forma de açúcares invertidos. Ela está presente em diversas frutas e tubérculos, por exemplo, no mamão, na manga, na banana, na pera, na maçã, na batata, entre outras, tendo grande participação em seus processos de amadurecimento e apodrecimento. Está presente também em leveduras (*Saccharomyces cereviseae*), atuando na hidrólise da sacarose da cana-de-açúcar.

As leveduras são fungos unicelulares empregados no processo de fermentação para a produção de vinhos, cervejas e pães. A análise da invertase presente nesses organismos é importante em diferentes setores da indústria de biotecnologia, como bebidas, alimentos, produtos farmacêuticos, produtos químicos, biocombustíveis e produtos agrícolas e ambientais.

A seguir, veremos como determinar a atividade enzimática da invertase no fermento biológico com diferentes concentrações do substrato sacarose.

>> APLICAÇÃO

Preparo da invertase a partir de fermento biológico

Pese 50 g de fermento biológico e adicione 100 mL de bicarbonato de sódio a uma concentração de 0,1 M. Leve o material preparado ao banho-maria por 35 minutos. Centrifugue por 10 minutos a 3.000 RPM e 4 °C. Colete 0,5 mL do sobrenadante e dilua em 15 mL de bicarbonato de sódio 0,1 M para obtenção do extrato enzimático. O extrato deve ser preparado na hora do uso, porém, ele pode ser armazenado a baixas temperaturas (4 °C).

>> APLICAÇÃO

Preparo da solução de 3,5- dinitrossalicílico (DNS)

Dissolva, por aquecimento, 5 g de ácido 3,5-dinitrossalicílico em 100 mL de NaOH 2 mol/L. Separadamente, dissolva, por aquecimento, 150 g de tartarato duplo de sódio e potássio com 250 mL de água destilada. Misture as duas soluções e complete o volume em 500 mL com água destilada.

>> PROCEDIMENTO

Você vai precisar de tubos de ensaio de vidro, estantes para tubos de ensaio, capela de exaustão, pipetas de vidro, ácido sulfúrico concentrado, reativo de Molisch, solução de açúcares e água destilada.

- Separe e marque os tubos de ensaio e pipete conforme a tabela a seguir.
- Leve os tubos ao banho-maria em temperatura de 30 °C durante 45 minutos.
- Após esse tempo, retire de cada tubo uma alíquota de 400.
- Adicione 1 mL de DNS.
- Leia em espectrofotômetro em 540 nm e zere o equipamento com o branco.

>> PROCEDIMENTO

	Branco	Tubo 1	Tubo 2	Tubo 3
Extrato enzimático	0	0,1 mL	0,1 mL	0,1 mL
Sacarose 2%	0	0,5 mL	1,0 mL	1,5 mL
Solução tampão fosfato de potássio 0,05M	4 mL	3,4 mL	2,9 mL	2,4 mL

- Explique os resultados observados e o princípio da técnica.

>> Bloco dos carboidratos

Os carboidratos (também chamados sacarídeos, glicídeos, hidratos de carbono ou açúcares) são as biomoléculas mais abundantes na natureza e desempenham uma ampla variedade de funções, atuando como:

- fonte de energia;
- reserva energética;
- função estrutural;
- matéria-prima para a biossíntese de outras biomoléculas.

>> NA HISTÓRIA

O açúcar comum começou a ser divulgado na Europa a partir do século XII. Entretanto, muito antes disso, já era conhecido pelos romanos e estudado pelos árabes, inclusive em processos de fermentação para o isolamento de álcool etílico.

Os **monossacarídeos**, também chamados açúcares simples, consistem em apenas uma cadeia carbonada. A **glicose** é o monossacarídeo de seis carbonos mais conhecido, sendo o componente básico dos polissacarídeos mais abundantes, como o amido, a celulose e o glicogênio.

Para a classificação dos carboidratos quanto às suas estruturas, é importante saber que um dos carbonos está ligado por dupla ligação a um átomo de oxigênio, formando um grupo carbonila. Quando o grupo carbonila se encontra na extremidade da cadeia, o monossacarídeo é um aldeído, sendo chamado **aldose** (como o gliceraldeído e a glicose). Quando a carbonila está em outra posição, o monossacarídeo é uma cetona, sendo chamado **cetose** (como a dihidroxicetona e a frutose). A glicose, por exemplo, é uma aldo-hexose, ou seja, um monossacarídeo de seis carbonos e uma aldose.

A glicose é obtida industrialmente por meio da hidrólise do amido em meio ácido. É um combustível energético essencial ao organismo animal, já que é utilizada para obtenção de energia por todas as células do organismo.

>> Identificação dos carboidratos

Os carboidratos são identificados por meio de diferentes reações químicas. Essas reações podem ser gerais ou específicas, sendo capazes de determinar aldoses, cetoses, mono e dissacarídeos e açúcares redutores. A identificação de carboidratos é importante para o controle de qualidade de diferentes produtos e para o desenvolvimento de novos produtos alimentícios, farmacológicos e estéticos.

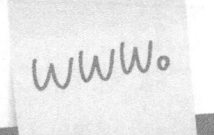

>> **NO SITE**
Para saber mais sobre carboidratos, estruturas, propriedades e funções, acesse o ambiente virtual de aprendizagem.

A seguir, veremos exemplos dessas reações e como identificar a presença e/ou distinguir os diferentes tipos de carboidratos.

Reação de Bial

As pentoses são monossacarídeos que possuem cinco carbonos, com as mais importantes, sob o ponto de vista biológico, sendo a ribose e a desoxirribose. Ambas são componentes estruturais dos ácidos nucleicos, sendo que a desoxirribose é a pentose constituinte do ácido desoxirribonucleico (DNA), enquanto a ribose é a pentose constituinte do ácido ribonucleico (RNA).

Para a identificação de pentoses, é importante saber que, quando desidratadas por ácidos concentrados, elas originam estruturas chamadas *furfurais*. Os furfurais são aldeídos derivados de uma estrutura cíclica na forma de um pentanel denominado furano. Na presença de orcinol, os furfurais formam complexos de cor verde ou azul (ou intermédia) para pentoses ou nucleotídeos contendo pentoses, ao passo que, na presença de hexoses ou dissacarídeos, fornecem uma cor amarela esverdeada.

>> APLICAÇÃO

Preparo do reativo de Bial
1,09 g de orcinol em 500 mL de HCl concentrado e 25 gotas de cloreto férrico 10%.

>> PROCEDIMENTO

Você vai precisar de tubos de ensaio de vidro, estantes para tubos de ensaio, capela de exaustão, pipetas de vidro, ácido sulfúrico concentrado, reativo de Molisch, solução de açúcares e água destilada.

- Pipete o reativo conforme a tabela a seguir (deve ser pipetado em capela de exaustão).
- Aqueça em banho-maria fervente por 5 minutos.
- Descreva o que ocorreu e o que se conclui em relação aos açúcares analisados.

	Tubo 1	Tubo 2	Tubo 3	Tubo 4	Tubo 5
1 mL de:	Glicose 2%	Sacarose 2%	Xilose 2%	Amido 1%	Água
Reativo de Bial (mL)	1,0 mL	1,0 mL	1,0 mL	1,0 mL	1,0 mL

Reação de Molisch

No teste Molisch, quando os aldeídos desidratam em furfurais (pentoses) ou hidroximetilfurfurais (hexoses), na presença de fenóis e seus derivados, produzem substâncias coradas em violeta. Assim, a reação de Molisch serve para a detecção qualitativa de glicídeos que formam furfurais ou hidroximetilfurfurais pela ação desidratante de ácidos concentrados na presença de alfa-naftol.

>> APLICAÇÃO

Preparo do reativo de Molisch
1 g de alfa-naftol em 100 mL de etanol absoluto.

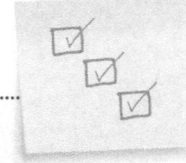

>> PROCEDIMENTO

Você vai precisar de tubos de ensaio de vidro, estantes para tubos de ensaio, capela de exaustão, pipetas de vidro, ácido sulfúrico concentrado, reativo de Molisch, solução de açúcares e água destilada.

- Separe e marque os tubos de ensaio e pipete conforme a tabela a seguir.
- Adicione 1 mL do reativo e agite os tubos.
- Adicione cuidadosamente em cada tubo 1 mL de ácido sulfúrico concentrado, inclinando-o e deixando o ácido escorrer lentamente pelas paredes do tubo.
- Mantenha os tubos em repouso e observe a formação de um anel.
- Explique os resultados observados e o princípio da técnica.

	Tubo 1	Tubo 2	Tubo 3	Tubo 4
1 mL de	Glicose 2%	Frutose 2%	Sacarose 2%	Amido 2%
Reativo de Molisch (mL)	1,0	1,0	1,0	1,0
Ácido sulfúrico (mL)	1,0	1,0	1,0	1,0

>> CURIOSIDADE

Um alimento *diet* possui quantidade zero de um determinado nutriente (como sal, carboidratos, açúcar, gordura, lactose). Os diabéticos, por sua vez, optam por alimentos *diet* sem açúcar. Já os produtos *light* apresentam redução mínima de 25% de algum nutriente. Um refrigerante *light*, por exemplo, possui uma quantidade menor de açúcar do que um refrigerante normal.

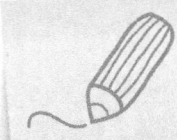

>> Agora é a sua vez!

Prepare mais dois tubos de ensaio e proceda da mesma maneira que fez com os açúcares da tabela, entretanto, usando em um deles um refrigerante *diet* e, em outro, um refrigerante normal. Compare os resultados obtidos.

Reativo de Benedict

Açúcares redutores são aqueles que possuem grupamentos aldeídicos ou cetônicos livres. O reagente de Benedict foi utilizado durante alguns anos para identificar a presença de açúcares redutores (como a glicose) na urina de portadores de diabetes. Nessa reação, os açúcares que possuem poder redutor cedem facilmente seus elétrons para o íon cúprico do reativo (SOLOMONS; FRYHLE, 2001). No caso de uma reação positiva, ocorre a formação de óxido cuproso originando um precipitado colorido (de laranja a vermelho-tijolo).

>> APLICAÇÃO

Preparo do reativo de Benedict

Dissolva 85 g de citrato de sódio e 50 g de carbonato de sódio anidro em cerca de 350 mL de água quente. Dissolva, à parte, em 50 mL de água quente, 0,5 g de sulfato de cobre cristalizado. Transfira lentamente, com agitação constante, a solução cúprica para a primeira. Complete o volume em 500 mL com água e filtre.

>> PROCEDIMENTO

Você vai precisar de tubos de ensaio de vidro, estantes para tubos de ensaio, pipetas de vidro, banho-maria, reativo de Benedict, solução de açúcares e água destilada.

- Pipete conforme a tabela a seguir.
- Aqueça em banho-maria fervente durante 3 minutos.
- Descreva o que ocorreu e o que se conclui em relação aos açúcares analisados.

1 mL (ou 10 gotas) de:	Tubo 1	Tubo 2	Tubo 3	Tubo 4
	Glicose 2%	Sacarose 2%	Lactose 2%	Água
Reativo de Benedict (mL)	2,0 (ou 20 gotas)	2,0	2,0	2,0

>> CURIOSIDADE

A sacarose é um dissacarídeo não redutor composto por uma molécula de glicose e uma de frutose. A sacarose é, hoje, no Brasil, um dos produtos mais importantes devido à produção do álcool combustível. Os vegetais são capazes de produzir sacarose pela fotossíntese; a cana-de-açúcar e a beterraba são os vegetais preferidos para a produção industrial de sacarose, gerando, assim, o açúcar comercial. Após a hidrólise da sacarose, se obtém uma mistura de glicose e frutose, conhecida como açúcar invertido, comumente empregada na fabricação de doces, para evitar a cristalização da sacarose e conferir maior leveza.

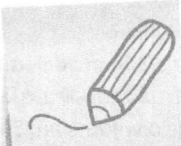

>> Agora é a sua vez!

Prepare o reagente de Benedict em sua escola utilizando materiais comuns e simples. Eis o protocolo (OLIVEIRA et al., 2006):

Solubilize 4 colheres de chá de sal de fruta em meio copo de água quente. Adicione meia colher de chá de uma solução de $CuSO_4$ (encontrado em lojas de materiais para piscina) preparada com 5 mL de água quente (medida em uma seringa de plástico de 10 mL) e agite bem. Para a realização do experimento, adicione aproximadamente 1 cm de altura de água e 1 colher de chá rasa da amostra a ser testada em um tubo de ensaio. Como amostras, é possível usar açúcar comum, refrigerantes, mel e adoçantes, como sacarina e aspartame. Adicione 10 gotas do reagente de Benedict com um conta-gotas e aqueça o fundo do tubo em uma lamparina até que haja mudança na coloração.

Você pode utilizar como amostras adoçantes comerciais, como sacarina, ciclamato e aspartame, que não apresentam poder redutor. O resultado positivo é justificado pela presença de pequenas concentrações de lactose, que, com indicação médica, podem ser consumidas pelos portadores de diabetes (OLIVEIRA et al., 2006).

Ácido dinitrossalicílico (ADNS)

O ADNS, em meio alcalino, é reduzido por compostos que apresentam grupamento redutor livre (Figura 5.2), como é o caso dos açúcares redutores. A reação de redução do ADNS pelo açúcar redutor, e a consequente formação do ácido aldônico, resulta em uma coloração vermelha característica.

>> **DICA**
Você também pode testar algum alimento industrializado, ou amostra de seu interesse, para verificação da presença de açúcares como glicose e sacarose.

Ácido 3,5-dinitrossalicílico   AR = açúcar redutor genérico   Ácido 3-amino-5 nitrossalicílico   Ácido aldônico

Figura 5.2 Reação do ADNS com açúcares redutores.
Fonte: As autoras.

>> PROCEDIMENTO

Você vai precisar de tubos de ensaio de vidro, estantes para tubos de ensaio, pipetas de vidro, banho-maria, ADNS, solução de açúcares e água destilada.

- Pipete conforme a tabela a seguir.
- Aqueça em banho-maria fervente por 5 minutos.
- Descreva o que ocorreu e o que se conclui em relação aos açúcares analisados.

	Tubo 1	Tubo 2	Tubo 3	Tubo 4
1 mL (ou 10 gotas) de:	Glicose 2%	Sacarose 2%	Lactose 2%	Água
ADNS (mL)	1,0 (ou 10 gotas)	1,0	1,0	1,0

Reação de Seliwanoff

Nessa reação, ocorre a formação do complexo entre furfurais ou hidrometilfurfurais com o resorcinol presente no reativo de Seliwanoff, dando origem a um produto de coloração avermelhada. Apesar de a reação ocorrer na presença de aldoses e cetoses, esse teste possibilita a diferenciação entre elas. Isso ocorre porque, como a formação do furfural é mais fácil que a formação do hidroximetilfurfural, as reações com cetoses são mais rápidas e mais intensas.

>> APLICAÇÃO

Preparo do reagente de Seliwanoff

- 0,05 g de resorcinol em 100 mL de HCl diluído. O HCl é obtido diluindo o concentrado com água destilada na proporção de 1:1.

>> PROCEDIMENTO

Você vai precisar de tubos de ensaio de vidro, estantes para tubos de ensaio, pipetas de vidro, banho-maria, reativo de Seliwanoff, solução de açúcares e água destilada.

- Identifique os tubos de ensaio a ser preparados e pipete conforme a tabela a seguir.
- Agite os tubos e coloque em banho-maria fervente durante 5 minutos.
- Observe a coloração formada e anote os resultados.

	Tubo 1	**Tubo 2**	**Tubo 3**	**Tubo 4**
3 mL de:	Glicose 1%	Sacarose 1%	Frutose 1%	Água
Reativo de Seliwanoff	3 mL	3 mL	3 mL	3 mL

> >> **CURIOSIDADE**
>
> A frutose é o tipo de cetose mais comum, encontrada no mel e em muitos frutos, justificando o título de açúcar de frutas. Ela apresenta fórmula molecular exatamente igual à da glicose ($C_6H_{12}O_6$), entretanto, convém lembrar que a glicose é uma aldose, enquanto a frutose é uma cetose. A frutose também serve para a fabricação de produtos para diabéticos, porém deve-se ter cuidado com o seu consumo, já que ela pode ser convertida em glicose no próprio organismo.

Reação de Barfoed

Apesar de o reativo de Barfoed ser instável e menos sensível que o de Benedict, essa reação permite diferenciar monossacarídeos e dissacarídeos, pois os dissacarídeos reagem mais lentamente em meio ácido do que os monossacarídeos.

> >> **APLICAÇÃO**
>
> Você pode utilizar o mel de abelha como amostra, pois ele reagirá positivamente por conter frutose. Você também pode testar a sacarose hidrolisada inserindo 5 gotas de ácido clorídrico diluído no tubo de ensaio contendo a sacarose. Caso a sacarose sofra a hidrólise prévia, ela reagirá positivamente com o reativo devido à liberação da frutose.

> >> **APLICAÇÃO**
>
> **Preparo do reativo de Barfoed**
> - Acetato cúprico cristalizado (9 g)
> - Ácido acético glacial (0,6 mL)
> - Água destilada q.s.p. (100 mL). Filtrar.

>> PROCEDIMENTO

Você vai precisar de tubos de ensaio de vidro, estantes para tubos de ensaio, pipetas de vidro, banho-maria, reativo de Barfoed, solução de açúcares e água destilada.

- Identifique os tubos de ensaio que serão preparados e pipete conforme a tabela a seguir.
- Agite os tubos e coloque em banho-maria fervente durante 4 minutos.
- Observe a coloração formada e anote os resultados.

	Tubo 1	Tubo 2	Tubo 3	Tubo 4
3 mL de:	Glicose 1%	Sacarose 1%	Frutose 1%	Água
Reativo de Barfoed	1 mL	1 mL	1 mL	1 mL

>> CURIOSIDADE

A lactose é um dissacarídeo constituído por uma molécula de galactose e outra de glicose. Ela tem importância comercial, uma vez que o processo de fermentação láctea é utilizado na produção de queijos e iogurtes. Esse dissacarídeo está presente no leite e em seus derivados, entretanto, alguns indivíduos apresentam problemas com a sua digestão em uma condição denominada intolerância à lactose. É importante que esses indivíduos confiram os rótulos dos alimentos em busca de informações sobre a presença de lactose.

Teste do iodo

Como as cadeias de alfa-D-glicose que constituem o amido costumam enrolar-se em espiral, formando uma estrutura helicoidal, o lugol cora o amido com mais facilidade que a celulose, pois o iodo fica aprisionado no interior dessas hélices. Assim, essa técnica permite a diferenciação entre os dois polissacarídeos.

>> APLICAÇÃO

Preparo do lugol
- 5 g de iodo (I2)
- 10 g de iodeto de potássio (KI)

Complete o volume em 100 mL com água destilada. Dilua 1:10 no momento da utilização.

>> PROCEDIMENTO

Você vai precisar de vidro de relógio, lugol e amostras.

- Insira uma pequena quantidade de amido, ou de algum alimento que apresente amido em sua composição (batata, mandioca, etc.), e um pouco de material que contenha basicamente celulose (algodão ou papel) em um vidro de relógio.
- Adicione algumas gotas de lugol em cada amostra.
- Observe e anote o resultado obtido.

>> CURIOSIDADE

A celulose é o carboidrato mais abundante na natureza. Trata-se de um polissacarídeo cuja fórmula molecular é semelhante à do amido $(C_6H_{12}O_5)n$, porém, com quantidades distintas de monômeros. Ela está presente na madeira e nos tecidos (algodão e linho), sendo de grande importância comercial para a fabricação de papel, celofane, explosivos, etc. Já o amido é a forma de reserva energética dos vegetais, sendo encontrado nas sementes, nos caules e nas raízes de várias plantas, como trigo, mandioca, arroz, milho, feijão, batata, entre outros. Ele é usado na fabricação de gomas, colas, xaropes, adoçantes, álcool etílico, entre outros.

>> PARA REFLETIR

Por que o organismo humano é capaz de digerir o amido, mas não a celulose? Isso ocorre porque a celulose contém ligações glicosídicas beta [1 → 4] entre os monômeros de glicose, e o organismo humano possui enzimas capazes de quebrar apenas ligações alfa [1 → 4], como as presentes no amido. Os animais herbívoros (cavalo, boi, ovelha, etc.) digerem a celulose devido à presença de bactérias e protozoários em seus aparelhos digestivos que possuem as enzimas necessárias para a hidrólise de ligações beta.

>> Bloco dos lipídeos

Os lipídeos, também chamados gorduras, consistem em um grupo de moléculas orgânicas caracterizadas pela baixa solubilidade em água e em outros solventes polares e pela alta solubilidade em solventes apolares, como éter, clorofórmio e benzeno.

>> A importância dos lipídeos

Os lipídeos exercem importantes funções bioquímicas e fisiológicas no organismo animal: atuam como combustível, reserva energética e isolante térmico; participam da composição das membranas celulares; e apresentam funções especializadas, como hormônios e vitaminas. Conhecer as características dos lipídeos não é importante apenas sob o ponto de vista fisiológico, mas também comercial, já que servem para a produção de sabões (como veremos em seguida), detergentes, tintas, combustíveis, produtos estéticos, medicamentos e produtos alimentícios.

> **NO SITE**
> Para saber mais sobre a estrutura e a função dos lipídeos, visite o ambiente virtual de aprendizagem.

Como funciona a reação que dá origem aos sabões?

Os lipídeos podem sofrer reação de hidrólise ácida ou básica. A hidrólise ácida produzirá álcool, glicerol e ácidos graxos constituintes. Já a hidrólise básica produzirá glicerol e os sais desses ácidos graxos, que, por sua vez, constituem o sabão. Assim, aquecendo óleos na presença de uma base, realizamos uma reação química que produz sabão, denominada saponificação.

Em outras palavras, a saponificação é resumida como:

> ÓLEO + BASE = SABÃO + GLICEROL

A reação de saponificação é realizada na presença de uma base, como KOH ou NaOH. O uso de KOH permite obter sabões potássicos, empregados, por exemplo, na fabricação de cremes de barbear. O glicerol (glicerina), também resultante da produção do sabão, pode ser comercializado e servir na fabricação do explosivo nitroglicerina, ou como umectante em produtos de beleza, sabonetes e produtos alimentícios.

> **NO SITE**
> Visite o Laboratório Didático Virtual – LabVirt da USP para entender as diferenças entre sabões e detergentes. (disponível no ambiente virtual de aprendizagem).

Como o sabão consegue limpar gorduras?

O princípio da limpeza de gorduras efetuado pelo sabão é a sua natureza anfipática, com uma porção polar e outra porção apolar. Assim, as moléculas anfipáticas conseguem interagir tanto com substâncias polares (ou hidrofílicas) quanto com substâncias apolares (ou hidrofóbicas). Quando em meio aquoso, as moléculas anfipáticas tendem a se agrupar formando estruturas esferoides, denominadas micelas, em um processo chamado emulsificação. Nas micelas, as moléculas com a cadeia apolar são direcionadas para o interior, interagindo com o óleo, enquanto a extremidade polar é orientada para o exterior, em contato com a água. Dessa forma, a micela é levada pela água, facilitando a remoção de moléculas apolares como a gordura. Isso é observado quando lavamos uma louça e formam-se gotículas muito pequenas de gordura envolvidas por moléculas de sabão.

>> **NO SITE**
Para entender como são feitos os sabões, visite o Laboratório Didático Virtual (LabVirt) da USP, disponível no ambiente virtual de aprendizagem.

>> PARA REFLETIR

Você sabia que os sabões e detergentes chegam diariamente a rios e lagos pelo sistema de esgotos? A camada de espuma formada reduz a oxigenação da água, afetando a vida aquática e removendo a camada oleosa que reveste as penas de algumas aves, impedindo que elas flutuem. Além disso, essa espuma pode ser responsável pela intoxicação de pessoas que vivem na região ribeirinha. Entretanto, os resíduos de sabões são decompostos sob a ação dos microrganismos do ambiente aquático, uma vez que são biodegradáveis. Já os detergentes sintéticos podem ou não ser biodegradáveis. Ao comprar um detergente, vale a pena conferir essa informação!

>> PARA REFLETIR

O que você faz com o óleo de fritura? Saiba que aproximadamente um único litro de óleo descartado de forma incorreta polui até 25 mil litros de água. O óleo prejudica o funcionamento das estações de tratamento de água, entope canos, rompe redes de coleta, encarece o processo de tratamento e alcança rios e oceanos, criando uma camada que impede a penetração do sol, causando assim a morte da vida aquática. Também impermeabiliza solos, dificulta o escoamento da água das chuvas, contamina o lençol freático e, em decomposição, emite grande quantidade de gases tóxicos na atmosfera.

Você pode contribuir para a redução deste problema ambiental armazenando o óleo utilizado em garrafas e destinando-as para postos de coleta de óleo, onde ele será reciclado e transformado em sabão, detergentes, biodiesel e tintas.

>> PROCEDIMENTO

Saponificação

Você vai precisar de tubos de ensaio de vidro, estantes para tubos de ensaio, béquer ou erlenmeyer, pipetas de vidro, bastão de vidro, solução alcoólica de NAOH, bico de Bunsen, tela de amianto, fósforo, óleo de soja e água destilada.

- Insira em um béquer ou em um erlenmeyer pequeno, 2 mL de óleo de soja.
- Adicione 10 mL de solução alcoólica de NAOH (aproximadamente 10%).
- Aqueça em bico de Bunsen, sobre uma tela de amianto, com agitação contínua até a completa saponificação, ou seja, até que a fase líquida desapareça e uma camada levemente endurecida seja formada. A agitação deverá ser feita com bastão de vidro.
- Acrescente 50 mL de água destilada e agite até a completa dissolução do sabão. Observe a formação de espuma.

>> PROCEDIMENTO

Teste das propriedades emulsificantes do sabão

- Para observar a estabilidade da emulsificação realizada pelo sabão produzido, proceda conforme a tabela a seguir.
- Agite vigorosamente os tubos por inversão.
- Observe imediatamente e anote os resultados.
- Deixe em repouso por 15 minutos e anote os resultados.

	Óleo de soja (mL)	Água destilada (mL)	Solução de sabão (mL)
Tubo 1	1	10	0
Tubo 2	1	0	10

>> APLICAÇÃO

Faça você mesmo sabão com óleo reciclado!

- Filtre 4 L de óleo usado, para separar as impurezas.
- Em um balde, coloque 1 kg de soda cáustica e 2 L de água quente. Misture com uma colher de pau até diluir totalmente. Não se esqueça de usar luvas e óculos de proteção.
- Junte os 4 L do óleo e continue mexendo com a colher de pau durante cerca de 20 minutos.
- Acrescente 1 litro de álcool.
- Caso você pretenda fazer um sabão perfumado, adicione alguma essência de seu gosto.
- Misture tudo até obter uma consistência de pasta.
- Despeje e acomode a mistura em uma forma.
- Deixe secar totalmente (pelo menos 24 horas).
- Corte os pedaços de sabão no tamanho desejado.

>> APLICAÇÃO

Teste o seu sabão da seguinte forma:

- Corte um pedaço do sabão e pese.
- Corte um pedaço de um sabão comercial de marca conhecida exatamente do mesmo peso do seu sabão.
- Prepare um frasco controle com 10 mL de água destilada e com 1 mL de óleo.
- Prepare um frasco com 10 mL de água destilada, 1 mL de óleo e o pedaço do seu sabão.
- Prepare outro frasco com 10 mL de água destilada, 1 mL de óleo e o pedaço do sabão comercial.
- Agite bem os três frascos por inversão.
- Compare os frascos contendo os sabões com o frasco controle e observe as gotas de gordura em cada um deles.

Você ainda pode retirar uma pequena amostra da solução de cada frasco contendo os sabões e testar o pH para observar a alcalinidade de cada um deles.

Teste do iodo

O teste do iodo identifica a presença de ligações duplas (ou insaturações) em amostras lipídicas.

Gorduras saturadas e insaturadas

A cadeia que compõe os ácidos graxos pode ser saturada quando não possui ligações duplas. As gorduras compostas por ácidos graxos saturados geralmente são sólidas à temperatura ambiente. As gorduras de origem animal costumam ser ricas em ácidos graxos saturados. Já os ácidos graxos insaturados possuem uma ou mais ligações duplas, podendo ser mono ou poli-insaturados. Os óleos de origem vegetal são ricos em ácidos graxos insaturados, e, por isso, em geral são líquidos à temperatura ambiente.

Os ácidos graxos podem sofrer reações de hidrogenação, halogenação, saponificação (descrita anteriormente), esterificação e oxidação.

O teste do iodo identifica a presença de ácidos graxos insaturados devido à reação de halogenação, ou seja, como o iodo é um halogênio, ele é capaz de se incorporar às ligações duplas de ácidos graxos insaturados. Assim, na presença de ligações duplas, o iodo será consumido e a coloração característica da solução de iodo diminuirá sua intensidade gradativamente, contribuindo para a identificação de ácidos graxos insaturados.

>> PROCEDIMENTO

Você vai precisar de tubos de ensaio de vidro, estantes para tubos de ensaio, lugol, pipetas de vidro, banho-maria, óleo reciclado, óleo de oliva e óleo de soja.

Tubo 1	Tubo 2	Tubo 3
4 mL de óleo reciclado	4 mL de óleo de oliva	4 mL de óleo de soja

- Insira 4 mL das amostras em um tubo de ensaio.
- Adicione 8 gotas de lugol a cada uma delas.
- Aqueça em banho-maria fervente até o desaparecimento da cor.
- Observe a mudança de coloração do sistema e anote o tempo de mudança em cada amostra.
- Explique as diferenças observadas.

Determinação da acidez de óleos vegetais

Além das instaurações, a determinação da acidez fornece um dado importante na avaliação do estado de conservação e da qualidade de um determinado óleo. A decomposição dos triglicerídeos, seja por hidrólise, oxidação ou fermentação, é acelerada pelo aquecimento e pela luz, sendo acompanhada pela formação de ácidos graxos livres, expressos em termos de índice de acidez (IA), que corresponde à quantidade (em mg) de base (KOH ou NaOH) necessária para neutralizar os ácidos graxos livres presentes em 1 g de gordura. Limites aceitáveis de acidez de óleos comestíveis são de 0,007 a 0,07%. O azeite de oliva refinado, por exemplo, deve possuir acidez não superior a 0,5 g / 100 g (ácido oleico).

O cálculo do índice de acidez (IA) é feito aplicando a fórmula:

$$IA = mg\ de\ base/\ g\ de\ gordura$$

Ex. Mg de base: 0,1 mol – 1.000 mL de base (pois 0,1M)
Xmol – 15 mL para neutralizar (hipotético) = 0,0015 mol

1 mol – 56.000 mg (56 g de KOH)
0,0015 mol – x mg de base = 84 mg de base/ 59 g de gordura = 1,42 mg de base/ g de gordura (ou 0,014%)

>> PROCEDIMENTO

Você vai precisar de béquer, erlenmeyer, proveta, bastão de vidro, bureta, suporte para bureta, óleo de cozinha reciclado, óleo de soja, azeite de oliva, KOH 1M e fenolftaleína.

- Pese 20 mL dos óleos a ser testados e anote os valores em gramas (g). Para isso, não se esqueça de zerar a balança apenas com o recipiente que conterá o óleo a ser testado.
- Insira 20 mL do óleo a ser testado (óleo de cozinha reciclado, óleo de soja, azeite de oliva) em um erlenmeyer de 250 mL.
- Adicione 5 gotas de fenolftaleína e agite. (Obs: A fenolftaleína é um indicador de pH cuja coloração rosa-vermelho indica um pH básico, enquanto incolor indica um pH ácido.)
- Titule com o KOH: Preencha a bureta com KOH, liberando gradativamente seu volume de 1 em 1 mL. Faça este procedimento até o aparecimento da primeira coloração rósea persistente.
- Anote o volume de KOH utilizado.
- Proceda o cálculo do índice de acidez (IA)

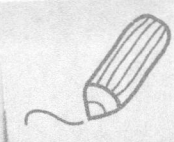

Agora é a sua vez!

Analise os resultados e responda: qual é o motivo da diferença no índice de acidez observada entre os óleos analisados?

REFERÊNCIAS

BRADFORD, M. M. A rapid and sensitive method for the quantitation of microgram quantities of protein utilizing the principle of protein-dye binding. *Analytical Biochemistry*. v. 72, p. 248-54, 1976.

LOWRY, O. H. et al. Protein measurement with the folin phenol reagent. *The Journal of Biological Chemistry*, v. 193, n. 1, p. 265-275, 1951.

NELSON, D. L.; COX, M. M. *Princípios de bioquímica de Lehninger*. 5. ed. Porto Alegre: Artmed, 2011.

OLIVEIRA, R. O. et al. Preparo e emprego do reagente de Benedict na análise açucares: uma proposta para o ensino em química orgânica. *Química Nova na Escola*, v. 23, p. 41-42, 2006.

SOLOMONS, G.; FRYHLE, C. *Química orgânica*. Rio de Janeiro: LTC, 2001.

ZAIA, D. A. M.; ZAIA, C. T. B. V.; LICHTIG, J. Determinação de proteínas totais via espectrofometria: vantagens e desvantagens dos métodos existentes. *Química nova*, v. 21, n. 6, p. 787-793, 1998.

Juliana Schmitt de Nonohay
Paulo Artur Konzen Xavier de Mello e Silva

» capítulo 6

Genética: da clássica à molecular

Neste capítulo, abordamos os temas fundamentais para o entendimento da genética, incluindo tanto os conhecimentos relativos à genética clássica, ou mendeliana, quanto os relativos à genética molecular.

Com uma abordagem simples e objetiva, passamos pelo ciclo celular (detalhando as fases da interfase, da mitose e da meiose) até chegar às estruturas do DNA e do RNA e aos processos básicos envolvidos no fluxo da informação genética, finalizando com a descrição das mutações que podem ocorrer no material genético dos indivíduos.

Objetivos do capítulo

» Reconhecer a importância de Mendel e de suas descobertas para a genética.

» Determinar as características dos genes e dos cromossomos.

» Identificar as diferentes fases do ciclo celular.

» Reconhecer a estrutura do DNA e do RNA e os processos de replicação, transcrição e tradução em que estão envolvidas estas moléculas.

» Identificar as mutações no DNA quanto a classificação, causas e efeitos.

>> **PARA COMEÇAR**

A genética envolve o estudo de moléculas, estruturas e mecanismos relacionados à existência da vida e, consequentemente, das espécies biológicas, incluindo os vírus. Como se sabe, a base de tudo é a informação codificada no ácido desoxirribonucleico (DNA), que determina a produção de moléculas de ácido ribonucleico (RNA) e de proteínas que, por sua vez, definem a morfologia, a fisiologia e o comportamento dos organismos. Assim, a genética é a área da biologia que estuda como essa informação determina as características dos indivíduos e como é passada de uma geração a outra por meio dos processos de reprodução.

De modo geral, a genética é dividida em dois tipos. A **genética clássica**, ou **mendeliana**, que compreende os estudos baseados nas deduções de Gregor Mendel, utilizando principalmente a matemática para estimar a ocorrência de características e doenças genéticas, bem como as análises de cromossomos e os processos de divisão celular em nível citológico, e a **genética molecular**, que abrange os estudos relativos à estrutura, às funções e às modificações do material genético em nível molecular, bem como as técnicas de análises de DNA.

>> Mendel e a genética

O monge austríaco Gregor Mendel (Figura 6.1) é considerado o pai da genética, pois estabeleceu pela primeira vez os padrões de herança genética utilizados hoje em dia. O resultado de seu trabalho, com análises de cruzamentos de ervilheiras, foi apresentado em 1865 na Sociedade de História Natural de Brno (cidade da atual República Tcheca) e em um artigo publicado em 1866.

Figura 6.1 Gregor Mendel.
Fonte: Micklos, Freyer e Crotty (2005).

Em seu trabalho, desenvolvido de 1856 a 1865, Mendel primeiro estabeleceu linhagens, denominadas **puras**, que incluíam plantas em que a característica em análise apresentava uma única forma por várias gerações. Ele analisou sete características, cada uma apresentando dois tipos contrastantes (p. ex., caule alto e baixo). Como a ervilheira é uma espécie de autofecundação, ou seja, sua fecundação ocorre entre os gametas masculinos e femininos da própria planta, Mendel iniciou uma série de cruzamentos emasculando e polinizando várias plantas, com os gametas masculinos de plantas que apresentavam tipos contrastantes. Esses indivíduos que iniciaram a série de cruzamentos constituíram a chamada **geração parental** (P). Na **geração filial** seguinte (**F1**), Mendel permitiu que as plantas se autofecundassem, produzindo os descendentes da geração F2, os híbridos da geração P.

>> **DEFINIÇÃO**
Emasculação é o processo de retirada da parte masculina de um organismo.

Como resultado, todas as plantas da geração F1, em relação à característica analisada, apresentaram um só tipo denominado **dominante**, e na geração F2 surgiram, em menor quantidade, plantas com o outro tipo, chamado **recessivo**, em uma proporção de 3:1, isto é, em média 3/4, ou 75%, apresentaram o tipo dominante, e 1/4, ou 25%, o tipo recessivo (Tabela 6.1). Esses dados referem-se ao monoibridismo, uma vez que os descendentes são resultantes da fecundação de plantas de duas linhagens com características distintas para uma só característica, os **híbridos**.

Em conclusão, Mendel postulou a **Lei da Segregação** ou **Lei da Pureza dos Gametas**, denominada 1ª Lei de Mendel, que estabelece que cada planta apresenta duas unidades de herança para cada característica, uma de cada genitor. Os gametas contêm somente uma unidade de herança e, caso ocorra fecundação, o zigoto

Tabela 6.1 >> **Resultados dos cruzamentos monoíbridos de Mendel**

Cruzamentos (geração P)	F1	F2 Tipo Dominante	F2 Tipo Recessiva	Total	Proporção
1. Sementes amarelas x verdes	100% amarelas	6.002 amarelas	2.001 verdes	8.023	3,01 : 1
2. Sementes lisas x rugosas	100% lisas	5.474 lisas	1.850 rugosas	7.324	2,96 : 1
3. Vagens verdes x amarelas	100% verdes	428 verdes	152 amarelas	580	2,82 : 1
4. Vagens infladas x constritas	100% infladas	882 infladas	299 constritas	1.181	2,95 : 1
5. Flores púrpuras x brancas	100% púrpuras	705 púrpuras	224 brancas	929	3,15 : 1
6. Flores axiais x terminais	100% axiais	651 axiais	207 terminais	858	3,14 : 1
7. Caule alto (1 m) x baixo (0,3 m)	100% alto	787 altos	277 baixos	1.064	2,84 : 1

resultante conterá novamente as duas, uma proveniente do gameta masculino, e outra, do feminino. Na época, essa "lei da individualidade" contrastou com a "teoria da mistura" na descendência.

>> PARA REFLETIR

Se pensarmos bem, não há lógica para a "teoria da mistura" na hereditariedade, pois sementes amarelas ou verdes, por exemplo, não ocorreriam mais em gerações seguintes, sendo substituídas pela mistura dessas cores de sementes subsequentemente a cada geração.

Mendel analisou também o resultado dos cruzamentos considerando duas características. Nesses casos de **diibridismo**, ele avaliou os descendentes das polinizações de plantas com sementes amarelas e lisas com plantas com sementes verdes e rugosas, observando na F1 somente plantas com sementes amarelas e lisas (100%) e na F2 plantas com sementes amarelas e lisas, plantas com sementes amarelas e rugosas, plantas com sementes verdes e lisas e plantas com sementes verdes e rugosas, respectivamente na proporção de 9:3:3:1 (Figura 6.2). Com esses resultados, Mendel estabeleceu a **Lei da Segregação Independente dos Fatores**, ou 2ª Lei de Mendel, que postula que as unidades das diferentes características segregam

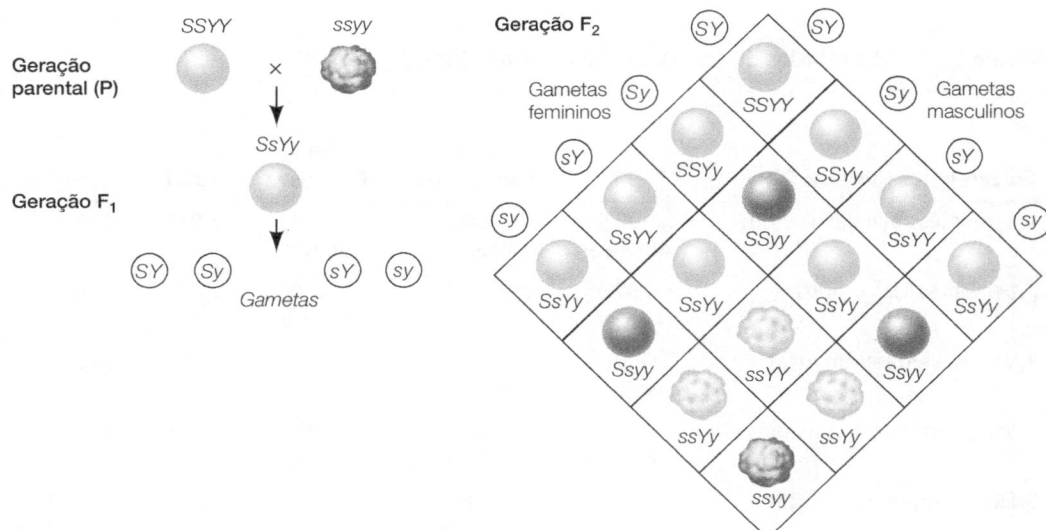

Figura 6.2 Diibridismo: possibilidades de segregação dos alelos nos gametas segundo a 2ª Lei de Mendel e o quadro de Punnett com as 16 combinações possíveis em um cruzamento diíbrido. Essas 16 combinações resultam em quatro tipos de sementes, nas seguintes proporções fenotípicas: 9 amarelas e lisas : 3 amarelas e rugosas: 3 verdes e lisas: 1 verde e rugosa.
Fonte: Adaptada de Sadava et al. (2011).

de forma independente (se as unidades de herança estão situadas em diferentes cromossomos).

Além destes, nesta área do conhecimento é fundamental conhecer os seguintes conceitos e suas definições.

A unidade de informação genética é denominada **gene**, e as diferentes formas de um gene são chamadas **alelos**. Alelos diferentes determinam tipos diferentes para uma determinada característica, como semente lisa ou rugosa.

Os genes localizam-se nos cromossomos, e a região ocupada pelo gene no cromossomo é denominada **loco** (*locus*).

Os indivíduos que apresentam alelos iguais para um gene são **homozigotos**, e os que apresentam alelos diferentes, **heterozigotos** (considerando indivíduos diploides, descritos a seguir).

O **alelo dominante** é aquele que, mesmo heterozigose, determina a característica, sendo comumente representado pela letra maiúscula (A), e o **alelo recessivo** é o que, somente em homozigose, determina a característica, sendo representado pela letra minúscula (*a*).

Denomina-se **genótipo** a constituição genética do indivíduo ou gene, sendo representado por letras (por exemplo, *AA*, *Aa* ou *aa*), e o **fenótipo** corresponde às características morfológicas, fisiológicas e comportamentais manifestadas por um indivíduo. O fenótipo é determinado pelo genótipo, podendo ou não ser influenciado pelo ambiente.

Cruzamento-teste é realizado entre um indivíduo que apresenta característica recessiva com um indivíduo com característica dominante, visando a determinar se este último é homozigoto ou heterozigoto. Nesses cruzamentos, se o indivíduo é homozigoto, todos os descendentes apresentarão a característica dominante. Caso contrário, se ele é heterozigoto, a porcentagem na descendência será de 50% do tipo dominante e de 50% do tipo recessivo.

Cruzamento recíproco é quando são realizados cruzamentos nos dois sentidos, em relação a sexos e características (p. ex., macho preto com fêmea branca e macho branco com fêmea preta).

Retrocruzamento é o cruzamento de um indivíduo da geração filial com um indivíduo da geração parental.

> **>> NA HISTÓRIA**
>
> Em 1908, o biólogo inglês William Bateson empregou pela primeira vez o termo genética (do grego *genetikós*, capaz de procriar) para o estudo da variação hereditária das espécies. Em 1909, o dinamarquês Wilhelm Johannsen criou os vocábulos *gene* (do grego *genos*, originar, provir), *genótipo* (*genos* e *typos*, característico) e *fenótipo* (*pheno*, evidente, brilhante, e *typos*).

>> **CURIOSIDADE**
A obra de Mendel foi ignorada por vários anos. As *Leis de Mendel*, que regem a transmissão dos caracteres hereditários, só foram redescobertas em 1900, 16 anos após a sua morte. A devida importância de seus achados ocorreu após as publicações de Hugo De Vries (Holanda), Karl Correns (Alemanha) e Erich Tschermak (Áustria), que chegaram a conclusões semelhantes. Pela importância e pelo pioneirismo de seu trabalho, Mendel é considerado o "pai da genética".

A determinação das proporções genotípicas e fenotípicas obtidas em cruzamentos, seguindo as Leis de Mendel, é auxiliada pelo quadrado das probabilidades, estabelecido em 1905 pelo britânico Reginald Crundall Punnett. Conhecido como **quadro de Punnett**, o quadro auxilia o estabelecimento das combinações entre os alelos nos gametas de cada um dos pais, determinando os genótipos e fenótipos possíveis na prole (Figura 6.3). No quadro de Punnet, devem estar representadas todas as combinações possíveis entre alelos de diferentes genes, no caso de dois ou mais genes (Figura 6.3B).

(A)
	A	A
A	AA	Aa
a	Aa	Aa

(B)
	AB	Ab	aB	ab
AB	AABB	AABb	AaBB	AaBb
Ab	AABb	AAbb	AaBb	Aabb
aB	AaBB	AaBb	aaBB	aaBb
ab	AaBb	Aabb	aaBb	Aabb

Figura 6.3 Quadro de Punnett. (A) Cruzamentos entre dois indivíduos heterozigotos para um gene (Aa x Aa – monoibridismo). (B) Cruzamentos entre dois indivíduos heterozigotos para dois genes (AaBb x AaBb – diibridismo).

>> Genes e cromossomos

Os indivíduos de todas as espécies biológicas são o resultado da interação entre o material genético presente na célula e o ambiente ao seu redor. As unidades de informação genética, os **genes**, estão localizadas nos **cromossomos**, sendo que um cromossomo pode conter de dezenas a centenas de genes.

>> **DEFINIÇÃO**
Os cromossomos (*kroma*, cor; *soma*, corpo) são filamentos espiralados compostos por DNA e proteínas que coram com o uso de corantes como carmin acético, orceína acética e reativo de Schiff.

Embora as células que constituem as espécies biológicas apresentem os mesmos tipos básicos de moléculas, existem diferenças fundamentais em nível celular, que classificam os organismos em dois grandes grupos: **procariotos** e **eucariotos**. As células dos eucariotos são mais complexas, contendo núcleo e citoplasma com citoesqueleto e diversas organelas, como aparelho de Golgi, retículo endoplasmático, ribossomos, mitocôndrias e lisossomos. As células de procariotos (bactérias) apresentam somente ribossomos e são desprovidas de citoesqueleto e de um envoltório nuclear, sendo as funções celulares realizadas por moléculas dispersas no citoplasma ou aderidas à membrana plasmática.

Os eucariotos em geral possuem pares de cromossomos lineares, situados dentro do núcleo celular, sendo que, para cada par cromossômico, um cromossomo foi herdado do genitor masculino, e o outro, do genitor feminino. Cada cromossomo eucariótico compreende uma molécula de DNA altamente compactada, visível apenas a divisão celular (Figura 6.4). A compactação é o resultado da interação do

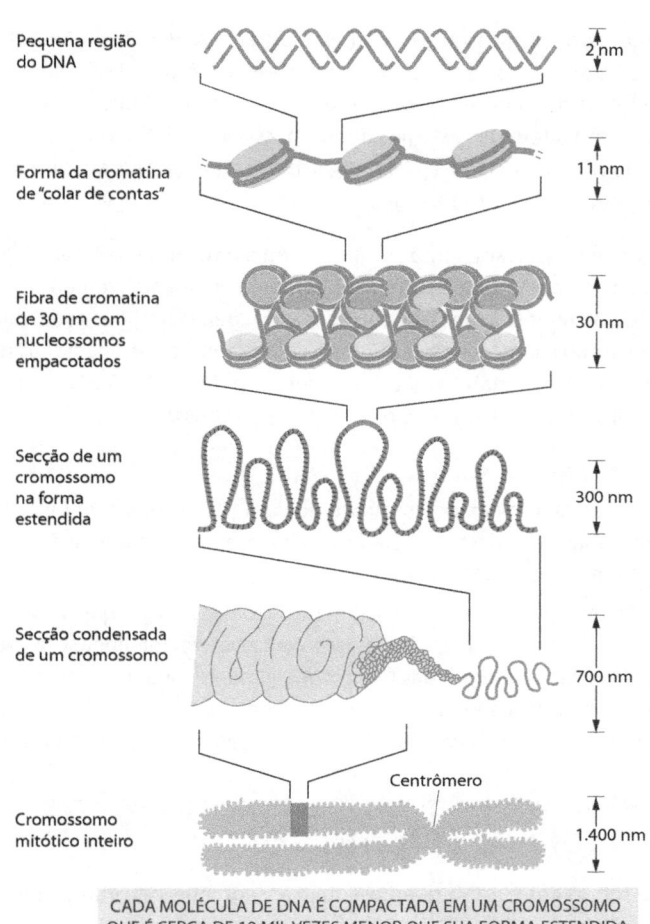

>> **IMPORTANTE**
Para saber mais sobre corantes, leia o Capítulo 7 deste livro.

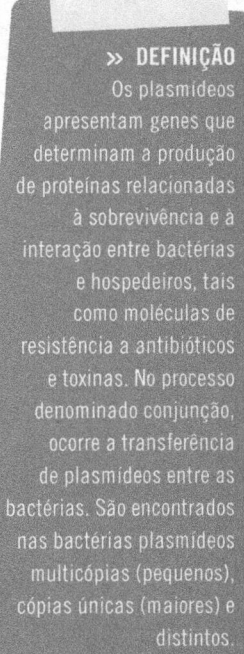

>> **DEFINIÇÃO**
Os plasmídeos apresentam genes que determinam a produção de proteínas relacionadas à sobrevivência e à interação entre bactérias e hospedeiros, tais como moléculas de resistência a antibióticos e toxinas. No processo denominado conjunção, ocorre a transferência de plasmídeos entre as bactérias. São encontrados nas bactérias plasmídeos multicópias (pequenos), cópias únicas (maiores) e distintos.

Figura 6.4 Do DNA e das proteínas ao cromossomo eucariótico.
Fonte: Adaptada de Alberts et al. (2010).

DNA com diferentes proteínas, principalmente histonas (proteínas relativamente pequenas e básicas) e, em menor quantidade, demais proteínas de caráter ácido, denominadas não histônicas.

A unidade estrutural básica dos cromossomos é denominada **nucleossomo** e, no processo de compactação, são formadas as **solenoides** (união dos nucleossomos formando uma espiral) e os **cromômeros** (solenoides dobrados sobre si). Além de DNA constituindo os cromossomos lineares do núcleo, os eucariotos apresentam também DNA na forma circular nas organelas celulares (DNAmt) e nos cloroplastos (DNAcp).

Os procariotos, por sua vez, apresentam geralmente um único cromossomo, circular, aglomerado em uma região da célula denominada **nucleoide**. Muitas vezes apresentam moléculas de DNA (circular) acessórias denominadas **plasmídeos**, com capacidade de replicação autônoma.

Nos eucariotos, os cromossomos são visíveis durante as divisões celulares (mitose ou meiose) e, quando a célula está em interfase, encontram-se menos condensados, na forma denominada **cromatina**. Assim, a cromatina e os cromossomos correspondem a diferentes estágios de compactação do DNA. O máximo da compactação do DNA, associado a proteínas, são os cromossomos em divisão celular na fase de metáfase descrita a seguir.

A cromatina é classificada em dois tipos. A **eucromatina** é o estado de menor compactação da cromatina na interfase, também chamada "cromatina ativa", ou seja, regiões da molécula de DNA que contêm os genes (regiões codificantes). Já a **heterocromatina** apresenta regiões mais densamente compactadas na interfase, denominada "cromatina inativa", ou seja, regiões do DNA não gênicas, mas tendo importância na estrutura e proteção dos cromossomos.

A heterocromatina pode ser:

- constitutiva, regiões do cromossomo com poucos ou nenhum gene, que sempre são consideradas heterocromáticas em uma dada espécie, como os centrômeros e os telômeros;
- facultativa, cromossomos ou segmentos cromossômicos que, às vezes, ocorrem como eucromatina, e em outras, como heterocromatina. Um exemplo é um dos cromossomos X das fêmeas de mamíferos, inativado no início do desenvolvimento de forma aleatória, independentemente da origem paterna ou materna, fenômeno denominado compensação de dose, ou Hipótese de Lyon.

>> Morfologia dos cromossomos

Os cromossomos dos eucariotos apresentam as seguintes estruturas (Figura 6.5):

Cromatídeos ou cromátides-irmãs: São as duas cadeias (longitudinais) de um cromossomo observadas em divisão celular, unidas pelo centrômero. As cromátides-irmãs correspondem a duas moléculas de DNA idênticas, resultantes do processo de duplicação de DNA que ocorre na fase S da interfase.

Telômero: Região que corresponde às extremidades do cromossomo, embora não sejam distinguíveis morfologicamente (não é possível estabelecer sua extensão).

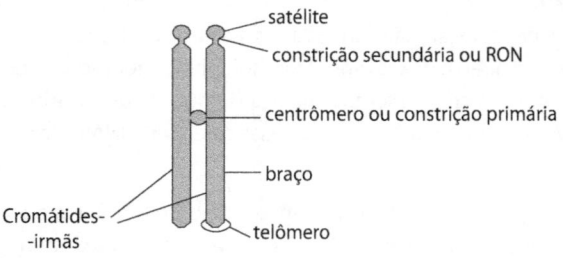

Figura 6.5 Estruturas de um cromossomo (metafásico).
Fonte: Os autores.

>> **CURIOSIDADE**
Em humanos, o comprimento das moléculas de DNA pode ser de até 1,8 m, e o tamanho do núcleo das células, de até 6 μm. Isso evidencia a condensação do material genético nos cromossomos, embora o grau de compactação possa variar de acordo com a atividade: cromatina (eucromatina e heterocromatina) e cromossomos.

Os telômeros mantêm a estabilidade estrutural dos cromossomos, os ancoram ao envoltório nuclear e são fundamentais nas divisões celulares, em especial no pareamento dos cromossomos homólogos na meiose.

Centrômero ou constrição primária: Região do cromossomo que une as duas cromátides-irmãs e onde em geral se ligam as fibras do fuso acromático nas divisões celulares. O centrômero também divide horizontalmente o cromossomo em braços.

Braço cromossômico: Região situada entre o centrômero e o telômero. O braço superior é denominado "p" (ou curto, pois o braço menor sempre fica na parte superior) e o inferior "q" (ou longo, pois o braço maior sempre fica na parte inferior).

Constrição secundária ou região organizadora de nucléolo (RON): Constrição comumente observada em pelo menos um dos cromossomos da espécie. Nela se situam os genes que determinam a síntese das moléculas de ácido ribonucleico ribossômico (RNAr), que constituem grande parte do nucléolo, por isso a sigla RON (ou NOR, em inglês, *Nucleolar Organization Region*).

Satélite: Segmento cromossômico situado entre a constrição secundária e o telômero.

> **» IMPORTANTE**
> Todos os cromossomos apresentam cromátides, centrômeros, telômeros e pelo menos um braço (q), e no mínimo um cromossomo da espécie apresenta constrição secundária e satélite.

» Classificação dos cromossomos

Os cromossomos são classificados em quatro tipos, de acordo com a posição do centrômero (Figura 6.6):

Metacêntrico: O centrômero está localizado no centro do cromossomo, determinando braços *p* e *q* com tamanho igual.

Submetacêntrico: O centrômero está localizado um pouco distante do centro, determinando braços ligeiramente desiguais (braço *p* um pouco menor que o braço *q*).

Acrocêntrico: O centrômero está localizado próximo a um dos telômeros, determinando braços desiguais (braço *p* bem menor que o braço *q*).

Telocêntrico: O centrômero está localizado em uma das extremidades do cromossomo, apresentando este somente o braço *q*.

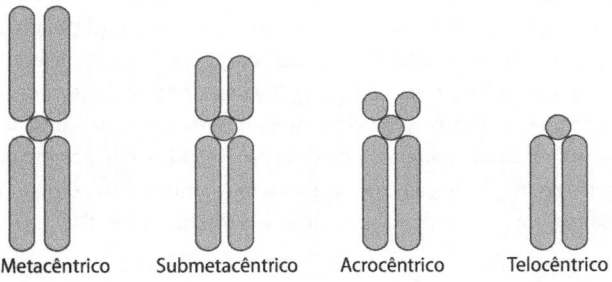

Figura 6.6 Classificação dos cromossomos de acordo com a posição do centrômero.
Fonte: Os autores.

» Ciclo celular

O ciclo celular (Figura 6.7) é dividido em **interfase**, fase em que a célula não está em divisão, e no processo de **divisão celular**, que pode ser por **mitose** ou **meiose**. A interfase é subdividida em três períodos: G1, S e G2 (S de síntese e G de *gap*, intervalo em inglês).

As fases do ciclo celular iniciam pela ativação de proteínas, como ciclinas e quinases, estas últimas caracterizadas por transferirem um grupo fosfato de uma molécula de adenosina trifosfato (ATP) para outras moléculas. Além desse controle, outras moléculas estimulam a divisão celular. Em animais, por exemplo, a produção de células é induzida por fatores de crescimento, por moléculas liberadas por plaquetas no processo de cicatrização, por interleucinas produzidas por leucócitos e eritropoietinas sintetizadas no fígado e que induzem a produção de hemácias na medula óssea.

> » **DEFINIÇÃO**
> Nos procariotos ocorre o processo de fissão, divisão celular precedida por um aumento do tamanho da célula e pela duplicação do DNA. O DNA replicado é dividido entre as duas células resultantes.

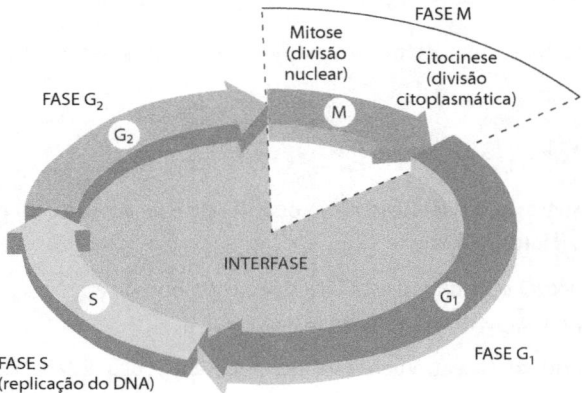

Figura 6.7 Ciclo celular: interfase (G1, S e G2) e divisão celular.
Fonte: Alberts et al. (2010).

» Interfase

A interfase caracteriza-se por uma intensa atividade metabólica, resultante da descondensação cromossômica. O período S é marcado pela duplicação do DNA. A G1 é o período que antecede a síntese de DNA, caracterizada pela síntese intensa de RNAs e proteínas relacionadas à replicação, e a G2 é o período que antecede a mitose ou meiose, também com síntese de RNAs e proteínas relacionadas à divisão celular. Ao final do período S, após o processo de duplicação do DNA, o cromossomo passa a apresentar duas cromátides, as **cromátides-irmãs**, unidas entre si pelo centrômero. Cada cromátide irmã é constituída por uma única molécula de DNA dupla fita.

» Mitose

A mitose é um processo de divisão celular característico das células somáticas vegetais e animais que dá origem a duas células geneticamente idênticas. Esse tipo de divisão celular ocorre a partir do zigoto, no crescimento, para formar as células dos organismos multicelulares, bem como renovar e reparar de tecidos. Apesar de ser um processo contínuo, a mitose é dividida esquematicamente em quatro fases: profáse, metáfase, anáfase e telófase.

As **células somáticas** são aquelas que compõem a soma (corpo) de organismos multicelulares e que não estão diretamente envolvidas na reprodução, como as células da pele. São diploides (2n), ou seja, apresentam dois conjuntos cromossômicos completos (n + n) e, portanto, com seus cromossomos em pares. Na espécie humana, por exemplo, as células somáticas apresentam 46 cromossomos (23 pares). Destaca-se que cada espécie possui um número cromossômico característico, como a cebola, 16 cromossomos (8 pares), o cavalo, 64 cromossomos (32 pares) e o cachorro, 78 cromossomos (39 pares).

O desenvolvimento das sucessivas fases da mitose depende dos componentes do aparelho mitótico, constituído pelos cromossomos e pelo fuso acromático ou mitótico, este constituído pelos centrossomos e seus microtúbulos (fibras). As fibras do fuso acromático são formadas por proteínas, que coordenam os movimentos dos cromossomos na divisão celular. Em células animais, os centrossomos contêm um par de centríolos e áster. O áster corresponde a fibras curtas direcionadas para o lado contrário às fibras que se ligam nos cromossomos. Estas estruturas não ocorrem nas células vegetais, caracterizando-as como **acêntricas** (sem centríolos) e **anastrais** (sem áster).

As fases da mitose e a citocinese, representadas na Figura 6.8, são descritas mais detalhadamente a seguir.

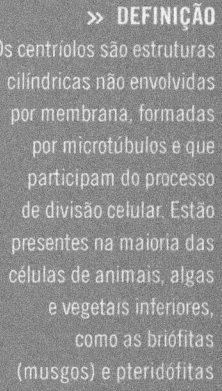

>> **DEFINIÇÃO**
Os centríolos são estruturas cilíndricas não envolvidas por membrana, formadas por microtúbulos e que participam do processo de divisão celular. Estão presentes na maioria das células de animais, algas e vegetais inferiores, como as briófitas (musgos) e pteridófitas (samambaias).

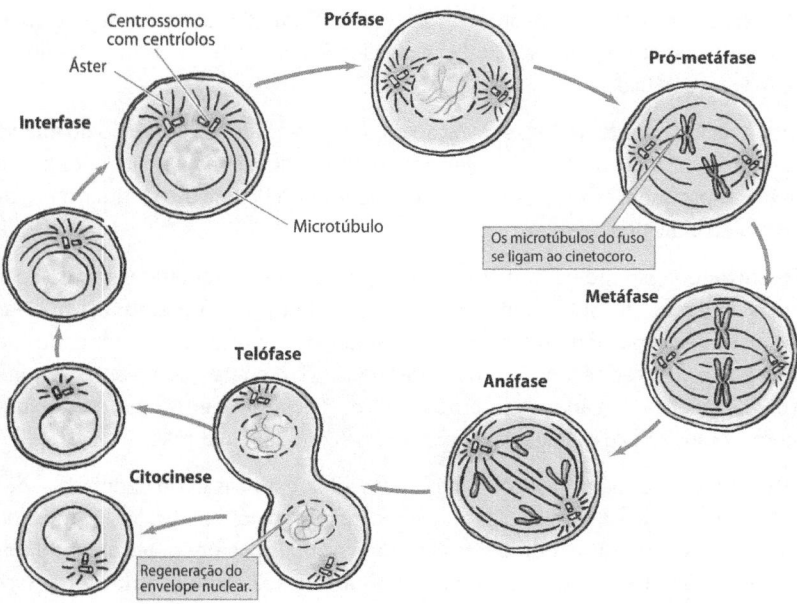

Figura 6.8 Interfase, mitose (prófase, metáfase, anáfase e telófase) e citocinese em célula animal.
Fonte: Adaptada de Cooper e Hausman (2007).

>> CURIOSIDADE

Você sabia que as células tumorais são originadas devido a anomalias na regulação do ciclo celular e à perda de controle da mitose? Em virtude de mutações, os genes controladores do ciclo celular podem sofrer alterações que levam ao surgimento do câncer. Os *proto-oncogenes*, por exemplo, correspondem a alelos que determinam a síntese de proteínas que ativam o ciclo celular e que, por mutação, se transformam nos chamados oncogenes (genes que induzem ao câncer). Há ainda os chamados genes supressores de tumor, responsáveis pela produção de proteínas que atuam inibindo o ciclo celular e que, se mutados, relacionam-se com a indução de câncer nos indivíduos. Desta forma, o estudo destes genes e das proteínas que atuam no controle do ciclo celular, bem como de diferentes tumores, é importante para o desenvolvimento de medicamentos antitumorais.

>> **PARA SABER MAIS**
Para saber mais sobre tumores e ciclo celular, leia os dois artigos sobre o assunto disponíveis no ambiente virtual de aprendizagem Tekne: www.grupoa.com.br/tekne.

Prófase: A prófase começa com o aumento do volume nuclear e com o início do desaparecimento da membrana nuclear (carioteca) e da condensação da cromatina, ou seja, o início da visualização dos cromossomos. No citoplasma, a entrada da célula em prófase é caracterizada pela duplicação dos centrossomos, que se deslocam um para cada polo da célula. Durante essa migração, os centrossomos iniciam a emissão das fibras do fuso acromático. Há dois tipos de fibras: as contínuas, que unem os centrossomos de polos opostos, e as cromossômicas, que geralmente se ligam aos centrômeros dos cromossomos, em uma estrutura proteica denominada **cinetocoro**.

Metáfase: Os cromossomos atingem seu grau máximo de condensação e se colocam no equador (região central) da célula, ligados aos centrossomos pelas fibras do fuso acromático.

Anáfase: Caracteriza-se pela separação das cromátides-irmãs por meio do encurtamento das fibras do fuso, que puxam as cromátides para os polos opostos da célula. A partir dessa separação, cada cromátide-irmã passa a constituir um cromossomo individual.

Telófase: Corresponde à fase em que os cromossomos (cromátides-irmãs separadas) chegam aos polos e iniciam sua descondensação. A membrana nuclear reconstitui-se a partir do retículo endoplasmático. Os nucléolos são formados na altura da constrição secundária (ou RONs) de certos cromossomos. Assim termina a divisão nuclear, ou cariocinese, produzindo dois novos núcleos com o mesmo número cromossômico e a mesma quantidade de DNA da célula-mãe.

Citocinese: Após a telófase, ou junto a esta, ocorre a divisão do citoplasma, denominada citocinese. Nas células animais, a membrana plasmática se invagina na região equatorial, formando um sulco cada vez mais profundo, terminando por dividir totalmente a célula. Essa divisão é caracterizada como centrípeta (de fora para dentro), diferindo da citocinese centrífuga (de dentro para fora) que ocorre nas células vegetais.

> **» CURIOSIDADE**
>
> A inibição e a redução de mitoses são mecanismos importantes das drogas antitumorais. Certas drogas impedem a replicação de DNA, enquanto outras inibem somente a formação do fuso mitótico. Os compostos colchicina e paradiclorobenzeno (PDB) impedem a polimerização das proteínas do fuso, parando a divisão celular na metáfase. Como na metáfase os cromossomos estão no maior grau de condensação, esses reagentes facilitam a observação de cromossomos ao microscópio, sendo usados para a realização do **cariótipo**. O cariótipo resulta da organização dos cromossomos aos pares em ordem decrescente de tamanho e corresponde à descrição das características do conjunto cromossômico das espécies. Por análises de cariótipos é determinada a existência de aberrações cromossômicas em um indivíduo.

» Meiose

A meiose é um processo de divisão celular em que uma célula diploide (2n) forma quatro células haploides (n). A célula diploide apresenta dois conjuntos cromossômicos, especificamente dois exemplares de cada cromossomo, enquanto a célula haploide apresenta apenas um cromossomo do par de homólogos.

Nos eucariotos, a meiose ocorre nas células das **linhagens germinativas** na formação dos gametas ou esporos (dependendo do organismo). No processo de fecundação, o gameta feminino haploide (n) se fusiona com o gameta masculino haploide (n), gerando o zigoto diploide (2n). Assim, a meiose e a fecundação na reprodução sexuada são processos complementares que permitem que o número de cromossomos da espécie se mantenha constante ao longo das gerações.

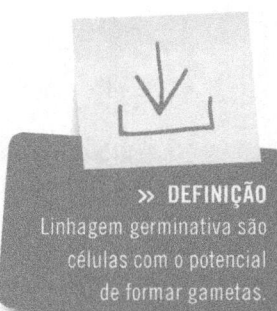

> **» DEFINIÇÃO**
> Linhagem germinativa são células com o potencial de formar gametas.

A meiose consiste, na verdade, em duas divisões celulares a partir de uma só duplicação cromossômica (replicação do DNA na fase S) (Figura 6.9).

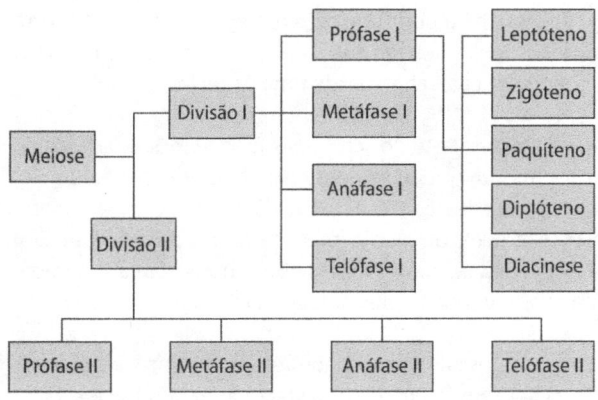

Figura 6.9 Esquema das fases e subfases da meiose.
Fonte: Os autores.

>> **DEFINIÇÃO**
Permuta ou *crossing-over* consiste na troca de segmentos correspondentes entre cromátides não irmãs de um par de cromossomos homólogos.

Meiose I

É também chamada reducional, por resultar em duas células haploides, mas cada cromossomo apresenta ainda duas cromátides (DNA duplicado). É subdividida em quatro fases, denominadas prófase I, metáfase I, anáfase I e telófase I.

Prófase I: Tem longa duração e é muito complexa. Os cromossomos homólogos se aproximam formando pares, podendo ocorrer troca de material genético entre eles. Na prófase I, as duas cromátides-irmãs de cada cromossomo estão tão alinhadas que não são distinguíveis. Várias subfases são caracterizadas durante a prófase I (Quadro 6.1). Nesta fase ocorre a degradação da carioteca, a migração dos centrossomos para os polos opostos das célula e a formação das fibras do fuso.

Metáfase I: Há o completo desaparecimento da membrana nuclear e a completa formação do fuso acromático. Os cromossomos pareados pelos telômeros se alinham na placa equatorial da célula com seus centrômeros orientados para polos diferentes.

Quadro 6.1 » Estágios da prófase I

Leptóteno (*lepto*, fino; *teno*, filamento)	Os cromossomos começam a se tornar visíveis como fios delgados, formando um denso emaranhado, resultante do início do processo de condensação.
Zigóteno (*zigo*, união)	Os cromossomos encontram-se um pouco mais condensados e ocorre o início do pareamento dos cromossomos homólogos, denominado **sinapse**.
Paquíteno (*paqui*, grosso)	Nesta subfase, o pareamento entre os cromossomos homólogos é completo e cada par de homólogos aparece como um bivalente (também denominado tétrade, porque contém quatro cromátides). Nessa subfase há a permuta, ou *crossing-over*, na qual ocorrem recombinações genéticas que determinam o aumento da variabilidade das características genéticas de uma espécie.
Diplóteno (*diplo* = duplo)	Início do afastamento dos cromossomos homólogos, mostrando citologicamente que o bivalente é constituído por dois cromossomos. Nesta fase, é possível observar ao microscópio os quiasmas (cruzes) que indicam a ocorrência da permuta. Embora a maior parte dos cromossomos homólogos esteja separada, eles permanecem ligados pelos quiasmas e telômeros.
Diacinese	Os cromossomos atingem a condensação máxima e permanecem pareados por seus telômeros, uma ou duas extremidades.

Anáfase I: Os cromossomos homólogos se separam, sendo seus respectivos centrômeros puxados para os polos opostos da célula. Os bivalentes distribuem-se independentemente uns dos outros e, em consequência disso, os conjuntos cromossômicos originais, de origem paterna e materna, são separados em novas combinações aleatórias de cromossomos. Desta forma, por exemplo, um gameta humano pode ter 12 cromossomos de origem materna e 11 de origem paterna; outro pode ter 15 cromossomos paternos e 8 maternos, e assim por diante. Este é um dos motivos, juntamente com o *crossing-over*, para que nenhum gameta seja igual ao outro e, portanto, para que irmãos sejam geneticamente diferentes um do outro.

Telófase I: Nesta fase, os dois conjuntos haploides de cromossomos com as duas cromátides se agrupam nos polos opostos da célula, podendo ou não se descondensar, iniciando, em seguida, a prófase II. Igualmente, a carioteca pode ou não ser constituída.

Intercinese: Corresponde à citocinese entre a meiose I e II. Muitas vezes, a meiose II inicia sem ter ocorrido a completa divisão do citoplasma.

Meiose II

A meiose II é também chamada **equacional**, pois as quatro células haploides resultantes contêm cromossomos com uma cromátide apenas (equacionamento das moléculas de DNA entre as células). Assim como a meiose I, é constituída por quatro fases: prófase II, metáfase II, anáfase II e telófase II, descritas a seguir.

Prófase II: Esta fase pode ser muito rápida, visto que os cromossomos não perdem a sua condensação durante a telófase I. Assim, depois da formação do fuso e, em algumas vezes, do desaparecimento da membrana nuclear, as células resultantes entram logo na metáfase II.

Metáfase II: Os cromossomos duplicados em cada célula haploide alinham-se na placa equatorial da célula, com suas cromátides-irmãs posicionadas para polos opostos.

Anáfase II: Os centrômeros dos homólogos se dividem, e as cromátides de cada cromossomo migram para polos opostos da célula puxadas pelas fibras do fuso.

Telófase II: Os cromossomos, agora formados por uma cromátide, se descondensam, gerando a cromatina e o nucléolo, e reconstitui-se a membrana nuclear.

Citocinese

Ao final, ou quase ao término da meiose, ocorre a separação do citoplasma, individualizando as quatro células haploides. Em vegetais, o conjunto das quatro células haploides formadas por meiose é denominado tétrade, tal como as quatro cromátides pareadas na prófase I e metáfase I.

A mitose e a meiose estão representadas na figura a seguir (Figura 6.10).

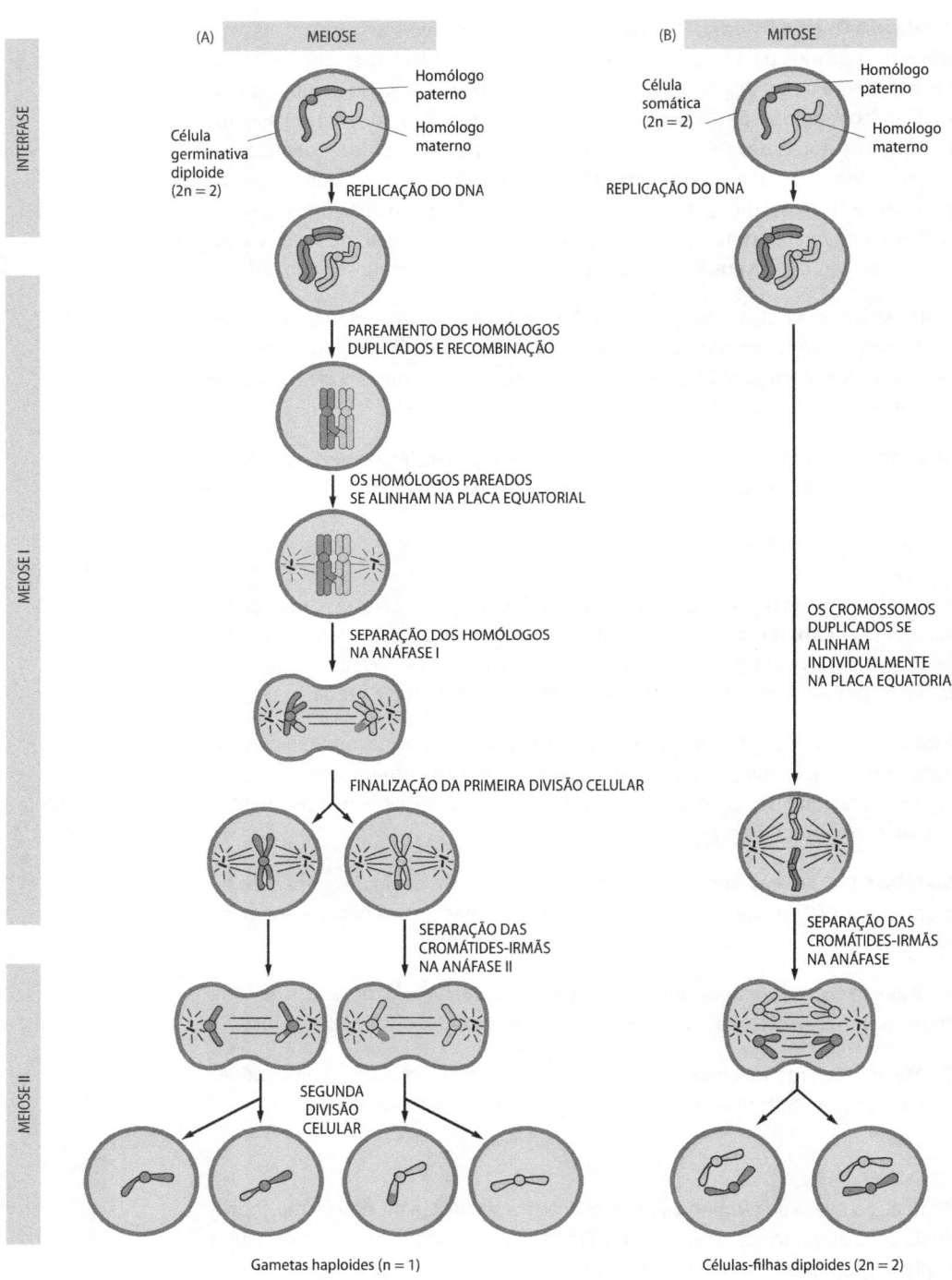

Figura 6.10 Interfase, meiose e mitose em uma célula animal.
Fonte: Adaptada de Alberts et al. (2010).

>> DNA

Somando-se a estudos anteriores e embasados nos trabalhos de Rosalind Franklin e Maurice Wilkins, sobre a difração de raios X em amostras de DNA (Figura 6.11), James Watson e Francis Crick, em 1953, deduziram a estrutura da molécula de DNA, já reconhecida como o material genético das células. A dedução da estrutura de dupla hélice do DNA é considerada um dos grandes marcos das ciências, e Watson, Crick e Wilkins receberam o prêmio Nobel de Medicina em 1962.

> **>> CURIOSIDADE**
> Rosalind Franklin não foi premiada com o Nobel por ter falecido antes de 1962. O prêmio Nobel tem como norma que sejam contempladas pessoas vivas.

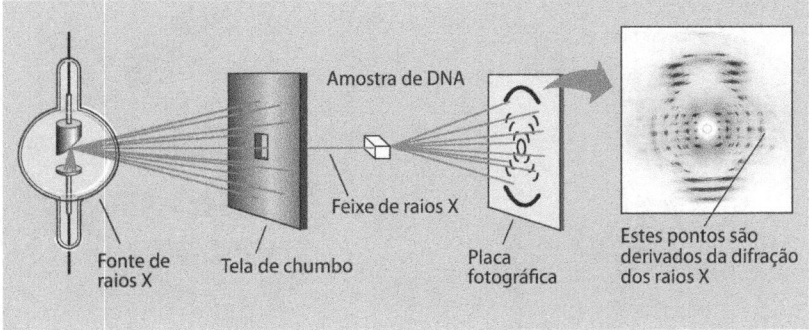

Figura 6.11 Imagem da difração de raios X em amostra de DNA.
Fonte: Adaptada de Sadava et al. (2011).

>> CURIOSIDADE

O DNA (ácido desoxirribonucleico) é um ácido nucleico composto por quatro tipos de nucleotídeos, sendo estes, por sua vez, formados por um grupo fosfato, um açúcar de cinco carbonos (pentose) e uma base nitrogenada. A pentose no DNA é uma desoxirribose (parte do nome da molécula), e a base nitrogenada pode ser constituída de purinas – com dois anéis aromáticos, a adenina (A) e a guanina (G) –, ou pirimidinas – com um anel aromático, a citosina (C) ou a timina (T).

>> Estrutura do DNA

O material genético (genoma) das espécies biológicas é constituído por DNA composto por duas cadeias de nucleotídeos que formam uma **dupla hélice** em torno de um eixo central (Figura 6.12). As bases nitrogenadas localizam-se no interior da hélice, em razão do caráter hidrofóbico dos anéis aromáticos, e as desoxirriboses e os fosfatos ficam na parte externa, como se fossem o corrimão de uma escada circular e, as bases nitrogenadas, os degraus dessa escada.

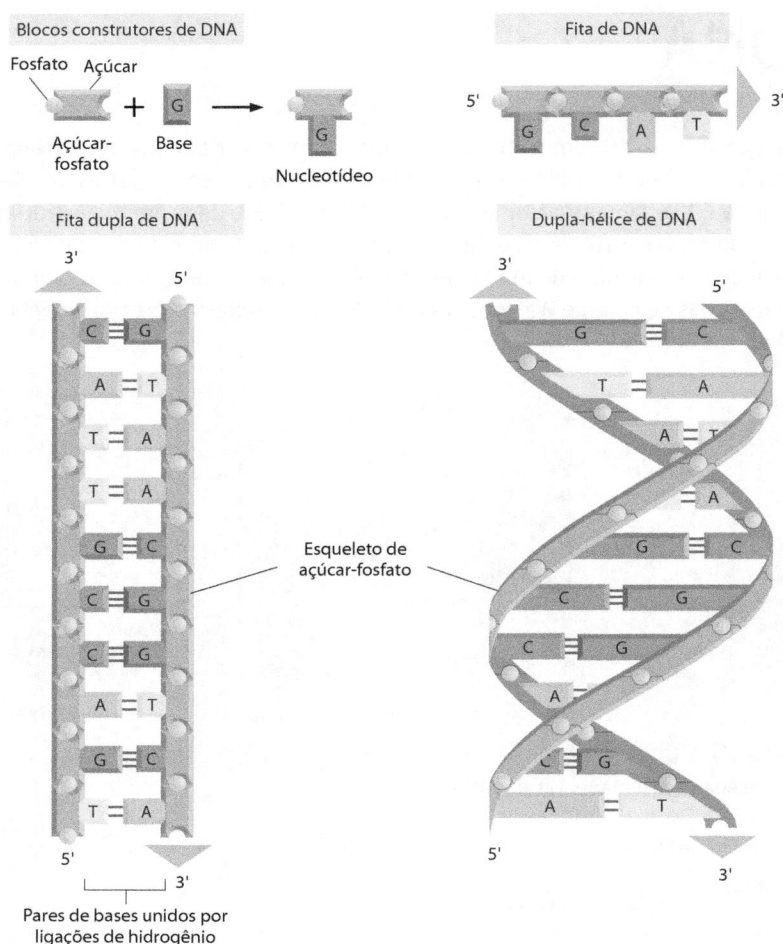

Figura 6.12 Estrutura de dupla hélice do DNA: fitas antiparalelas e complementares.
Fonte: Alberts et al. (2010).

Na cadeia de DNA linear (uma fita), em uma das extremidades há um grupo fosfato ligado ao carbono n° 5 do açúcar, denominada extremidade 5'P, e na outra extremidade há uma hidroxila ligada ao carbono n° 3 do açúcar, a extremidade 3'OH. É padrão representar o DNA apenas com as letras iniciais das bases nitrogenadas dos nucleotídeos, da seguinte forma: 5'-ACGTTGCA-3', preferencialmente indicando o sentido da fita representada.

As fitas de DNA são **antiparalelas**, ou seja, encontram-se em direções opostas, uma no sentido 5'-3', e a outra, no sentido 3'-5'. As duas fitas são unidas entre si por ligações de hidrogênio entre as bases nitrogenadas. Os nucleotídeos com A pareiam-se com os nucleotídeos com T por duas ligações de hidrogênio, e os nucleotídeos com C pareiam-se com os nucleotídeos com G por três ligações de hidrogênio. Outros tipos de nucleotídeos e pareamento também são encontrados,

» **DEFINIÇÃO**
Ligações fosfodiéster são ligações entre o grupo hidroxila do carbono de número 3 do açúcar de um nucleotídeo com o fosfato do outro nucleotídeo ligado à hidroxila do carbono de número 5 do açúcar.

mas constituem eventos raros. Devido a estes pareamentos, as fitas de DNA são referidas como **complementares**. A complementariedade das fitas proporciona precisão aos processos de replicação e transcrição.

A complementaridade da molécula de DNA determina que as proporções A/T e G/C sejam iguais a 1, embora as proporções AT/GC sejam de acordo com a sequência de DNA. A molécula de DNA possui uma dimensão uniforme ao longo de seu comprimento, uma vez que os pareamentos ocorrem entre A (purina, maior) e T (pirimidina, menor) e entre G (purina, maior) e C (pirimidina, menor), e os mesmos apresentam aproximadamente o mesmo tamanho.

Na molécula de DNA, as ligações de hidrogênio entre as cadeias complementares podem ser rompidas, e as fitas se separam no processo denominado **desnaturação**. O processo inverso denomina-se **renaturação**. Esses fenômenos físicos são fundamentais para os processos de replicação, transcrição e recombinação, sendo promovidos por enzimas celulares. A desnaturação é induzida em laboratório pelo aumento de temperatura, pela adição de ácidos ou bases ou por agentes desnaturantes, como formamida e dimetil sulfóxido (DMSO). Os pares AT, por formarem duas ligações de hidrogênio, são rompidos mais facilmente dos que os pares GC, logo o par GC é mais estável do que AT.

As cadeias de DNA são bastante flexíveis, podendo ser dobradas, possibilitando a condensação do DNA nas células e a aproximação de regiões do genoma para controle da atividade dos genes (regulação gênica).

> **» IMPORTANTE**
> Além das ligações químicas citadas, outras forças ocorrem na molécula de DNA e permitem a manutenção de sua estrutura, como efeitos hidrofóbicos e hidrofílicos, forças atrativas ou repulsivas entre bases nitrogenadas adjacentes e interações entre cátions e íons.

RNA

A molécula de RNA, o ácido ribonucleico, tem uma estrutura bastante semelhante à do DNA, diferindo pela existência do açúcar ribose no lugar da desoxirribose, mas também uma pentose, e pela substituição da timina por uracila como uma das quatro bases nitrogenadas. O RNA é normalmente uma fita simples, embora possam ocorrer pareamentos entre AU e GC em determinadas regiões de RNAs.

Os RNAs são classificados de acordo com sua função e localização celular. Em todos os organismos, procariotos e eucariotos, são encontrados os seguintes RNAs:

- RNA mensageiro (RNAm), carrega a mensagem dos genes aos ribossomos na produção ou síntese de proteínas, sendo a sequência nucleotídeos do RNAm traduzida na sequência de aminoácidos das proteínas;
- RNA ribossômico (RNAr), forma os ribossomos, junto com as proteínas;
- RNA transportador (RNAt), transporta os aminoácidos que formarão as proteínas aos ribossomos durante a síntese proteica.

Existem também RNAs complementares a RNAs mensageiros, denominados **RNAs de interferência** (RNAi), que pareiam-se com os RNAm formando uma dupla fita. Essas

> **» CURIOSIDADE**
> A estrutura de dupla hélice do DNA é encontrada na forma linear no núcleo das células eucarióticas. Já a forma circular, nas mitocôndrias e cloroplastos dos eucariotos, e no cromossomo e nos plasmídeos das bactérias (procariotos). Como a estrutura é a mesma, é possível manipular e misturar moléculas de DNA de diferentes espécies em uma área conhecida como engenharia genética.

» PARA SABER MAIS
Leia o artigo "A nova grande promessa da inovação em fármacos: RNA interferência saindo do laboratório para a clínica" (MENK, 2010), disponível no ambiente virtual de aprendizagem.

estruturas de dupla fita não permitem a tradução dos RNAs mensageiros em proteínas e constituem um dos mecanismos de regulação da expressão de genes nas células. O RNAi é considerado um fármaco em potencial, especialmente em processos que requerem a inibição de genes, como nas terapias tumorais e nas infecções por vírus. Muitas pesquisas têm sido realizadas com RNAi em razão de seu potencial terapêutico.

Há ainda um tipo de RNA denominado ribozima, que atua nas células de forma semelhante às enzimas (que são proteínas). O nome desse tipo de RNA vem justamente da união de ribo e enzima. Já os denominados RNA pequenos nucleares (RNAsn, do inglês, *small nuclear* RNA) participam da retirada das sequências intervenientes dos genes, os íntrons (processo descrito a seguir).

» Síntese de DNA, RNAs e proteínas

Nas células, o fluxo de informação genética ocorre de DNA para DNA, no processo denominado **replicação**, ou **duplicação**, e de DNA para RNA e proteína na expressão gênica. A expressão gênica inclui a **transcrição**, que corresponde à produção de RNAm, RNAt e RNAr a partir da sequência de DNA do gene, e a **tradução**, que é produção de proteínas de acordo com a sequência de RNAm transcrito de um gene.

Apesar de as células terem a informação genética necessária para sintetizar milhares de moléculas diferentes de RNAs e proteínas, uma célula expressa somente uma parte de seus genes. Essa capacidade da célula de controlar quais dos seus genes estão ativos ou silenciados é denominada **regulação da expressão gênica**.

» CURIOSIDADE

Alguns vírus de RNA podem fazer o caminho inverso da transcrição, ou seja, para sua replicação dentro da célula hospedeira, sintetizam uma fita dupla de DNA utilizando como molde uma fita simples de RNA. Para isso, eles utilizam uma enzima chamada transcriptase reversa, muito empregada em laboratórios para a realização de uma técnica de biologia molecular chamada RT-PCR (reação em cadeia da polimerase via transcriptase reversa).

Os vírus de RNA também são chamados retrovírus. O vírus HIV (vírus da imunodeficiência humana) é um exemplo de retrovírus que usa a enzima transcriptase reversa para a sua replicação. Como as células humanas não possuem a enzima transcriptase reversa, os medicamentos que atuam como inibidores dessa enzima, no tratamento de enfermidades causadas por retrovírus, não causam danos às nossas células.

» Replicação

A replicação ou duplicação das moléculas de DNA, ou seja, a síntese de DNA, ocorre em geral uma única vez por ciclo celular (na fase S da inerfase), e o seu término determina o início da divisão da célula, pois os genomas duplicados são segregados para cada célula-filha após a divisão celular.

A unidade de DNA capaz de se duplicar é o **replicon** e caracteriza-se por conter uma origem de replicação e um ponto de término e ser ativado uma vez por ciclo celular. As bactérias (com um único cromossomo circular) costumam apresentar um ou dois replicons. Os eucariotos, por sua vez, contêm vários replicons ao longo de seus cromossomos lineares, o que reduz o tempo de replicação nesses organismos de genomas maiores.

As origens de replicação já identificadas são, em geral, ricas em nucleotídeos AT, provavelmente, conforme destacado, por ser um pareamento mais fácil de romper do que o GC, uma vez que é necessária a separação da dupla hélice de DNA na duplicação. A partir da origem de replicação, a duplicação do DNA pode ocorrer de forma uni ou bidirecional. Outras estruturas são a **forquilha de replicação**, região em que está ocorrendo a duplicação, e a **bolha de replicação**, região já duplicada (Figura 6.13).

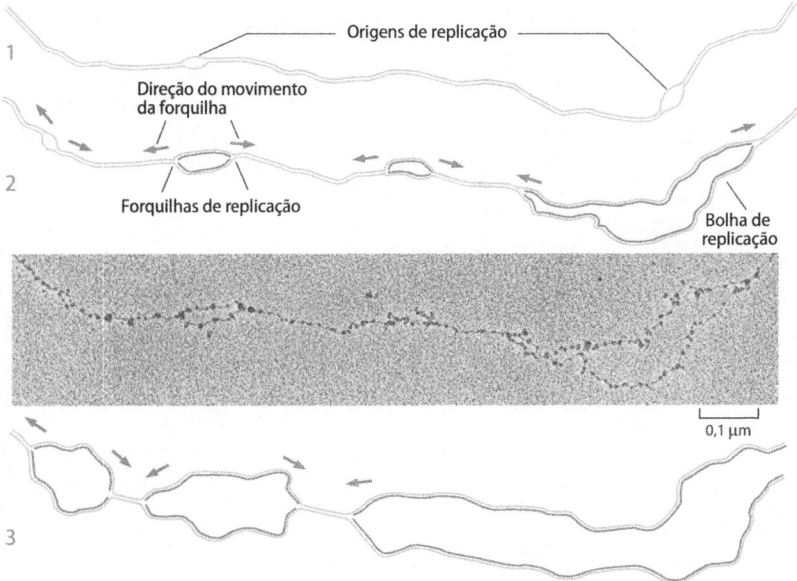

Figura 6.13 Estruturas do processo de duplicação do DNA de um cromossomo linear de eucarioto em esquema e em foto de microscopia eletrônica (em sequência de 1 a 3): origem, forquilha e bolha de replicação. As setas indicam a direção da replicação.
Fonte: Adaptada de Alberts et al. (2010).

Entre as principais características do processo de replicação (Figura 6,14), destaca-se o fato de ser:

- **semiconservativo**, ou seja, cada fita da molécula original serve de molde para a síntese de uma fita complementar, e, após a replicação, cada nova molécula de DNA contém uma fita antiga e uma fita recém-sintetizada;
- **semidescontínuo**, pois ocorre a síntese contínua de uma das fitas, denominada progressiva (*leading*), e a síntese descontínua da outra fita, denominada retardatária (*lagging*). A fita progressiva é sintetizada no sentido 5'-3', e a fita retardatária é sintetizada por meio de pequenos fragmentos (**fragmentos de Okazaki**) no sentido 5'-3', embora apresente crescimento geral no sentido 3'-5'.

As novas fitas de DNA são sintetizadas pelas enzimas DNA polimerases (DNAPs). O Quadro 6.2 resume as principais características dessas enzimas, e a Tabela 6.2 apresenta exemplos de DNAPs encontradas em procariotos e eucariotos.

Além das DNAPs, uma série de proteínas participa da replicação, formando o **replissomo**, aparato proteico envolvido na síntese do DNA. Entre as proteínas estão as **helicases**, que rompem as ligações de hidrogênio entre as duas fitas de DNA; as topoisomerases, que removem as torções na molécula de DNA; as **SSBs**, ou proteínas de ligação à fita simples (do inglês, *single stranded DNA binding proteins*), que estabilizam as fitas de DNA desnaturadas; e as **ligases**, que unem os fragmentos de Okazaki.

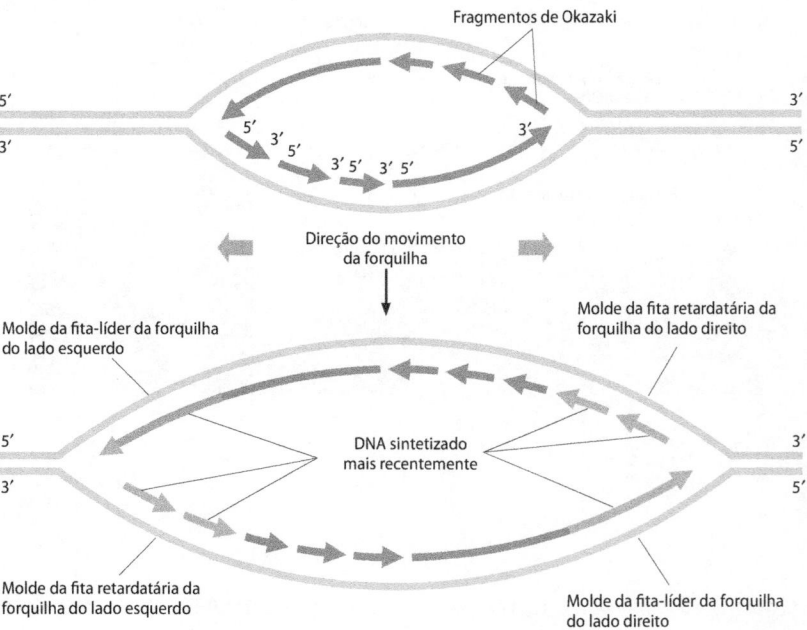

Figura 6.14 Representação das características semiconservativa e semidescontínua da replicação.
Fonte: Adaptada de Alberts et al. (2010).

Quadro 6.2 » **Características da enzima DNA polimerase**

Síntese dirigida por molde	Cada uma das fitas da molécula desnaturada serve de molde para a nova fita sintetizada.
Síntese na direção 5'-3'	As DNAPs promovem a ligação fosfodiéster entre o fósforo mais interno do nucleotídeo trifosfatado a ser adicionado e a hidroxila localizada no carbono-3 da desoxirribose do último nucleotídeo da cadeia (extremidade 3'OH).
Necessidade de iniciadores (*primers*)	As DNAPs não conseguem iniciar a síntese pois necessitam de uma extremidade 3'OH livre para adicionar um nucleotídeo. A síntese da fita progressiva e de cada fragmento de Okazaki na fita retardatária inicia com um conjunto de poucos nucleotídeos (oligonucleotídeos) de RNA, os iniciadores (em inglês, *primers*), que propiciam a extremidade 3'OH para a polimerização da fita de DNA.

Tabela 6.2 » **Exemplos de DNAPs encontradas em procariotos e eucariotos**

Organismo	DNA polimerase	Função
Procariotos	DNAP I	Remove os *primers* de RNA e corrige erros (reparo)
	DNAP II	Reparo de pareamentos incorretos entre bases nitrogenadas
	DNAP III	Síntese de uma nova fita de DNA complementar à fita de DNA molde
Eucariotos	DNAP α	Sintetiza os *primers* e remove
	DNAP β e DNAP ε	Reparo
	DNAP δ	Replicação e reparo
	DNAP γ	Replicação DNAmt

Nos procaritos, se a replicação é unidirecional, o término ocorre quando a forquilha de replicação retorna à origem; se a replicação é bidirecional, o término ocorre onde as duas forquilhas se encontram. Ao final do processo, as proteínas topoisomerases auxiliam na separação das duas moléculas de DNA circular. Nos eucariotos, ocorre a união das bolhas ou o choque de duas forquilhas ao longo dos cromossomos.

Na maioria das células dos eucariotos, a extremidade de uma das fitas de DNA dos cromossomos lineares fica mais curta a cada ciclo de replicação e divisão celular, pois uma das enzimas DNA polimerase retira os *primers* nessas regiões, mas não consegue adicionar nucleotídeos para substituí-los. Isso ocorre porque não há extremidade 3'OH nessas fitas disponível para o acréscimo de nucleotídeos de DNA para substituir os *primers* (DNAPs não conseguem ligar nucleotídeos na extremidade 5'P). Esse encurtamento dos telômeros ao longo da vida é um dos motivos por que a ovelha clonada Dolly, no início de seu desenvolvimento, apresentava características de um indivíduo adulto.

>> CURIOSIDADE

Você sabe por que, por exemplo, um homem de cerca de 90 anos produz espermatozoides com extremidades dos cromossomos não encurtadas e tem filhos pequenos que não apresentam características de adultos?

A resposta é que as células com alta capacidade proliferativa, como os gametas, as células-tronco embrionárias, as células endoteliais que revestem o coração, o útero, os vasos sanguíneos e linfáticos e os glóbulos brancos do tipo linfócitos, produzem uma enzima denominada telomerase, que completa essas extremidades, evitando o encurtamento dos telômeros. Na verdade, todas as células de um indivíduo apresentam o gene que determina a produção dessa enzima, mas o gene não está ativo na maioria das células, de modo que elas não conseguem produzir telomerases.

A maioria das células se divide até que seus telômeros encurtem, atinjam o limite mínimo de tamanho característico para cada célula e sinalizem a parada das divisões celulares e o início do envelhecimento. Um dos motivos de não sermos imortais é porque a telomerase não está ativa na maioria das células. Por outro lado, a maioria das linhagens celulares tumorais apresenta o gene da telomerase ativo e, por isso, dividem-se infinitamente.

>> Transcrição

A transcrição, ou síntese de RNA, apresenta similaridades em relação à síntese de DNA, embora as funções biológicas sejam diferentes. A replicação decorre da necessidade de dobrar a quantidade de DNA para a célula se dividir, e a síntese de RNA relaciona-se com o funcionamento da célula, variando conforme as suas necessidades de RNAs e proteínas.

>> CURIOSIDADE
Como a síntese de DNA e RNA é realizada no sentido 5'→ 3', diz-se que este é o sentido da vida.

Na transcrição, os precursores nucleotídeos do tipo RNA também trifosfatados. Somente um filamento de DNA é utilizado como molde, e não há a necessidade de *primers*. A molécula de RNA sintetizada é complementar a uma das fitas do DNA, denominada molde de DNA, que apresenta sentido 3'→ 5', e igual, exceto pela substituição de timina por uracila, à fita com sentido 5'→ 3', denominada fita codificante. Da mesma forma que na replicação, a síntese dos RNAs ocorre somente no sentido 5'→ 3', com a adição de ribonucleotídeos na extremidade 3'OH da fita.

A síntese de RNA é realizada por enzimas denominadas RNA polimerases (RNAPs), que promovem a ligação fosfodiéster do grupamento 3'OH do último nucleotídeo do RNA em formação ao fósforo mais interno do ribonucleotídeo trifosfatado a ser adicionado, liberando posteriormente dois fosfatos (pirofosfato).

O que se sabe é que nos procariotos há um único tipo de RNA polimerase e nos eucariotos, existem três tipos:

- RNAP I, que atua no nucléolo e transcreve os RNAr (três dos quatro tipos: 5,8S, 18S e 28S);

- RNAP II, que atua no núcleo e transcreve o pré-RNAm, também denominado RNA heterogêneo nuclear (RNAhn) ou transcrito primário, depois processado (ver a seguir) em RNAm;
- RNAP III, que atua no núcleo e transcreve os RNAt e um tipo de RNAr (RNAm 5S).

O início da transcrição ocorre em regiões específicas do gene denominadas regiões promotoras (promotor ou sequência regulatória), que consistem em regiões geralmente conservadas (semelhantes) nas diferentes espécies localizadas antes do primeiro nucleotídeo transcrito (nucleotídeo +1). Nos eucariotos, outras proteínas, denominadas fatores de transcrição, auxiliam a RNA polimerase a reconhecer os promotores dos genes. Os fatores de transcrição se ligam às sequências regulatórias, formam um complexo de iniciação e permitem, então, a ligação da RNA polimerase.

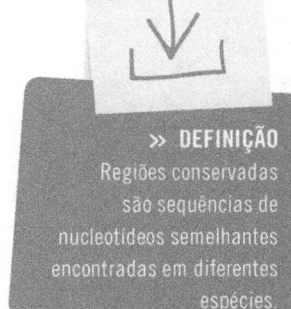

>> **DEFINIÇÃO**
Regiões conservadas são sequências de nucleotídeos semelhantes encontradas em diferentes espécies.

A região do DNA onde a síntese de RNA está ocorrendo é denominada **bolha de transcrição**. Na bolha de transcrição, há a formação de uma dupla hélice híbrida, por pareamento do RNA em formação com a fita molde de DNA. A etapa de alongamento prossegue até o momento em que a RNAP encontra um *sinal de terminação*, e o complexo de transcrição se dissocia, liberando o RNA sintetizado.

Após a transcrição*, nos eucariotos, os transcritos primários (pré-RNAm) dos genes interrompidos que codificam as proteínas sofrem três modificações, transformando-se em RNAm:

>> **NO SITE**
Acesse o ambiente virtual de aprendizagem para visualizar um esquema com a representação do processo de transcrição.

- adição de uma molécula de metil-guanosinas na extremidade 5'P (5' quepe, em inglês 5'*cap*);
- adição de aproximadamente 200 nucleotídeos com adenina na extremidade 3'OH, formando a chamada cauda poli A do RNAm;
- retirada das sequências intervenientes ou íntrons (sequências não codificantes), no processo denominado *splicing*.

O capeamento na extremidade 5'P é importante no início da tradução e para proteção, tal como a poliadenilação das extremidades do RNAm de degradação por nucleases no citoplasma. A remoção dos íntrons é feita para a formação de RNAm com mensagens contínuas. Após o processamento, o RNAm é transportado ao citoplasma para participar da síntese de proteínas.

>> **CURIOSIDADE**

No processamento de genes de eucariotos, muitas vezes ocorre o chamado *splicing* alternativo, em que exons são unidos de maneiras diferentes, consequentemente determinando a produção de proteínas diferentes a partir da mesma sequência de DNA. Um exemplo é a regulação do gene Sex-lethal (Sxl) na mosca da fruta (*Drosophila melanogaster*): ao eliminar o exon (considerado um íntron) que contém um sinal de término prematuro de tradução, a proteína produzida determina que a mosca será fêmea; caso esse exon não seja excluído, a mosca será macho. O *splicing* alternativo permite que a partir de um gene sejam sintetizadas dezenas ou até centenas de proteínas diferentes. Ele resultou na alteração do conceito "um gene = uma proteína".

* N. de E.: Acesse o ambiente virtual de aprendizagem para ver uma figura do processo de transcrição.

>> Tradução

A síntese de proteínas, ou tradução, ocorre nos ribossomos de acordo com as especificações do **código genético** (Figura 6.15), que compreende a relação entre três nucleotídeos do RNAm (trípletes), denominada códon, e o aminoácido correspondente na proteína.

O código genético caracteriza-se por ser:

- **universal**, válido nos mais diversos organismos, das bactérias ao homem, com raras exceções (p. ex., para alguns códons mitocondriais);

- **não ambíguo**, pois cada códon corresponde a somente um aminoácido;

- **degenerado**, pois um aminoácido é codificado por vários códons diferentes (quatro nucleotídeos diferentes combinados três a três possibilitam a formação de 64 códons diferentes, e são 20 os aminoácidos que formam as proteínas).

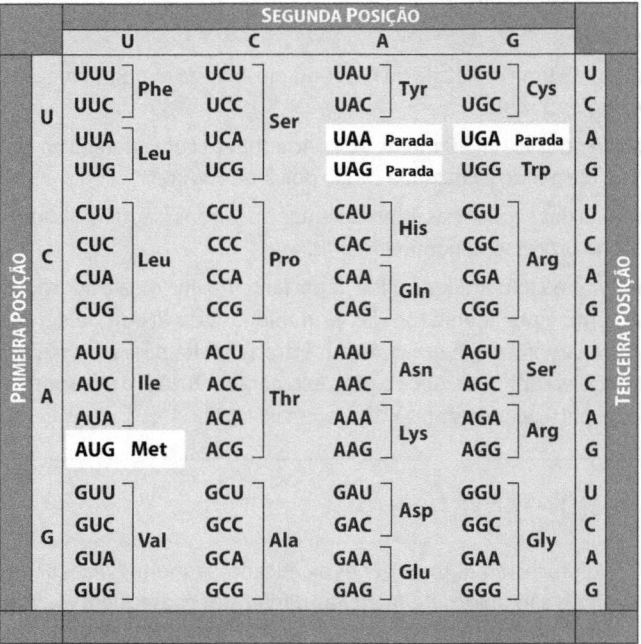

Figura 6.15 Código genético: relação entre códons do RNAm e aminoácidos das proteínas.
Fonte: Adaptada de Watson et al. (2006).

No processo de tradução, estão envolvidos os diferentes RNAs. O RNAm contém a informação genética que será traduzida em proteínas nos ribossomos, organelas celulares compostas por diferentes proteínas e moléculas de RNAr. Os ribossomos apresentam duas subunidades, a maior e a menor, que se ligam, percorrem o RNAm e permitem a ligação do RNAt, que transporta os aminoácidos especificados pelos códons do RNAm.

O RNAt estrutura-se na forma de um trevo, apresentando quatro braços, e em um dos braços se encontra o chamado **anticódon**, conjunto de três nucleotídeos complementar a um determinado códon do RNAm. O RNAt possui na extremidade 3' a sequência de ribonucleotídeos CCA, local de ligação do aminoácido correspondente ao anticódon.

A tradução do RNAm inicia pelo códon AUG, que determina o primeiro aminoácido a ser adicionado na proteína, a metionina, ocorrendo a formação do complexo de iniciação entre o RNAm e a subunidade menor do ribossomo ligada ao RNAt com a metionina (anticódon UAC). Em seguida, esse complexo liga-se à subunidade maior do ribossomo, e este expõe sucessivamente os códons correspondentes aos aminoácidos* a serem adicionados na proteína, em um local denominado **sítio A**. O RNAt correspondente ao códon anterior, associado à cadeia polipeptídica em formação, localiza-se no **sítio P**, onde ocorre a ligação peptídica entre os aminoácidos. O RNAt, que já adicionou o aminoácido, sai do ribossomo em uma região denominada **sítio E**. O ribossomo vai se movendo ao longo do RNAm, e a cadeia polipeptídica vai se alongando, à medida que os anticódons do RNAt ligam-se aos códons do RNAm, adicionando os aminoácidos. O término da tradução se dá pela presença de um **códon de terminação** (UAA, UGA E UAG) no sítio A, reconhecido com o auxílio de determinadas proteínas.

Transcrição e tradução em procariotos e eucariotos

As características básicas da transcrição e tradução são as mesmas para procariotos e eucariotos, embora existam detalhes diferentes. Nas bactérias, as etapas de transcrição e tradução ocorrem quase simultaneamente. A tradução e a degradação de uma molécula de RNAm iniciam na extremidade 5' antes mesmo de sua síntese ser completada. Nos eucariotos, o RNAm é sintetizado e sofre processamento no núcleo, e as proteínas são produzidas no citoplasma. Essa separação espacial e temporal da transcrição e da tradução (Figura 6.16) determina uma maior complexidade na regulação desses processos nos eucariotos. Além disso, procariotos não possuem genes interrompidos (formados por exons e introns) e, portanto, não apresentam o processo de *splicing*. Eucariotos apresentam tanto genes interrompidos como não interrompidos, em proporções variáveis.

---

* N. de E.: Acesse o ambiente virtual de aprendizagem para ver uma figura do processo de adição dos aminoácidos na tradução.

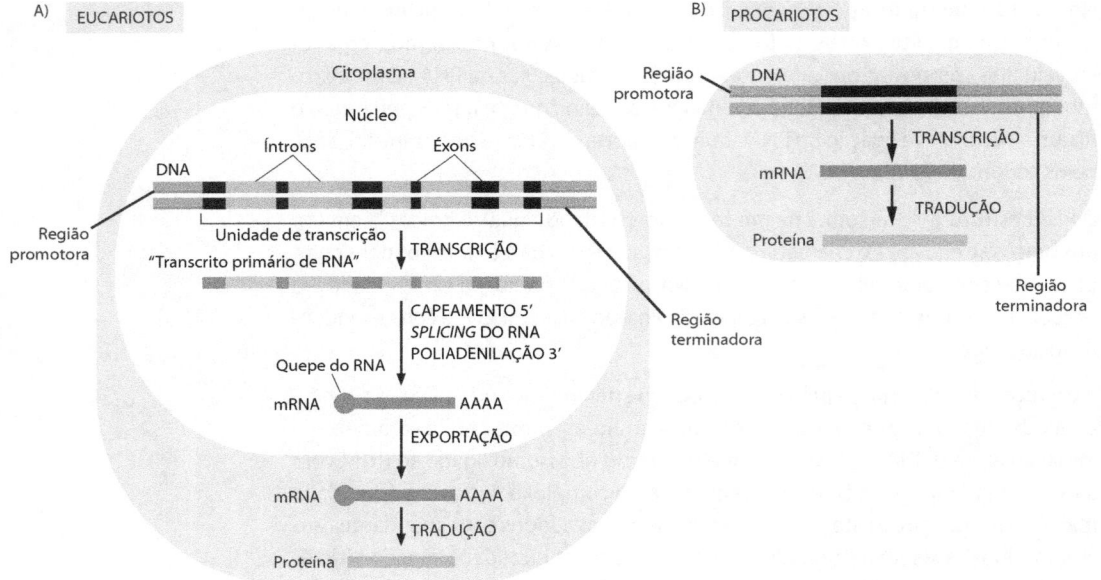

Figura 6.16 Síntese de RNAm e proteínas em eucariotos e procariotos.
Fonte: Adaptada de Alberts et al. (2010).

≫ Mutações do DNA

Sabemos que as células produzem proteínas que contêm aminoácidos em uma determinada sequência. Imagine, por exemplo, que uma proteína importante (como uma enzima relacionada ao metabolismo) sofra uma alteração em sua sequência de aminoácidos, modificando a sua função.

Alterações no DNA ocorrem naturalmente ou podem ser induzidas e são chamadas mutação. Todo organismo que exibe uma forma alterada por uma mutação é considerado mutante. As mutações ocorrem em diferentes níveis, como detalhado a seguir.

≫ Mutação pontual ou de ponto

Esse tipo de mutação consiste na modificação em um nucleotídeo, sendo que qualquer nucleotídeo no DNA pode ser mutado. As mutações pontuais ocorrem por **inserção**, **deleção** ou **substituição**. As substituições podem ser por transição, substituição de uma purina por outra purina (A por G) ou de uma pirimidina por outra pirimidina (C por T), que parecem ser as mais frequentes, ou por transversão, substituição de uma purina por uma pirimidina ou vice-versa (A ou G por C ou T).

>> Mutação gênica

A mutação gênica é aquela que ocorre em um gene por inserção, deleção ou substituição de nucleotídeos, sendo as novas sequências de um gene, que surgem por mutação, chamadas alelos. Neste nível, a mutação não altera o cromossomo de maneira visível.

Como um gene pode ter vários alelos?

Os alelos de um gene surgem por meio de mutações por deleção, inserção ou substituição, a partir de uma sequência inicial. O alelo inicial é chamado de **alelo selvagem**, e os demais são as formas alternativas de um gene, os alelos. Um gene pode ter de um a vários alelos.

As mutações gênicas podem ter efeito no nível da proteína (Figura 6.17) produzida a partir do gene mutado, sendo classificadas da seguinte forma:

- **Silenciosas ou sinônimas** – quando não há alteração na sequência dos aminoácidos na proteína devido à redundância do código genético;
- **Neutras** – não ocorrem efeitos discerníveis sobre o fenótipo do organismo, porque a troca de aminoácidos nem sempre afeta a função da proteína (aminoácidos com mesmas características químicas);
- **Com sentido ou de sentido trocado (com efeito)** – ocorre alteração na sequência de aminoácidos das proteínas com efeito no fenótipo;
- **Sem sentido** – ocorrência de códon de término de tradução precoce. Geralmente ocorre perda da função poque a proteína sintitizada é incompleta.

>> **CURIOSIDADE**

A anemia falciforme é uma doença causada por uma mutação pontual, alteração de A por U, na segunda ou terceira posição dos códons GAG e GAA, determinando a troca do aminoácido ácido glutâmico por valina na proteína hemoglobina. A hemoglobina alterada induz hemácias em forma de foice, que não transportam adequadamente o oxigênio aos tecidos.

>> **ATENÇÃO**

As inserções ou deleções podem alterar a matriz ou organização de leitura (em inglês, *frameshift mutations*) quando o número de nucleotídeos inseridos ou deletados não é múltiplo de três (número de nucleotídeos dos códons).

>> **CURIOSIDADE**

O albinismo é uma condição hereditária causada por mutações no gene responsável pela síntese da enzima tirosina hidroxilase, que participa de reações que resultam na formação do pigmento que dá cor à pele e aos pelos, a melanina. O daltonismo é uma condição em que os indivíduos têm dificuldade de diferenciar certas cores, devido a mutações em um gene; a hemofilia decorre de mutações em um gene que determina a produção de fatores de coagulação sanguínea.

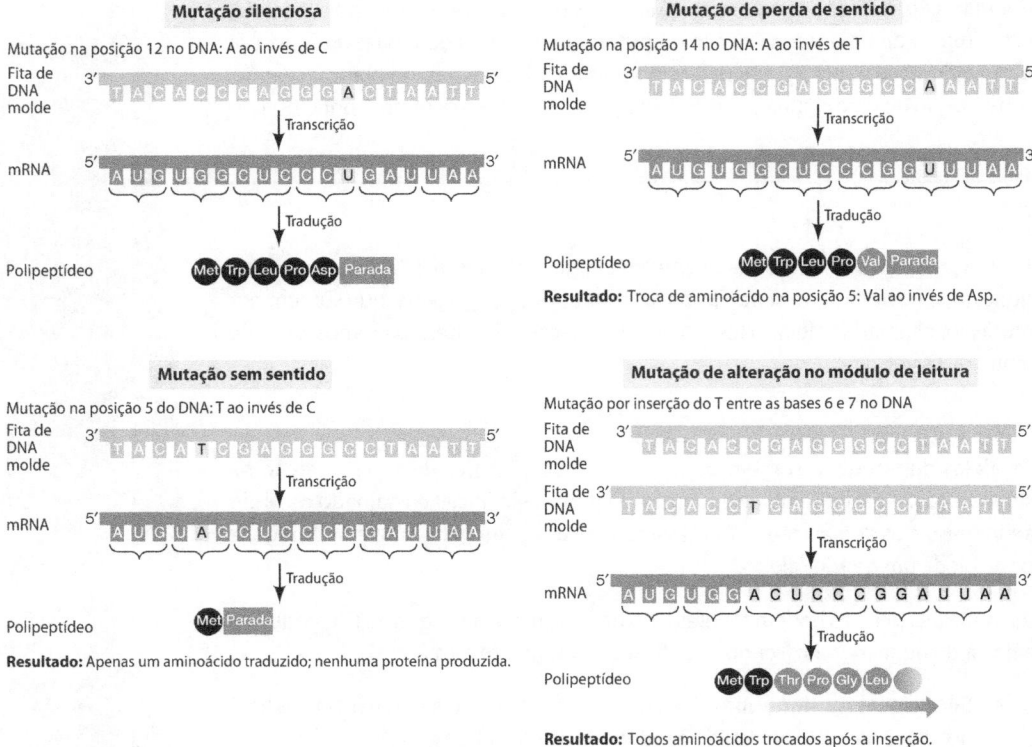

Figura 6.17 Efeitos da mutação gênica no nível da proteína.
Fonte: Sadava et al. (2011).

» Mutação cromossômica

A mutação cromossômica resulta da alteração que afeta parte de um cromossomo, um cromossomo inteiro ou vários cromossomos, podendo então incluir mudanças no número ou na estrutura dos cromossomos de uma ou mais células de um indivíduo. As mudanças no número de cromossomos são chamadas **mutações cromossômicas numéricas** e são classificadas como euploidias ou aneuploidias (Tabela 6.3).

» CURIOSIDADE

As mutações cromossômicas numéricas ocorrem como resultado da não separação ou do atraso na separação de cromossomos na anáfase I ou II da meiose ou na anáfase de mitoses no desenvolvimento do indivíduo.

Tabela 6.3 » **Mutações cromossômicas numéricas**

Euploidias (alterações que incluem conjuntos cromossômicos)	Haploidia ou monoploidia (n)	Perda de um conjunto haploide de cromossomos, determinando células com mesmo número cromossômico dos gametas
	Poliploidia	Ganho de conjuntos cromossômicos, determinando três ou mais conjuntos haploides de cromossomos nas células, como triploidia (3n), tetraploidia (4n), pentaploidia (5n).
Aneuploidias (mutações por ganho ou perda de um ou mais cromossomos)	Nulissomia (2n-2)	Perda dos dois cromossomos de um par de homólogos
	Monossomia (2n-1)	Perda de um dos cromossomos do par de homólogo
	Trissomia (2n+1)	Presença de três exemplares de determinado cromossomo
	Tetrassomia (2n+2)	Presença de quatro exemplares de determinado cromossomo

As **mutações cromossômicas estruturais** (Figura 6.18), por sua vez, são mudanças na estrutura dos cromossomos. Essas mutações são resultantes de quebras em cromossomos que produzem extremidades que podem unir-se novamente ou não, sendo que o pedaço do cromossomo sem centrômero, em geral, é perdido na divisão celular posterior. A seguir, são descritos os diferentes tipos de mutações cromossômicas estruturais.

Deleção: Caracterizada por perdas de parte do cromossomo, pode ser na extremidade (terminal) ou no meio do cromossomo (intecalar ou intersticial).

Duplicação: Repetição de uma parte do cromossomo, resultando no aumento do número de genes. A parte duplicada do cromossomo pode estar no próprio cromossomo, próxima ou distante da região no cromossomo homólogo, ou em um cromossomo não homólogo.

Inversão: Aberração caracterizada pela ocorrência de duas quebras de um cromossomo, seguidas da união do segmento quebrado em posição invertida. Pode ser paracêntrica (não envolve o centrômero) ou pericêntrica (inclui o centrômero).

Translocação: Aberração que surge quando há quebra em dois cromossomos, seguida de troca dos segmentos quebrados, ocorrendo transferência de segmentos de um cromossomo para o outro, geralmente não homólogos. Pode ser simples (quando há apenas uma quebra e somente um segmento é translocado de um cromossomo a outro) ou recíproca (dois cromossomos trocam partes entre si).

Cromossomo em anel: Alteração decorrente de deleções terminais em um cromossomo seguida da união de suas extremidades formando um cromossomo em anel. Os fragmentos deletados e sem centrômeros são perdidos.

Isocromossomo: Mutação devido à divisão transversal e não longitudinal do centrômero, durante a divisão celular. Forma-se um cromossomo com braços iguais, metacêntrico, apresentando duplicação de um dos braços e deficiência do outro.

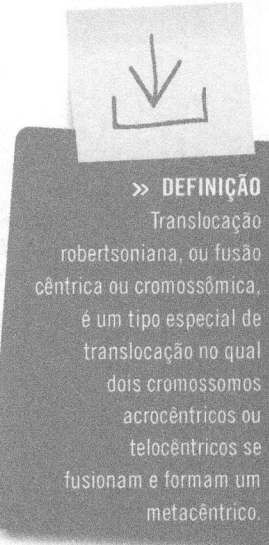

» **DEFINIÇÃO**
Translocação robertsoniana, ou fusão cêntrica ou cromossômica, é um tipo especial de translocação no qual dois cromossomos acrocêntricos ou telocêntricos se fusionam e formam um metacêntrico.

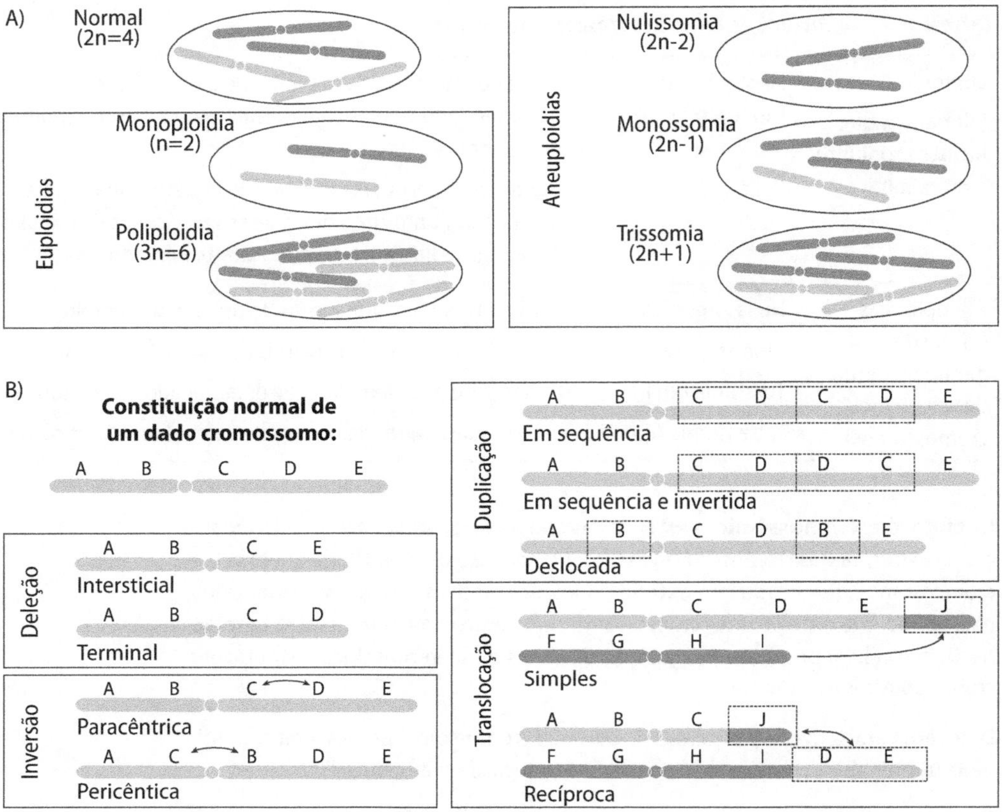

Figura 6.18 Mutações cromossômicas numéricas (A) e estruturais (B).
Ilustração: Mozart da Silva Lauxen.

» ATENÇÃO
Os gametas femininos são formados desde a vida intrauterina e, portanto, são expostos durante um tempo maior a agentes mutagênicos do que os gametas masculinos.

As mutações cromossômicas podem decorrer de uma **predisposição genética** para a não disjunção cromossômica (observada em famílias com mais de um indivíduo com mutação e devida a genes codificadores de proteínas importantes na divisão celular) ou do **efeito de radiações**, **substâncias químicas** e **vírus**, principalmente responsáveis por alterações estruturais devido a quebras cromossômicas. Por isso, exames citogenéticos para o diagnóstico de anomalias cromossômicas, são indicados para famílias com histórico de aberração cromossômica e mães com idade avançada.

As mutações podem ocorrer em qualquer célula, sendo denominadas:

- **Somáticas** – mutações que ocorrem nas células somáticas e que são perpetuadas apenas nas células que descenderem da célula na qual a mutação ocorreu, podendo não afetar o organismo inteiro. As mutações somáticas são uma das causas do surgimento de tumores;

- **Germinativas** – alterações que ocorrem nas células que formam os gametas, podendo ser transmitidas para os descendentes, se o gameta com a mutação participar da fertilização.

Quanto à forma de indução, as mutações podem ser:

- **Espontâneas** – resultantes de erros de replicação do DNA;
- **Induzidas** – devido à exposição dos organismos a agentes mutagênicos, que aumentam a frequência de mutação acima do nível basal, ou seja, a taxa de ocorrência de mutações espontâneas característica para um determinado organismo. Tais fatores podem ser físicos, químicos ou biológicos, incluindo radiação ionizante e ultravioleta, agentes químicos e vírus.

As taxas de mutação em geral são baixas, variam com o organismo e com o gene analisado e ocorrem com mais frequência em determinadas regiões do genoma, os chamados "pontos quentes" (do inglês, *hotspots*).

As mutações são corrigidas pelos **mecanismos de reparo**, onde enzimas atuam para reverter os efeitos dos processos mutagênicos naturais ou artificiais como, por exemplo, os mecanismos de reparo de DNA conhecidos, que incluem a fotorreativação enzimática de bases desaminadas, a excisão de bases nitrogenadas ou de nucleotídeos e a excisão de nucleotídeos mal pareados. Existem ainda o reparo por desvio, por recombinação pós-replicação, pelo sistema SOS e o reparo sujeito ao erro.

>> PARA REFLETIR

A biodiversidade existente no planeta terra é devido à mutação. Apesar de frequentemente associada a doenças, a existência de uma infinidade de espécies e a diferença entre os indivíduos das espécies provêm de mutações. A mutação é a matéria-prima da evolução, sendo uma das forças evolutivas. Sem as mutações os alelos não existiriam e os organismos não evoluiriam.

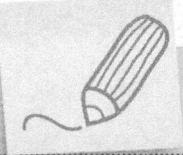

>> Agora é a sua vez!

Acesse o ambiente virtual de aprendizagem Tekne e responda a uma série de questões sobre o conteúdo deste capítulo.

REFERÊNCIAS

ALBERTS, B. et al. Biologia molecular da célula. 5. ed. Porto Alegre: Artmed, 2010.

COOPER, G. M.; HAUSMAN, R. E. *A célula*: uma abordagem molecular. 3. ed. Porto Alegre: Artmed, 2007.

MENK, C. F. M. A nova grande promessa da inovação em fármacos: RNA interferência saindo do laboratório para a clínica. *Estudo Avançados*, v. 24, n. 70, 2010. Disponível em: < http://www.scielo.br/pdf/ea/v24n70/a07v2470.pdf>. Acesso em: 27 maio 2014.

MICKLOS, D. A.; FREYER, G. A.; CROTTY, D. A. A ciência do DNA. 2. ed. Porto Alegre: Artmed, 2005.

SADAVA, D. et al. *Vida*: a ciência da biologia. Porto Alegre: Artmed, 2011. v.1.

WATSON, J. D. et al. *Biologia molecular do gene*. 5. ed. Porto Alegre: Artmed, 2006

LEITURAS RECOMENDADAS

ALMEIDA, V. L. et al. Câncer e agentes antineoplásicos ciclo-celular específicos e ciclo-celular não específicos que interagem com o DNA: uma introdução. *Química Nova*, v. 28, n. 1, p. 118-129, 2005. Disponível em: <http://www.scielo.br/pdf/qn/v28n1/23048.pdf>. Acesso em: 22 abr. 2014.

GRIFFITHS, A. J. F. et al. *Introdução à genética*. 6. ed. Rio de Janeiro: Guanabara Koogan, 2002.

LEWIN, B. *Genes VIII*. Porto Alegre: Artmed, 2001.

LOPES, A. A.; OLIVEIRA, A. M.; PRADO, C. B. C. Principais genes que participam da formação de tumores. *Revista de Biologia e Ciências da Terra*, v. 2, n. 2, 2002. Disponível em: <http://eduep.uepb.edu.br/rbct/sumarios/pdf/genes.pdf>. Acesso em: 22 abr. 2014.

SCHRANK, A. et al. *Biologia molecular básica*. Porto Alegre: Mercado Aberto, 1996.

WATSON, J. D. et al. *Biologia molecular do gene*. 5. ed. Porto Alegre: Artmed, 2006.

Ângelo Cássio Magalhães Horn
Sharon Schilling Landgraf
Vilma Elisabeth Horst Lopes

>> **capítulo 7**

Morfologia animal: aspectos teóricos e práticos

A biologia celular e a histologia são ramos da morfologia que nos permitem ver aquilo que normalmente não veríamos. O limite de resolução do olho humano é de cerca de 0,2 mm, e as células e os tecidos, com algumas exceções, têm dimensões bem inferiores a esse limite, sendo, portanto, invisíveis para nós. Se a biologia celular e a histologia não existissem, não conseguiríamos, pensar, por exemplo, em células-tronco, clonagem, inseminação artificial, transgênicos e transplantes de órgãos.

Este capítulo apresenta ao leitor uma visão geral da composição dos organismos, mostrando a estrutura da célula e a forma como ela se organiza em diferentes tipos de tecidos. Além disso, ensina a produzir, com segurança, materiais que viabilizam a observação das células e dos tecidos, por meio de algumas das mais corriqueiras técnicas da biologia celular e da histologia, revelando, assim, um verdadeiro mundo novo.

Objetivos de aprendizagem

>> Diferenciar as unidades estruturais e funcionais fundamentais dos organismos, as células.

>> Descrever os quatro tecidos básicos que compõem os organismos.

>> Preparar material de origem animal que permita a observação de células e tecidos com diferentes características.

>> Observar os cuidados necessários ao trabalho em um laboratório de biologia celular e histologia.

>> PARA COMEÇAR

Do que somos feitos?
Atualmente, nosso planeta é habitado por mais de 1,7 milhão de espécies de animais, vegetais e fungos descritas, sem contar as espécies de protozoários e bactérias conhecidas. Apesar de apresentar formas e modos de vida diferentes entre si, todos possuem algo em comum: **a célula**.

>> A célula

Toda matéria viva é formada por pelo menos uma célula. Por essa razão, pode-se afirmar que a célula é a unidade estrutural e funcional fundamental de todos os seres vivos.

As células são divididas em dois grandes grupos: aquelas que possuem um núcleo, organelas membranosas citoplasmáticas e múltiplas moléculas de DNA linear, chamadas **eucariontes**, e as destituídas de núcleo, sem organelas membranosas citoplasmáticas e com DNA circular, conhecidas como **procariontes**. As células procariontes constituem as bactérias, enquanto as células eucariontes são encontradas nos protozoários, fungos, vegetais e animais.

Por serem mais complexas, as células eucariontes possuem dois compartimentos principais: o citoplasma e o núcleo. O **citoplasma** é a parte da célula localizada fora do núcleo, que se encontra circundada por uma estrutura muito delgada (com cerca de 7,5 nm), denominada **membrana plasmática**. Mais do que um simples envoltório, a membrana plasmática participa ativamente da manutenção da vida da célula, selecionando a entrada e a saída de substâncias.

A membrana plasmática é formada por lipídeos e proteínas e tem carboidratos associados à sua face externa (Figura 7.1). Os principais lipídeos da membrana plasmática, assim como das membranas das organelas citoplasmáticas, são os **fosfolipídeos**, que se caracterizam por apresentar uma cabeça polar ou hidrofílica (que interage com a água) e longas cadeias apolares ou hidrofóbicas (que não interagem com a água) (Figura 7.1).

A partir dessas características da membrana plasmática, criou-se o modelo do mosaico fluido para explicar a estrutura das membranas celulares. Segundo esse modelo, os fosfolipídeos formam uma bicamada na qual as regiões apolares são orientadas para o centro, e os grupos polares, para o exterior. Essa

>> **CURIOSIDADE**
Você sabia que o corpo humano contém, pelo menos, 10^{14} células?

>> **DEFINIÇÃO**
O ácido desoxirribonucleico (DNA ou ADN) é uma molécula composta por duas cadeias de nucleotídeos, dispostas em hélice, responsável pelo armazenamento e pela transmissão das informações genéticas.

estrutura observada ao microscópio eletrônico recebeu o nome de **unidade de membrana**, com duas bandas escuras separadas por uma banda clara (Figura 7.1). Além disso, as proteínas e os carboidratos encontram-se ligados ou incrustados à bicamada lipídica.

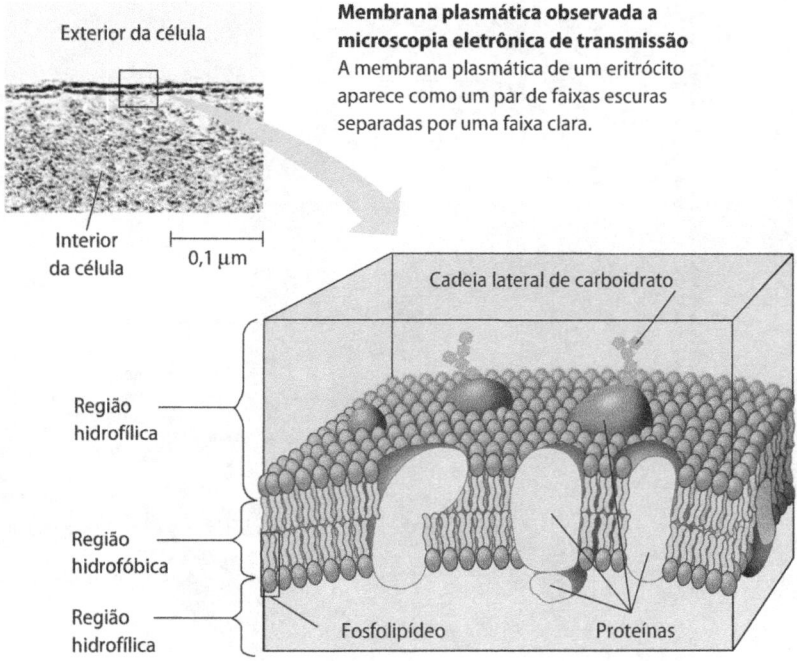

Figura 7.1 Representação esquemática da membrana plasmática mostrando seus principais componentes: os fosfolipídeos, as proteínas e os carboidratos, estes voltados para sua face externa, e a indicação das regiões hidrofílicas, locais onde são observadas as cabeças polares dos fosfolipídeos, e a região hidrofóbica, na qual se posicionam as cadeias apolares destas mesmas moléculas.
Fonte: Campbell et al. (2010).

O citoplasma é constituído por uma solução gelatinosa denominada **citosol** e por outras estruturas imersas no citosol: o núcleo e as organelas celulares (Figura 7.2). As organelas desempenham funções específicas e fundamentais para o funcionamento correto da célula e são divididas em duas categorias: não membranosas e membranosas. A diferença na classificação está na presença ou ausência de uma membrana limitante com composição semelhante à membrana plasmática. No Quadro 7.1, encontram-se listadas as diferentes organelas presentes em uma célula eucarionte.

>> **CURIOSIDADE**
Apesar de muito pequenas, as células procariontes e eucariontes possuem uma diferença considerável de tamanho. As células eucariontes apresentam, em média, um diâmetro 10 a 100 vezes maior do que o de uma célula procarionte. O diâmetro das células é normalmente medido em μm (micrômetro, um milionésimo de um metro), e as dimensões de suas organelas, em nm (nanômetro, um bilionésimo de metro).

>> **IMPORTANTE**
O mosaico da membrana é fluido porque seus componentes não estão ligados covalentemente entre si. Desse modo, as moléculas individuais de lipídeos ou de proteínas conseguem movimentar-se no plano da membrana.

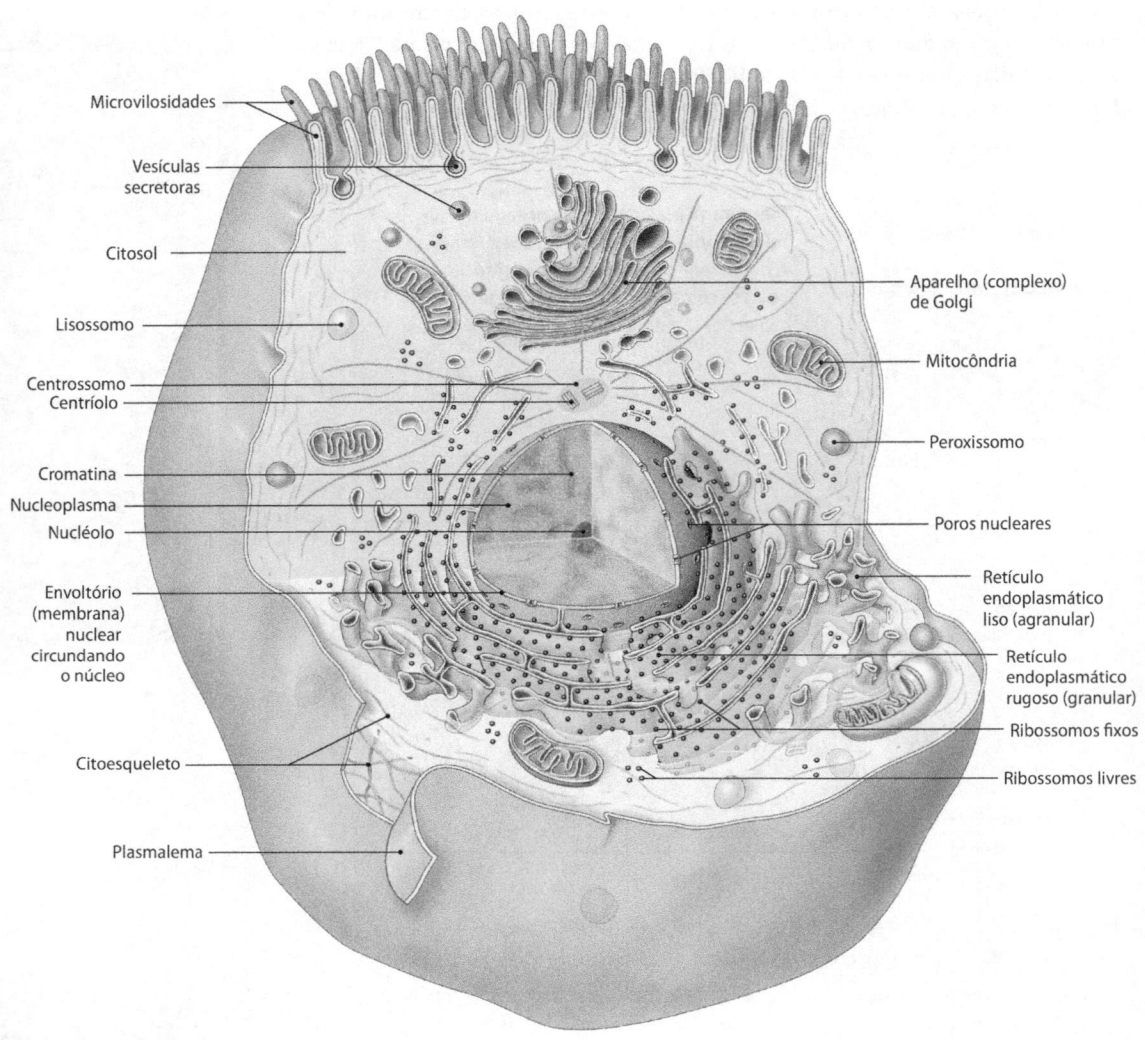

Figura 7.2 Estrutura de uma célula animal eucarionte. Veja o Quadro 7.1 para um resumo das funções associadas com as diversas estruturas celulares mostradas aqui.
Fonte: Martini, Timmons e Tallitsch (2009).

O **núcleo** é a maior estrutura de uma célula e está limitado por um envoltório conhecido como membrana nuclear ou carioteca (Quadro 7.1). O núcleo é tido como a sede das decisões da célula, uma vez que contém o material genético do ser vivo, ou seja, o seu **genoma**.

Quadro 7.1 » Aparência, nome da estrutura, composição e funções do núcleo e das organelas de uma célula eucarionte

Aparência	Estrutura	Composição	Funções
PLASMALEMA E CITOSOL			
	Plasmalema	Camada lipídica dupla, contendo fosfolipídeos, esteróides, proteínas e carboidratos.	Isolamento; proteção; sensibilidade; sustentação; controle da entrada e saída de materiais.
	Citosol	Componente líquido do citoplasma; pode conter inclusões de material insolúvel.	Distribui materiais por difusão; armazena glicogênio, pigmentos e outros materiais.
ORGANELAS NÃO MEMBRANOSAS			
	Citoesqueleto — Microtúbulo — Microfilamento	Proteínas organizadas em filamentos finos ou tubos delgados.	Força e sustentação; movimentação de materiais e estruturas celulares.
	Microvilosidades	Extensões da membrana contendo microfilamentos.	Ampliam a área de superfície para facilitar a absorção de materiais extracelulares.
	Centrossomo — Centríolos	Citoplasma contendo dois centríolos, em ângulos retos; cada centríolo é constituído por nove trios de microtúbulos em uma disposição 9 + 0.	Essencial para a movimentação dos cromossomos durante a divisão celular; organização dos microtúbulos no citoesqueleto.
	Cílios	Extensões da membrana contendo nove pares de microtúbulos em uma disposição 9 + 2.	Movimentam materiais na superfície das células.
	Ribossomos	RNA + proteínas; ribossomos fixos, ligados ao retículo endoplasmático rugoso, ribossomos livres, dispersos no citoplasma.	Síntese proteica.
ORGANELAS MEMBRANOSAS			
	Mitocôndria	Membrana dupla com dobras internas de membrana (cristas) que englobam enzimas metabólicas.	Produz 95% do ATP necessário para a célula.
	Núcleo — Membrana nuclear — Nucléolo — Poro nuclear	Nucleoplasma contendo nucleotídeos, enzimas, nucleoproteínas e cromatina; envolto por dupla membrana (membrana nuclear) contendo poros nucleares.	Controle do metabolismo; armazenamento e processamento de informação genética; controle da síntese proteica.
		Região densa no nucleoplasma, contendo DNA e RNA.	Local onde ocorre a síntese de RNAr e a construção das subunidades ribossômicas.
	Retículo endoplasmático — RE rugoso (granular) — RE liso (agranular)	Rede de canais membranosos que se estendem através do citoplasma.	Síntese de produtos secretados; armazenamento e transporte intracelular.
		Tem ribossomos ligados à membrana.	Modificação e encapsulamento de proteínas recémsintetizadas.
		Não tem ribossomos ligados à membrana.	Síntese de lipídeos, esteróides e carboidratos; armazenamento de íons cálcio.
	Aparelho (complexo) de Golgi	Pilhas de membranas planas (cisternas) contendo câmaras.	Armazenamento, alteração e encapsulamento de produtos secretados e enzimas lisossômicas.
	Lisossomo	Vesículas contendo enzimas digestivas.	Remoção intracelular de organelas danificadas ou de patógenos.
	Peroxissomo	Vesículas contendo enzimas de degradação.	Catabolismo de gorduras e outros componentes orgânicos; neutralização de compostos tóxicos gerados no processo.

Fonte: Adaptada de Martini, Timmons e Tallitsch (2009).

>> DEFINIÇÃO

Genoma corresponde à totalidade de informações contida no material genético, ou seja, os genes presentes no DNA de uma célula ou organismo.

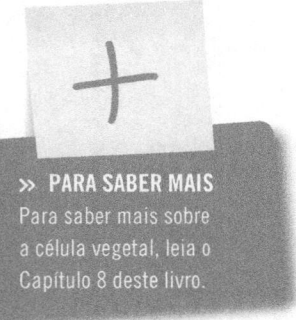

>> **PARA SABER MAIS**
Para saber mais sobre a célula vegetal, leia o Capítulo 8 deste livro.

Apesar de apresentar uma organização semelhante, as células animais diferem das células vegetais em alguns aspectos. Nas células vegetais, há uma parede celular que envolve, externamente, a sua membrana plasmática. Além disso, o citoplasma contém organelas chamadas cloroplastos, nas quais ocorre a fotossíntese. Nenhuma dessas estruturas está presente nas células animais.

>> CURIOSIDADE

A descoberta da célula só foi possível com o desenvolvimento tecnológico que levou ao aperfeiçoamento das lentes e à construção do microscópio óptico. Ao fornecer imagens ampliadas com definição apropriada, o microscópio viabilizou a observação de estruturas invisíveis a olho nu, como a célula.

>> CURIOSIDADE

O corpo humano é constituído por aproximadamente 200 tipos celulares, e as diferenças de forma apresentadas por essas células representam suas diferentes funções. Por exemplo, a célula muscular é sempre alongada, enquanto os neurônios possuem prolongamentos chamados dendritos (semelhantes a ramos de uma árvore) e axônios.

Como as células se organizam: os tecidos

As bactérias e os protozoários são formados por uma única célula (seres unicelulares); já os fungos, as plantas e os animais apresentam várias dessas unidades (seres multicelulares). Nestes últimos, as células costumam se agrupar para realizar funções especializadas, formando os chamados tecidos. A seguir, são descritos os quatro tecidos básicos ou primários dos animais.

Tecido epitelial

É formado por células em íntimo contato que recobrem uma superfície exposta (p. ex., superfície da pele) ou revestem a cavidade de um órgão (Figura 7.3A). Além disso, o epitélio forma as unidades funcionais (porção secretora) das glândulas e seus ductos, que secretam para as superfícies (glândulas exócrinas) ou para o sangue (glândulas endócrinas) (Figura 7.3B).

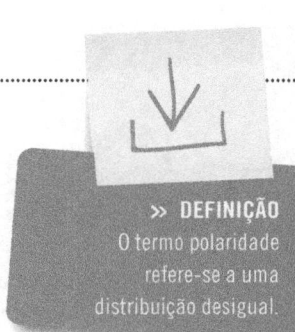

>> DEFINIÇÃO
O termo polaridade refere-se a uma distribuição desigual.

Eis as características gerais dos tecidos epiteliais:

- são compostos quase inteiramente por células fortemente unidas por junções celulares;
- possuem polaridade, marcada por uma superfície apical, exposta para o exterior do corpo ou para algum espaço interno, e uma superfície basal, em que o epitélio é anexado a tecidos subjacentes;
- apresentam uma lâmina basal, estrutura formada principalmente por colágeno do tipo colágeno IV, que fixa o epitélio a um tecido conjuntivo subjacente, formando a chamada mucosa;
- não possuem vasos sanguíneos ou linfáticos.
- formam de uma ou mais camadas.

Quando o epitélio é formado por uma única camada de células, é classificado como **epitélio simples** (o epitélio que reveste o estômago e os intestinos). Já os **epitélios estratificados** são compostos por duas ou mais camadas de células (o epitélio que reveste a pele e o esôfago). Existem ainda duas categorias especiais de epitélios: o epitélio pseudoestratificado e o epitélio de transição.

O **epitélio pseudoestratificado**, apesar de ser um epitélio simples, recebe esse nome porque os núcleos de suas células situam-se em distâncias variadas em relação à sua superfície, dando a impressão de ser estratificado (o epitélio da traqueia e do epidídimo). O **epitélio de transição** recebe esse nome porque modifica seu aspecto, como a espessura, de acordo com o grau de distensão do órgão no qual é encontrado (o epitélio que reveste as paredes internas da bexiga e dos ureteres).

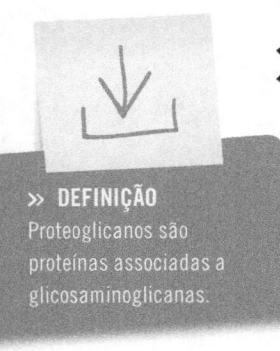

>> **DEFINIÇÃO**
Proteoglicanos são proteínas associadas a glicosaminoglicanas.

>> Tecido conjuntivo

É um tecido voltado à sustentação e ao preenchimento. São exemplos de tecidos conjuntivos o tecido conjuntivo propriamente dito, o tecido adiposo, o tecido cartilaginoso, o tecido ósseo e o sangue (Figura 7.3C a F). Embora distintos entre si, tanto em aparência quanto em função, todos os tipos de tecidos conjuntivos apresentam três componentes básicos:

- células especializadas;
- fibras extracelulares, que podem ser colágenas ou elásticas; e
- um gel, conhecido como substância fundamental, rico em proteínas, proteoglicanos e glicosaminoglicanas, que circunda as células e as fibras do tecido conjuntivo.

>> DEFINIÇÃO

Glicosaminoglicanas são polissacarídeos lineares formados por dissacarídeos que se repetem. Existem sete glicosaminaglicanas: ácido hialurônico, queratansulfato, heparansulfato, heparina, condroitina 4 sulfato, condroitina 6 sulfato e dermatansulfato no tecido conjuntivo.

As fibras extracelulares e a substância fundamental constituem a **matriz extracelular**. Ao contrário do tecido epitelial, que é formado quase inteiramente por células, o tecido conjuntivo é constituído principalmente pela matriz extracelular.

>> Tecido muscular

É constituído por células alongadas com a capacidade de se encurtar (Figura 7.3G). Do encurtamento dessas células, chamado contração, resulta o movimento.

Existem três tipos de tecido muscular: esquelético, cardíaco e liso. Os três tipos são compostos por células alongadas, denominadas **fibras musculares**, e, em todos eles, a energia proveniente da hidrólise do trifosfato de adenosina (ATP) é transformada em energia mecânica, resultando no processo de contração muscular.

Tecido muscular estriado esquelético: Apresenta células musculares muito longas e multinucleadas, contendo centenas de núcleos com localização imediatamente subjacente à superfície da membrana plasmática. A fibra muscular esquelética contém filamentos de actina e miosina (proteínas contráteis) arranjados de forma paralela, o que lhes confere uma aparência estriada ou de bandas. Esse tipo de tecido é encontrado nos músculos esqueléticos, e a contração produzida é preferencialmente voluntária.

Tecido muscular estriado cardíaco: É encontrado no coração. Uma célula muscular cardíaca típica é mais curta do que uma fibra muscular esquelética e apresenta apenas um núcleo, centralmente localizado, bem como estriações semelhantes àquelas do músculo esquelético. As células musculares cardíacas são interconectadas por regiões especializadas, denominadas discos intercalares, que reforçam a adesão celular e facilitam a transferência do estímulo entre as células musculares para que a contração envolva o máximo de fibras musculares presentes no tecido. A contração é involuntária.

Tecido muscular liso: As células musculares lisas são curtas e fusiformes, contendo um núcleo oval único e localizado em seu centro. Os filamentos de actina e miosina estão organizados diferentemente daqueles dos músculos cardíaco e esquelético, de modo que não há estriações. A contração gerada é involuntária. Esse tipo de tecido é observado principalmente na parede de órgãos ocos, como o intestino delgado, a bexiga urinária e o útero e na pele (músculo eretor do pelo).

» Tecido nervoso

O tecido nervoso é composto de células chamadas **neurônios**, que geram, conduzem e transmitem os impulsos nervosos produzidos neste tecido (Figura 7.3H). A seguir, são descritos os três componentes básicos de um neurônio típico.

Corpo celular ou soma: Contém um núcleo relativamente grande e um citoplasma rico em organelas (numerosas mitocôndrias, ribossomos livres e retículo endoplasmático rugoso) que fornecem energia e realizam atividades de biossíntese, essenciais para a funcionalidade do neurônio.

Dendritos: São os prolongamentos do corpo neural. Pelos dendritos, cada neurônio recebe as informações provenientes dos demais neurônios a que se associa.

Axônio ou fibra nervosa: Cada neurônio possui um único axônio, que não se ramifica abundantemente, mas pode originar ramificações em ângulo reto, denominadas colaterais. É pelo axônio que são transmitidas as informações dirigidas às outras células. O terminal axonal é o local onde o axônio entra em contato com outros neurônios e/ou outras células e transmite as informações.

Além dos neurônios, o tecido nervoso apresenta diferentes tipos de células de sustentação, coletivamente denominadas gliócitos, neuróglias ou células da glia. Existem quatro tipos dessas células no sistema nervoso central (SNC) – astrócitos, oligodendrócitos, micróglia e células ependimárias –, e dois outros tipos nos nervos e gânglios do sistema nervoso periférico (SNP) – células de Schwann, ou neurolemócitos, e células satélites.

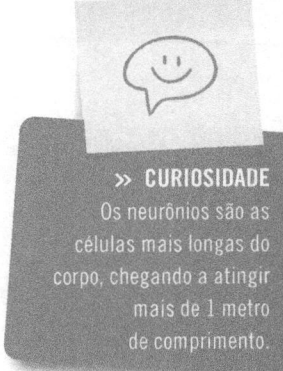

» CURIOSIDADE
Os neurônios são as células mais longas do corpo, chegando a atingir mais de 1 metro de comprimento.

A maior parte do tecido nervoso do corpo (aproximadamente 96%) está concentrada no encéfalo e na medula espinal, que, juntos, correspondem ao sistema nervoso central.

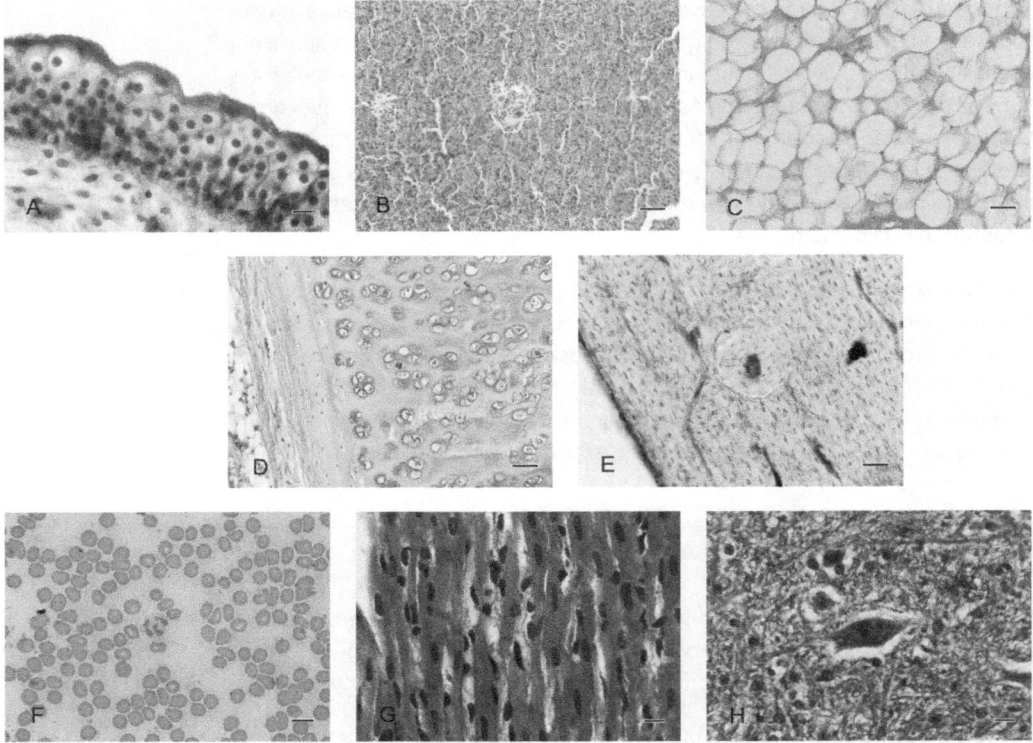

Figura 7.3 Tecidos básicos. (A) Tecido epitelial de revestimento (bexiga). (B) Tecido epitelial glandular (pâncreas). (C) Tecido adiposo. (D) Tecido cartilaginoso. (E) Tecido ósseo. (F) Sangue. (G) Tecido muscular cardíaco. (H) Tecido nervoso. H-E. Barra de calibração: A, F, G e H, 10μm e B, C, D e E, 50 μm.
Fonte: Os autores.
Acesse o ambiente virtual de aprendizagem para ver estas imagens coloridas.

>> Sistemas

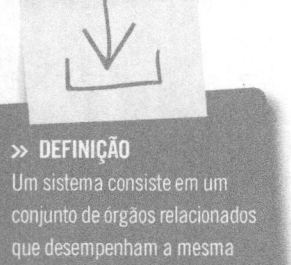

>> **DEFINIÇÃO**
Um sistema consiste em um conjunto de órgãos relacionados que desempenham a mesma função.

Os tecidos se combinam para formar órgãos, e estes, por sua vez, constituem sistemas. O sistema digestório, por exemplo, que atua na digestão e na absorção dos alimentos, é composto por vários órgãos com funções diferentes, mas que, juntos, desempenham as funções de digestão e absorção.

Existem 11 sistemas: tegumentar, esquelético, muscular, nervoso, endócrino, circulatório, linfático, respiratório, digestório, urinário e genital ou reprodutor (Quadro 7.2). Da união desses sistemas, resulta o organismo. O organismo, ou corpo, caracteriza-se pelo funcionamento harmônico e integrado de seus diversos sistemas.

Quadro 7.2 » **Sistemas do corpo**

Sistemas	Principais funções
Tegumentar	Proteção contra possíveis agressões do meio ambiente externo; controle de temperatura.
Esquelético	Sustentação, proteção de tecidos moles; armazenamento de minerais; formação de células sanguíneas.
Muscular	Locomoção, sustentação, produção de calor.
Nervoso	Direcionamento de respostas imediatas a estímulos, geralmente por meio da coordenação de atividades de outros sistemas de órgãos.
Endócrino	Direcionamento de modificações a longo prazo na atividade de outros sistemas de órgãos.
Circulatório	Transporte interno de células e substâncias solúveis, como nutrientes, resíduos e gases.
Linfático	Defesa contra infecções e doenças.
Respiratório	Distribuição de ar para regiões onde ocorre a difusão de gases entre o ar e o sangue circulante.
Digestório	Processamento de alimentos e absorção de nutrientes orgânicos, minerais, vitaminas e água.
Urinário	Eliminação do excesso de água, sais e produtos residuais; controle de pH.
Genital	Produção de células reprodutivas e hormônios.

Fonte: Adaptado de Martini, Timmons e Tallitsch (2009).

Como observar células e tecidos

>> **DEFINIÇÃO**
Patologia é o estudo das doenças a partir das alterações estruturais e funcionais de células, tecidos e órgãos, a fim de explicar as razões e a localização de seus sinais e sintomas e fornecer uma base para os cuidados clínicos e terapêuticos.

A técnica citológica e a técnica histológica, ou histotécnica, representam conjuntos de procedimentos que permitem a visualização, por meio de um microscópio óptico ou eletrônico, de células e tecidos normais ou patológicos. Essas técnicas são utilizadas em hospitais, em laboratórios e na pesquisa, e têm como produto final as chamadas **lâminas histológicas**.

O preparo de lâminas histológicas visa à análise dos tecidos e das células que os constituem, correspondendo a uma série de etapas que ocorrem sequencialmente. As etapas mais comuns da preparação de lâminas histológicas são, na ordem: coleta de material, a fixação, a inclusão, a microtomia, a coloração e a montagem (Figura 7.4).

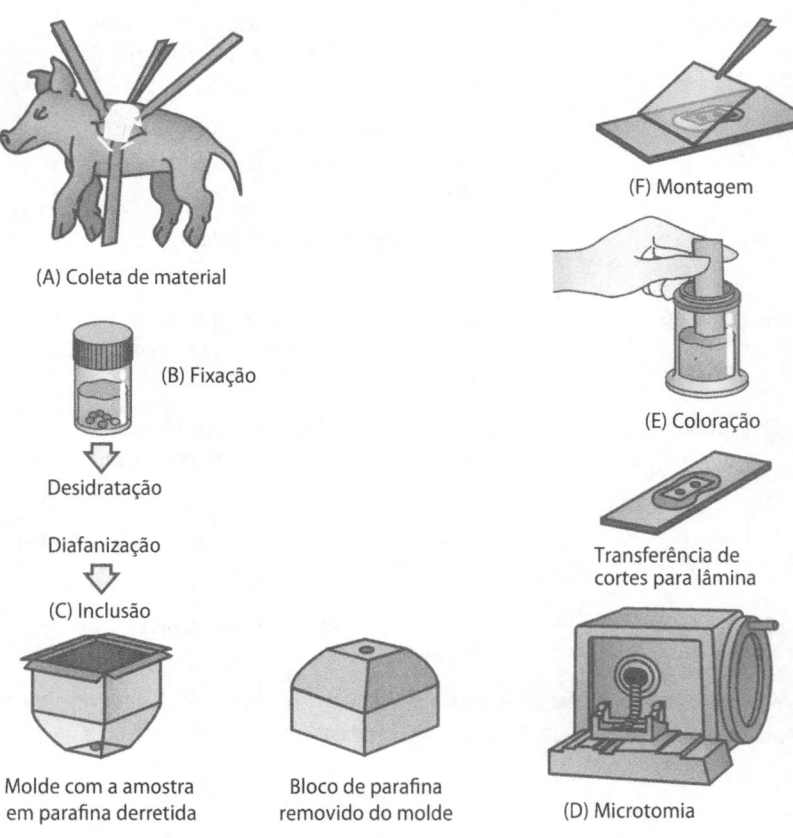

Figura 7.4 Etapas na preparação de lâminas histológicas na ordem em que acontecem.
Fonte: Adaptada de Bacha e Bacha (2001).

>> Coleta de material

A coleta de material consiste na obtenção da amostra de tecido a ser utilizada na produção das lâminas histológicas. O principal método empregado para tal finalidade é chamado de **biópsia**, no qual uma porção de tecido é obtida do corpo de um animal, normalmente anestesiado.

>> **DEFINIÇÃO**
A biópsia ou biopsia (do grego *bios* – vida, e *opsis* – aparência, visão) é um procedimento cirúrgico por meio do qual se colhe uma amostra de tecidos ou células para posterior estudo em laboratório.

>> Fixação

A fixação é um processo que visa à manutenção da integridade estrutural de um tecido após sua remoção do corpo de um animal. Esse processo garante que o tecido terá seu aspecto preservado, evitando a degradação. A fixação também deve promover no tecido a interrupção do metabolismo, a morte de microrganismos, o seu endurecimento e a manutenção da aptidão à coloração.

A fixação ocorre por métodos físicos ou químicos. A **fixação por métodos físicos** se dá por aquecimento ou por congelamento, e seu sucesso se deve à remoção da água sem a alteração da estrutura das proteínas presentes na amostra de tecido. Na **fixação por métodos químicos**, que é mais comum, a amostra é exposta a soluções fixadoras (orgânicas ou não orgânicas), as quais mantêm a integridade da estrutura celular. A seguir, são descritos os dois tipos básicos de soluções fixadoras.

Coagulantes: Agem alterando a estrutura terciária das proteínas (coagulação) de um tecido, tornando-a insolúvel. São exemplos de fixadores coagulantes os alcoóis (etanol e metanol) e a acetona.

Não coagulantes: Agem promovendo a formação de ligações cruzadas (ligações covalentes) dentro das proteínas, entre as proteínas e entre as proteínas e os ácidos nucleicos. O formaldeído (formol), o glutaraldeído e o tetróxido de ósmio são exemplos de fixadores não coagulantes.

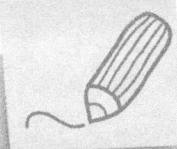

>> Agora é a sua vez!

Considerando que grande parte da estrutura de um tecido é fornecida pelas suas proteínas, responda: Qual é o melhor tipo de fixador a ser utilizado quando se pretende observá-lo ao microscópio? Explique.

O contato do fixador com a amostra a ser fixada pode ocorrer por intermédio de dois métodos: por perfusão ou por imersão. A perfusão consiste na introdução do fixador no sistema circulatório do animal após lavagem com solução fisiológica. Nesse processo, mediante anestesia, é feita uma cirurgia e inserida uma cânula na artéria aorta do animal, por onde o fixador é introduzido. É preciso, ainda, romper a parede de uma das grandes veias (femoral ou cava) ou do átrio direito, para que o fixador deixe o sistema (Figura 7.5).

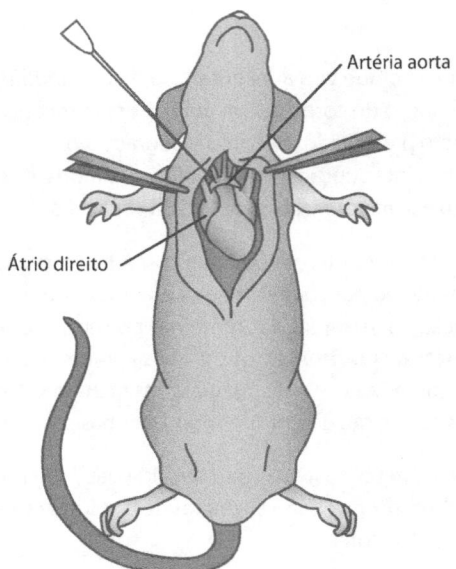

Figura 7.5 Representação esquemática do processo de perfusão. A cânula é inserida na artéria aorta, abrindo-se o sistema com o rompimento da parede do átrio direito.
Ilustração: Thiago Moura.

Na fixação por imersão, a amostra de tecido é mergulhada no líquido fixador imediatamente após a sua remoção do corpo do animal. Para a fixação por imersão, os seguintes cuidados são necessários:

- o fragmento de tecido deve possuir a menor espessura possível (recomenda-se espessura igual ou inferior a 5 mm);
- o volume de solução fixadora precisa ter entre 20 a 30 vezes o volume da amostra a ser fixada;
- o tempo de fixação depende do tipo do fixador utilizado (a peça deve permanecer, pelo menos, 12 horas imersa no fixador, em temperatura ambiente).

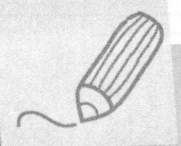

>> Agora é a sua vez!

Uma vez que o sistema circulatório conduz nutrientes e oxigênio para todas as células do corpo de um animal, qual seria o melhor método para promover a fixação: por perfusão ou por imersão? Justifique.

>> Inclusão

Após a fixação, as amostras de tecido são conduzidas à inclusão. Nessa etapa, as amostras são lavadas para retirar o excesso de fixador, impedindo sua interferência nas etapas posteriores do processo. Para que o tecido sofra inclusão, ele deve passar pelos processos de desidratação, diafanização e impregnação.

A **desidratação** é o processo pelo qual a água de um tecido é retirada, sendo substituída por outra substância. Habitualmente, utiliza-se para a desidratação o álcool etílico, mas os álcoois metílico, butílico, isopropílico, ou outras substâncias, como a acetona e o clorofórmio, também são opções. A desidratação é realizada por intermédio de banhos sucessivos, com concentrações crescentes, da substância utilizada a esse fim (Figura 7.6). O tempo de permanência da amostra em cada banho depende do seu volume, mas geralmente varia de 30 minutos a 2 horas.

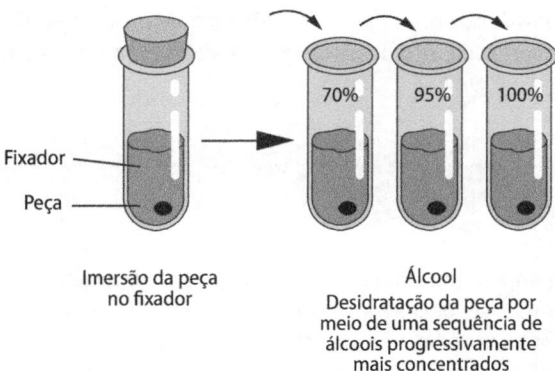

Figura 7.6 Representação do processo de desidratação utilizando o álcool.
Ilustração: Thiago Moura.

>> CURIOSIDADE

Por possuir alto grau de refração, o xilol, ao penetrar no tecido, torna-o mais claro e, por vezes, transparente. Por essa razão, a diafanização também é denominada clarificação.

>> DICA
Além do xilol, outras substâncias podem ser utilizadas na diafanização, como o benzol, o toluol, a acetona e o clorofórmio.

Após a desidratação, temos a **diafanização** ou **clarificação**. Nesse processo, ocorre a substituição da substância promotora da desidratação, por uma substância que prepara a amostra para a impregnação, em geral o xileno ou xilol. Como a impregnação costuma ser feita com o uso de parafina fundida (substância apolar), a diafanização é um processo no qual há troca de uma substância polar (álcool etílico) por uma substância miscível em parafina, como o xilol. Na diafanização com xilol, a amostra passa por três banhos, com tempo de duração de 30 minutos a 1 hora cada um.

Por fim, é feita a **impregnação**, que consiste na exposição da amostra de tecido a um meio que substituirá o diafanizador, seguida da colocação ou inclusão dessa amostra no interior do meio ou massa de inclusão. A substância mais utilizada para a impregnação e subsequente inclusão é a parafina, pura ou misturada com cera de abelha (8%) ou borracha natural (5%). Também é comum o uso de celoidina e de resinas, como o glicolmetacrilato.

>> DEFINIÇÃO
Meio ou massa de inclusão corresponde à substância dentro da qual a amostra de tecido será inserida a fim de ser seccionada posteriormente.

Para realizar a impregnação em parafina, as amostras são sucessivamente mergulhadas em três banhos de parafina fundida (acima de 58 ºC) dentro de uma estufa, permanecendo até 1 hora em cada banho. Quando transcorrido o tempo do último banho, as amostras são transferidas para moldes específicos (Figura 7.7) previamente preenchidos com parafina fundida, os quais são trazidos à temperatura ambiente a fim de que ocorra a solidificação do meio de inclusão. O resultado desse processo é chamado bloco de parafina, que estará pronto para ser seccionado no micrótomo.

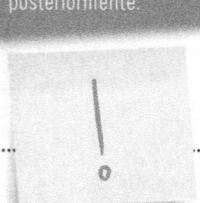

>> IMPORTANTE

A parafina histológica é sólida em temperatura ambiente e deve ser preparada em estufa a 60 ºC até se tornar líquida. A amostra pode permanecer de 5 minutos até 1 hora em banho de parafina, dentro de um frasco. O tempo sugerido para os banhos depende do volume da amostra. A orientação da amostra dentro do molde tem grande relevância, pois os cortes serão realizados conforme sua posição. Em laboratórios com grande demanda, utiliza-se um equipamento chamado histotécnico que, uma vez programado, executa, automaticamente, e todos os processos descritos, começando com a fixação e terminando na inclusão em parafina.

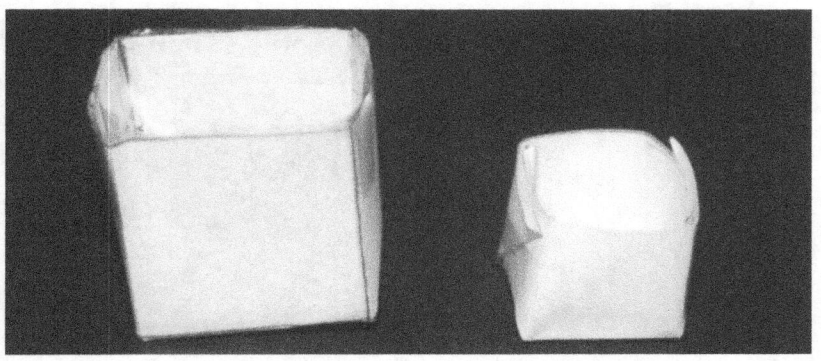

Figura 7.7 Moldes utilizados para a inclusão.
Fonte: Os autores.

> **DEFINIÇÃO**
> O micrótomo é um aparelho destinado a seccionar os blocos de parafina em fatias extremamente delgadas, variando, normalmente, de 1 a 10 μm.

>> Microtomia

Com a amostra incluída, passa-se à microtomia. Os micrótomos, independentemente do modelo, contêm duas partes principais: um porta-objeto, que suporta o bloco de parafina durante a microtomia, e um porta-navalha, que prende a navalha utilizada para efetuar as secções (Figura 7.8). Os cortes ocorrem com o deslocamento sucessivo do bloco de parafina de cima para baixo contra a navalha.

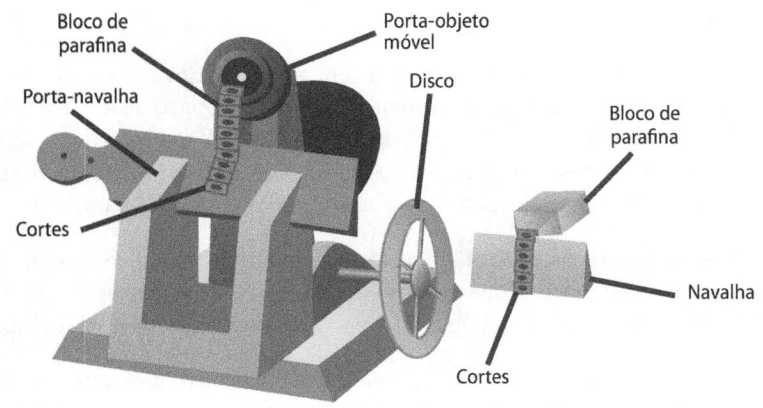

Figura 7.8 Representação esquemática da microtomia.
Ilustração: Thiago Moura.

Existem vários modelos de micrótomos manuais e elétricos, assim como outros aparelhos com função similar, chamados criostatos (que cortam tecidos congelados) e ultramicrótomos (que cortam tecidos destinados à microscopia eletrônica). As secções obtidas no micrótomo são distendidas no banho histológico (Figura 7.9) a 40 °C e colocadas sobre uma lâmina histológica limpa e previamente albuminizada.

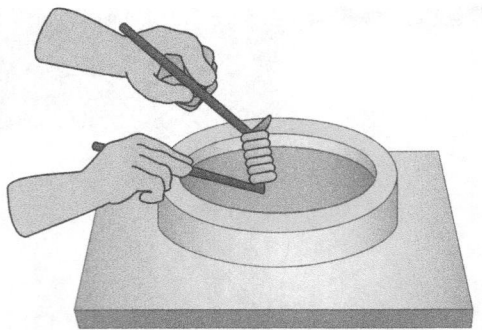

Figura. 7.9 Representação esquemática da distensão dos cortes em banho histológico.
Ilustração: Thiago Moura.

» Coloração

Após a transferência das secções para a lâmina histológica, os cortes são submetidos à etapa da coloração, cuja finalidade é acentuar o contraste entre as estruturas, permitindo sua diferenciação e identificação. Quando a coloração é feita em material que sofreu inclusão em parafina, é necessário submeter os cortes a processos que prepararão os tecidos para receber o(s) corante(s): a **desparafinização**, que consiste na retirada da parafina, e a **hidratação**, que consiste na adição de água aos cortes.

Enquanto a desparafinização é efetuada com a imersão dos cortes em xilol, a hidratação se dá pela passagem sequencial dos cortes por soluções alcoólicas cada vez menos concentradas (em geral de 100 a 70%) e, depois, pela água. Existem diversas técnicas de coloração, as quais produzem resultados distintos. Algumas das técnicas mais comuns e seus resultados estão no Quadro 7.3.

Algumas técnicas de coloração utilizam um único corante (simples), como a técnica do azul de metileno; outras, dois corantes (dupla), como a hematoxilina-eosina; e outras, mais de dois corantes (múltiplas), como a técnica do tricrômico de Gomori.

O princípio da coloração baseia-se na afinidade que um dado corante apresenta por uma ou mais estruturas na amostra de tecido. No caso da técnica da hematoxilina-eosina (H-E), talvez a mais utilizada nos diferentes laboratórios, essa afinidade se dá graças à ligação ácido-base entre os corantes e as estruturas presentes nos tecidos.

A hematoxilina é um corante básico (catiônico), com coloração variando entre o azul e o roxo, que tem afinidade pelas estruturas ácidas de um tecido; já a eosina, com coloração rosa, é um corante ácido (aniônico), o qual apresenta afinidade por estruturas básicas. Assim, toda a estrutura ácida em um tecido é dita basófila, pois tem afinidade por bases, e toda a estrutura básica é dita acidófila, pois apresenta afinidade por ácido.

Quadro 7.3 » **Exemplos de técnicas de coloração e seus resultados**

Coloração	Resultado
Hematoxilina-eosina	Coloração geral: núcleo e retículo endoplasmático granular ou rugoso em azul. Citoplasma, fibras elásticas e reticulares em rosa.
Azul de toludina	Coloração geral: célula em diferentes tonalidades de azul.
Tricrômico de Gomori	Tecido conjuntivo e muscular: núcleo cinza/azul, citoplasma em vermelho. Fibras colágenas em verde.
Tricrômico de Masson	Tecido conjuntivo: núcleo preto e citoplasma vermelho/rosa. Fibras colágenas azul/verde.
Tricrômico de Mallory	Tecido conjuntivo: núcleo e citoplasma vermelho. Fibras colágenas em azul-escuro.
Giemsa	Sangue: núcleo em azul-escuro e citoplasma em vermelho-claro.
Impregação pela prata	Tecido nervoso e fibras reticulares: marrom/preto.
Orceína	Fibras elásticas em vermelho.
Ácido periódico – Reativo de Schiff (PAS)	Carboidratos em magenta.

>> **NO SITE**
Para saber como preparar soluções de hematoxilina e eosina, visite o ambiente virtual de aprendizagem Tekne: www.grupoa.com.br/tekne.

>> **CURIOSIDADE**

É comum que uma estrutura adquira a cor do corante com a qual tem afinidade; contudo, por vezes, a cor adquirida pode ser diferente da esperada. Nesses casos, dizemos que ocorreu uma **metacromasia**. Um exemplo de metacromasia com a técnica da H-E é observado na cartilagem hialina. A matriz cartilaginosa, pelo seu conteúdo de proteoglicanas e glicosaminoglicanas (elementos ácidos), deveria apresentar coloração azul em toda a sua extensão, mas, em algumas áreas, a cor observada é o rosa.

>> Agora é a sua vez!

Quando utilizamos a técnica da H-E para corar um conjunto de células, notamos que o núcleo adquire cor azul, e o citoplasma, cor rosa. Quem é básico e quem é ácido? Quem é basófilo e quem é acidófilo? Que substância no núcleo, por exemplo, tem afinidade pela hematoxilina e quais substâncias no citoplasma têm afinidade pela eosina?

Completada a coloração, deve-se, em boa parte das vezes, como ocorre com a técnica da H-E e uma série de outras técnicas que utilizam corantes diluídos em água, desidratar e diafanizar os cortes antes de montar a lâmina. A desidratação e a diafanização, costumam usar as mesmas substâncias empregadas na desidratação e na diafanização dos cortes descritos anteriormente, mas em sequência inversa.

Para a realização dos diferentes procedimentos envolvidos na coloração, são utilizados frascos específicos, as chamadas jarras de Coplin (Figura 7.10), que acomodam as lâminas histológicas vertical ou horizontalmente.

Figura 7.10 Jarras de Coplin, nas quais as lâminas histológicas podem ser orientadas vertical (A) ou horizontalmente (B).
Fonte: Os autores.

>> Montagem

Uma vez que os cortes corados estiverem desidratados, é realizada a montagem, que consiste na adição de lamínula sobre os cortes. Essa prática garante maior durabilidade às lâminas histológicas e livra os cortes da poeira, a qual comprometeria sua observação ao microscópio.

Para unir a lamínula à lâmina histológica, é necessária a adição de uma substância chamada meio de montagem, que pode ser miscível em água, como a gelatina e a glicerina, ou não miscível em água, como as resinas. A resina mais utilizada para essa finalidade é o bálsamo do Canadá, resina natural e relativamente barata que possui um índice de refração semelhante ao do vidro das lamínulas, causando o mínimo de distorção na imagem obtida.

>> NO SITE
No ambiente virtual de aprendizagem Tekne, você encontrará protocolos para as técnicas de coloração da hematoxilina-eosina, do tricrômico de Gomori e os resultados obtidos para ambas as técnicas.

>> Esfregaço

O esfregaço é uma técnica histológica simples voltada à produção de lâminas histológicas com material líquido, como sangue e esperma. Essa técnica consiste em colocar uma pequena amostra de material na extremidade de uma lâmina histológica e, com o auxílio de outra lâmina histológica ou de uma lamínula, espalhar o material, formando uma camada suficientemente delgada que permita a passagem de luz (Figura 7.11).

Uma técnica de coloração muito utilizada em associação com o esfregaço de sangue é o Giemsa. O corante Giemsa é uma mistura de azur II (mistura equimolar de azur 1 e azul de metileno) e eosinato de azur II (corante formado pela combinação equimolar de azur 1, azul de metileno e eosina amarelada).

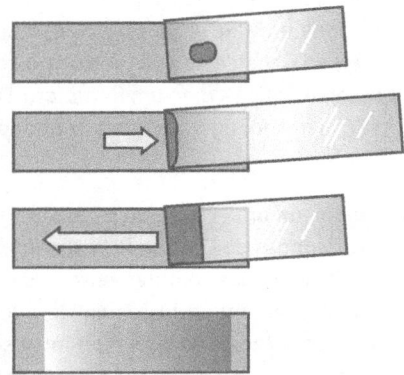

Figura 7.11 Produção de esfregaço.
Ilustração: Thiago Moura.

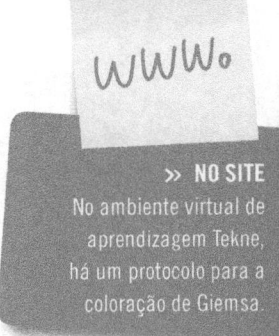

>> NO SITE
No ambiente virtual de aprendizagem Tekne, há um protocolo para a coloração de Giemsa.

>> Técnicas para tecidos mineralizados

Órgãos como ossos, dentes e escamas de peixe possuem uma concentração muito elevada de cálcio, fosfato e outros íons em suas matrizes extracelulares, o que os torna muito duros para ser cortados no micrótomo. Nesses casos, há duas técnicas possíveis: o desgaste ou a desmineralização.

Desgaste: Empregado principalmente com ossos; o órgão seco é lixado, retirando-se finas lascas que são colocadas em lâminas histológicas e montadas com lamínula. As lascas devem ser suficientemente delgadas para permitir a passagem de luz garantindo, assim, sua observação direta no microscópio óptico.

Desmineralização: Aplica-se ácido ao órgão, após sua fixação, removendo-se os íons presentes. O órgão permanece no ácido até que se torne mole o suficiente para ser seccionado pelo micrótomo. O processamento posterior é semelhante ao realizado para as demais amostras.

O desgaste tem como desvantagem a perda de todo o material orgânico do tecido, como as células. Já a desmineralização, que emprega substâncias como ácido clorídrico, ácido fórmico, ácido nítrico ou ácido etilenodiamino tetra-acético (EDTA), tende a alterar o tecido, razão pela qual se deve ter cuidado com a concentração do ácido utilizado.

>> **DEFINIÇÃO**
Fluoróforo é a parte de uma molécula que a torna fluorescente ao absorver energia em um dado comprimento de onda e ao emiti-la em um comprimento de onda diferente.

>> Outras técnicas

Hoje temos à disposição uma série de outras técnicas para a biologia celular e a histologia, entre as quais se destacam as técnicas de imunocitoquímica e imuno-histoquímica e de hibridização *in situ*.

As técnicas de **imunocitoquímica** e **imuno-histoquímica** baseiam-se na afinidade entre anticorpo e antígeno. Quando se deseja verificar a presença de um peptídeo ou de uma proteína em um tecido, produz-se um anticorpo contra aquele antígeno e, em seguida, marca-se esse anticorpo com uma substância que seja visível ao microscópio óptico, como um fluoróforo. Dessa forma, sempre que uma célula ou tecido é marcado, significa que o peptídeo ou proteína procurado está presente.

>> **DEFINIÇÃO**
As sondas de DNA ou RNA são pequenos fragmentos (com 100 a 1.000 bases nitrogenadas) lineares de DNA ou RNA utilizados para localizar sequências de ácidos nucleicos complementares às suas.

A **hibridização** *in situ* busca, em uma célula ou tecido, fragmentos específicos de DNA ou RNA. Para tanto, sondas de DNA ou RNA são utilizadas para localizar uma sequência de bases nitrogenadas complementar à da sonda. Assim como nas técnicas de imunocitoquímica e imuno-histoquímica, a sonda é marcada com uma substância que torna sua localização visível ao microscópio óptico. Logo, células ou tecidos marcados indicam a presença da sequência de DNA ou RNA que se deseja localizar.

» Considerações finais sobre a produção de lâminas histológicas

Independentemente da técnica adotada para a produção de material na biologia celular ou na histologia, o que vemos ao microscópio não corresponde exatamente ao que encontramos no corpo do qual a amostra foi removida. O processamento de qualquer amostra de tecido por meio das etapas estudadas e de outros processos sempre conduz a uma alteração de seu aspecto real.

Quando essa alteração é intensa e marcada, a ponto de ser percebida, é chamada **artefato**. Distorções da forma e alterações no tamanho celular e a presença de bolhas de ar ou água, ou de linhas, rasgos ou espaços em um tecido são exemplos de artefatos comumente encontrados.

Além da presença de artefatos, um fator de grande dificuldade na observação de amostras ao microscópio é a determinação da tridimensionalidade do que se está observando. Como as células e os tecidos são estruturas tridimensionais, um corte ou secção representa apenas uma fatia do todo. Um típico exemplo desse problema seria concluir que uma estrutura com um aspecto circular em um corte tem, necessariamente, o formato esférico (Figura 7.12).

» **DEFINIÇÃO**
Artefato é qualquer alteração estrutural produzida nas células ou nos tecidos durante sua preparação para observação.

» **ASSISTA AO FILME**
Para uma revisão das etapas de produção de lâminas histológicas, assista ao vídeo "Técnicas histológicas: uma abordagem prática", disponível no ambiente virtual de aprendizagem Tekne.

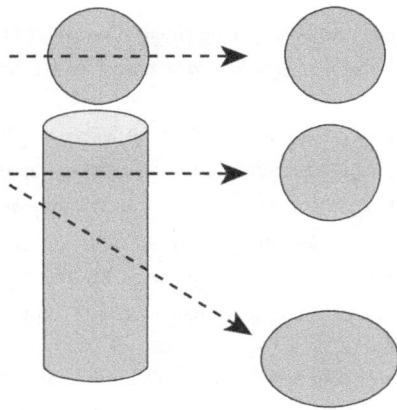

Figura 7.12 Problema em estabelecer a tridimensionalidade. Uma estrutura circular em um corte não é necessariamente uma esfera.
Fonte: Os autores.

» **NO SITE**
O "Manual de boas práticas de laboratório", disponível no ambiente virtual de aprendizagem Tekne, traz recomendações específicas ao trabalho em laboratórios de biologia celular e histologia.

Por fim, a produção de lâminas é um processo que requer habilidade, paciência, dedicação, além do uso de materiais não tão comuns e de equipamentos de custo relativamente elevado. Portanto, um técnico de laboratório tem grande responsabilidade, e precisa estar comprometido e consciente da importância de executar bem o seu trabalho, a fim de desvendar, para quem for observar uma lâmina por ele produzida, um mundo novo.

>> PARA SABER MAIS

Leia o Capítulo 3 deste livro para saber mais sobre os aspectos gerais de biossegurança e sua importância no trabalho em laboratório.

REFERÊNCIAS

CAMPBELL, N. A. et al. *Biologia*. 8. ed. Porto Alegre: Artmed, 2010.

MARTINI, F. H.; TIMMONS, M. J.; TALLITSCH, R. B. *Anatomia humana*. 6. ed. Porto Alegre: Artmed, 2009.

LEITURAS RECOMENDADAS

ALBERTS, B. et al. *Biologia molecular da célula*. 2. ed. Porto Alegre: Artmed, 2009.

BACHA JUNIOR. W. J.; BACHA, L. M. *Color atlas of veterinary histology*. 2. ed. [S.l]: WKH/LWW, 2001.

BANCROF, J. D.; STEVENS, A. *Theory and practice of histological techniques*. 6th ed. New York: Churchill Livingstone, 2007.

BEÇAK, W.; PAULETE, J. *Técnicas de citologia e histologia*. Rio de Janeiro: Livros Técnicos e Científicos, 1976.

CARSON, F. L.; HLADIK, C. *Histotechnology*: a self-instructional text. 3. ed. Hong Kong: American Society for Clinical Pathology, 2009.

COOPER, G. M.; HAUSMAN, R. E. *A célula*. 3. ed. Porto Alegre: Artmed, 2007.

DE ROBERTIS, E. M. F. *Bases da biologia celular e molecular*. 4. ed. Rio de Janeiro: Guanabara Koogan, 2012.

EYNARD, A. R.; VALENTICH, M. A.; ROVÁSIO, R. A. *Histologia e embriologia humanas*: bases celulares e moleculares. 4. ed. Porto Alegre: Artmed, 2011.

JUNQUEIRA, C. J. U.; CARNEIRO, L. C. *Biologia celular e molecular*. 9. ed. Rio de Janeiro: Guanabara Koogan, 2012.

JUNQUEIRA, C. J. U.; CARNEIRO, L. C. *Histologia básica*. 12. ed. Rio de Janeiro: Guanabara Koogan, 2013.

KIERNAN, J. A. *Histological and histochemical methods*: theory and practice. 4. ed. Wiltshire: Scion, 2008.

KIERSZENBAUM, A. L. *Histologia e biologia celular*. 2. ed. São Paulo: Elsevier, 2008.

MALAJOVICH, M. A. *Biotecnologia 2011*. Rio de Janeiro: Instituto de Tecnologia ORT, 2012.

MELLO, M. L. S.; VIDAL, B. C. *Práticas de biologia celular*. São Paulo: Edgard Blücher; Campinas: Fundação de Desenvolvimento da UNICAMP, 1980.

NELSON, D. L.; COX, M. M. *Princípios de bioquímica de Lehninger*. 5. ed. Porto Alegre: Artmed, 2011.

ROSS, M. H.; PAWLINA,W. *Histologia texto e atlas*. 5. ed. Rio de Janeiro: Guanabara Koogan, 2008.

PRESNELL, J. K.; SCHREIBMAN, M. P. *Humason's animal tissue techniques*. 5. ed. London: John Hopkins, 1997.

TOLOSA, E. M. C. et al. *Manual de técnicas para histologia normal e patológica*. 2. ed. São Paulo: Manole, 2003.

Márcia Bündchen
Alessandra Mara Gogosz

capítulo 8

Histologia vegetal: princípios e técnicas aplicadas

Na biotecnologia vegetal, grande parte dos estudos envolve a seleção de variedades mais produtivas, a criação de transgênicos resistentes a pragas, a pesquisa de substâncias bioativas com potencial terapêutico e a cultura de células e tecidos. Tais estudos somente são possíveis a partir do conhecimento prévio sobre as características e funções das células vegetais e dos diferentes tecidos que formam. Neste capítulo, descrevemos a estrutura das plantas de modo abrangente, abordando os padrões gerais da organização celular e histológica, sobre os quais muitas variações podem ocorrer. Mostramos, ainda, os principais procedimentos que norteiam os estudos histológicos, com ênfase naqueles viáveis mesmo em laboratórios que disponham de recursos técnicos limitados.

Objetivos de aprendizagem

» Caracterizar os vegetais com base na estrutura de suas células e tecidos.

» Reconhecer sua organização histológica, interpretando as variações e adaptações.

» Estabelecer relações entre o estudo histológico das plantas e suas aplicações biotecnológicas.

» Propor os protocolos para o estudo histológico de amostras botânicas.

>> PARA COMEÇAR

Como o uso adequado da nomenclatura é essencial ao estudo da botânica, nomes de estruturas e tecidos são por vezes acompanhados de sinônimos, para facilitar a interpretação. Considerando que os sistemas de classificação das plantas têm sofrido profundas modificações, neste capítulo serão usadas designações tradicionais, como "angiospermas" e "gimnospermas", "monocotiledôneas" e "dicotiledôneas", independentemente das relações filogenéticas.

>> A célula vegetal

>> **DEFINIÇÃO**
Plasmodesmos são canais citoplasmáticos revestidos por membranas que atravessam as paredes celulares de duas células vegetais vizinhas conectando seus protoplastos. O canal é atravessado por um túbulo originado no retículo endoplasmático, o desmotúbulo.

As células das plantas apresentam o conjunto básico de organelas que caracteriza as células eucariontes, além de algumas que lhes são típicas, como a parede celular celulósica, o vacúolo e os plastídeos.

>> Parede celulósica

A presença de uma parede celular celulósica é uma característica marcante da célula vegetal. A **parede celular primária** é a primeira a ser formada e acompanha o crescimento da célula, organizando-se a partir de uma rede de microfibrilas de celulose, além de hemiceluloses e pectinas, em proporção variável. É delgada, exceto em poucos casos, como no colênquima, no qual tem diferentes padrões de espessamento.

Algumas células, após cessar o crescimento, depositam camadas adicionais de parede, formando a **parede celular secundária**, impregnada de lignina, substância que lhe confere rigidez. A deposição da parede secundária se dá internamente à primária, provocando a redução do lúmen celular. As células com parede secundária em geral são mortas na maturidade.

De modo simplificado, são reconhecidos dois tipos principais de comunicações intercelulares: os **plasmodesmos** na parede primária e as **pontoações** na parede secundária.

>> **DEFINIÇÃO**
Pontoações são pontos na parede celular onde não ocorre depósito de parede secundária, mantendo somente a parede primária delgada facilitando a passagem de substâncias entre o lúmen e o meio externo ou as células vizinhas.

>> Vacúolo

O vacúolo ocupa grande parte do volume celular, sendo revestido por uma membrana chamada tonoplasto. Seu conteúdo é essencialmente água, na qual se solubilizam diferentes substâncias, e suas principais funções são a manutenção do turgor celular, a regulação do pH e o armazenamento de substâncias, incluindo pigmentos solúveis em água e cristais de oxalato de cálcio, cujos formatos são bastante variados.

O **turgor celular** ocorre quando uma célula vegetal encontra-se em meio hipotônico, ou seja, cuja concentração de solutos é menor do que a do citoplasma/vacúolo. A água, que atravessa as membranas biológicas livremente, move-se através da membrana plasmática, em direção ao meio mais concentrado, entrando na célula. À medida que a água entra, gera uma pressão interna contra a parede celular, conhecida como pressão de turgor. Como a parede tem um limite de distensão, existe também um limite para a entrada da água, o qual, quando atingido, impede que mais água penetre na célula estabilizando o trânsito de moléculas de água entre os dois lados da membrana. A célula agora é chamada **túrgida** (Figura 8.1A).

A situação contrária também acontece: uma célula vegetal encontra-se em um meio hipertônico, ou seja, cuja concentração é maior do que a do citoplasma/vacúolo. A água sai da célula através da membrana plasmática na direção do meio mais concentrado, tendendo ao equilíbrio. À medida que a água sai, a membrana plasmática se contrai e descola da parede celular, em um processo denominado **plasmólise**. A célula nesta situação é chamada **plasmolisada** (Figura 8.1B).

>> **DEFINIÇÃO**
Protoplasto é a designação dada a uma célula vegetal desprovida de parede celular. Inclui o citoplasma envolvido pela membrana plasmática. Na cultura de células vegetais protoplastos são obtidos utilizando enzimas que degradam a parede celular.

>> **NO SITE**
Acesse o ambiente virtual de aprendizagem Tekne (www.grupoa.com.br/tekne) para conhecer o protocolo de observação da plasmólise.

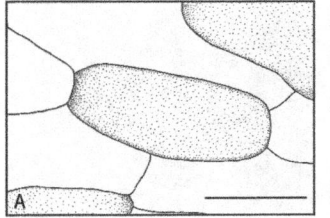 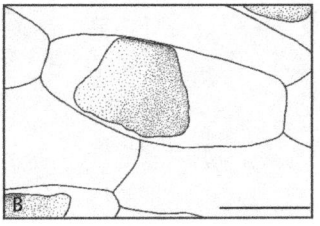

Figura 8.1 Aspecto de uma célula vegetal em duas condições: túrgida (A) e plasmolisada (B). Observe que na célula túrgida praticamente todo o volume celular é ocupado pelo vacúolo, enquanto na célula plasmolisada o tonoplasto e o plasmalema se contraem em decorrência da saída de água da célula.
Fonte: As autoras.

>> Plastídeos

Os plastídeos são organelas revestidas por dupla membrana que têm uma característica muito peculiar: podem se converter de um tipo ao outro de acordo com o estímulo recebido. A seguir, são descritos os três tipos principais de plastídeos.

Cloroplasto: Apresenta complexa organização interna e pigmentos fotossintetizantes (clorofilas e carotenoides) inseridos em suas membranas tilacoides. Sua função é realizar a fotossíntese, sendo encontrado predominantemente nas folhas e em outras partes verdes das plantas (Figura 8.2A).

Cromoplasto: Sua estrutura interna é menos diferenciada que a do cloroplasto e armazena outros pigmentos que não as clorofilas, dando cor a muitas flores e frutos e estando relacionado, nesses casos, com a atração de polinizadores e dispersores de sementes, respectivamente.

Leucoplasto: É um tipo de plastídeo desprovido de pigmento, cuja função é o armazenamento de substâncias. Os leucoplastos mais comuns são os amiloplastos, que reservam amido em sementes, caules e raízes armazenadores (Figura 8.2B).

>> CURIOSIDADE

Assim como as mitocôndrias, os plastídeos têm uma série de características próprias, como capacidade de se autodividir, presença de DNA circular e ribossomos menores que os citoplasmáticos. Tais características, entre outras, suportam a explicação mais aceita para sua origem: a teoria endossimbiótica, proposta por Lyn Margulis na década de 1970. A autora propõe que essas organelas se originaram a partir da fagocitose de uma bactéria autotrófica (no caso dos cloroplastos) e heterotrófica (no caso das mitocôndrias) por células eucariontes primitivas.

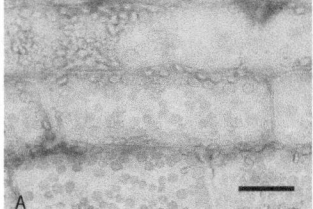 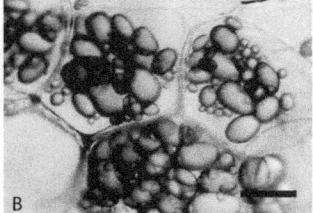

Figura 8.2 Detalhe de células intactas de folha de *Elodea canadensis* apresentando numerosos cloroplastos (A). Células de parênquima armazenador em caule de *Solanum tuberosum* (batata-inglesa) com amiloplastos (B). Coloração: lugol. Escala 50µm.
Fonte: As autoras.

>> Crescimento e desenvolvimento

A semente das espermatófitas representa um importante passo evolutivo na história da vida das plantas, pois propicia ao embrião proteção por meio do tegumento e nutrientes essenciais aos primeiros estágios de desenvolvimento mediante reservas nutritivas (endosperma nas angiospermas e megagametófito amiláceo nas gimnospermas).

No embrião, tem início a diferenciação dos tecidos e futuros órgãos das plantas. Inicialmente, o embrião constitui uma massa de células em constante divisão no interior do saco embrionário do óvulo. Posteriormente, a polaridade do embrião é estabelecida, e diferenciam-se os polos apical e terminal. Durante o seu desenvolvimento, o embrião passa por vários estágios, até que, quando maduro, é possível reconhecer o eixo hipocótilo-radicular.

Na germinação, o embrião latente retoma o crescimento por meio de uma série coordenada de divisões celulares seguidas de diferenciação e especialização das células, originando tecidos e órgãos. Durante o crescimento e desenvolvimento, essas divisões vão ficando restritas a determinadas regiões do vegetal. Nos vegetais adultos, somente algumas células conservam a capacidade de divisão, sendo denominadas **meristemáticas**. Essa propriedade permite às plantas a contínua produção de novos tecidos ao longo de todo seu ciclo de vida.

Os meristemas são classificados de acordo com a posição que ocupam no corpo do vegetal. Os **meristemas apicais** ou **primários** ocorrem nos ápices do caule e da raiz e estão envolvidos no crescimento em altura (primário) da planta. Além de promover o crescimento longitudinal, dão origem às folhas, aos ramos, às flores e aos frutos.

As células derivadas do meristema apical formam três tipos de tecidos meristemáticos: a **protoderme**, que origina a epiderme; o **meristema fundamental** que dá origem ao tecido fundamental (parênquima) e aos tecidos de sustentação (colênquima e esclerênquima); e o **procâmbio**, que origina os tecidos vasculares primários (Figura 8.3A e B).

Já os **meristemas laterais** ou **secundários** têm localização periférica, circundando caules e raízes, sendo responsáveis pelo crescimento em espessura (secundário) das plantas. Instalam-se somente nas partes das plantas que já cessaram o crescimento primário e ocorrem principalmente em angiospermas dicotiledôneas arbóreas e gimnospermas.

Dentre os tecidos meristemáticos secundários, destacam-se o **câmbio vascular**, que origina os tecidos vasculares secundários, e o **felogênio**, que origina a feloderme e o felema (ou súber), componentes da periderme (Figura 8.3C).

>> **DEFINIÇÃO**
Nas plantas, as células já diferenciadas mantêm a capacidade genética para dar origem a qualquer tipo celular. Essa característica é chamada de totipotência e permite que, na cultura de células vegetais, plantas inteiras sejam obtidas a partir de apenas uma célula.

>> **NO SITE**
Acesse o ambiente virtual de aprendizagem Tekne para conhecer o protocolo para observação de células meristemáticas em divisão.

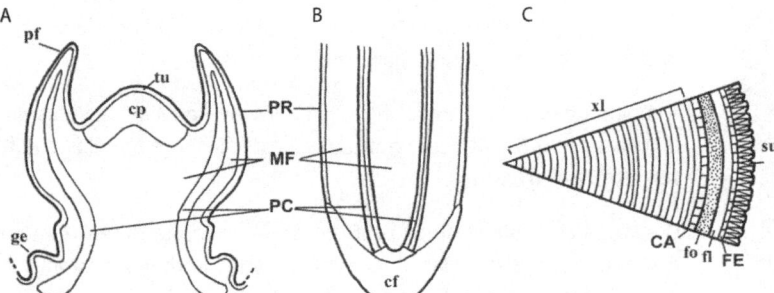

Figura 8.3 Tipos de meristemas: meristemas primários do caule (A); meristemas primários da raiz (B); meristemas secundários do caule (C). Letras em caixas-altas representam os meristemas (CA: câmbio vascular; FE: felogênio; MF: meristema fundamental; PC: procâmbio; PR: protoderme; cf: coifa; cp: corpo; fo: floema; fl: feloderme; ge: gema; pf: primórdio foliar; su: súber; tu: túnica; xl: xilema).
Fonte: As autoras.

Quadro 8.1 » **Algumas definições anatômicas**	
Coifa	Tecido protetor do ápice da raiz.
Corpo	Conjunto de células localizado abaixo da túnica; as células se dividem em vários planos.
Gemas	Responsáveis pelo desenvolvimento dos ramos caulinares.
Primórdios foliares	Conjunto de células meristemáticas que vão formar as folhas.
Túnica	Camada superficial do ápice caulinar; as células dividem-se no sentido anticlinal (ou seja, perpendicular à superfície do órgão).

» Revestimento

O corpo da planta é revestido por dois tipos de tecidos que, embora difiram na origem e na estrutura, desempenham funções similares: revestimento e proteção. A **epiderme** se origina da protoderme e está presente em todas as partes do corpo primário da planta. Já a **periderme** se origina do felogênio e está restrita ao caule e à raiz das plantas lenhosas.

A epiderme é uniestratificada, embora possa ocorrer a formação de mais camadas em algumas espécies (epiderme múltipla ou estratificada). Suas células são muito justapostas, em geral desprovidas de plastídeos, e apresentam a parede periclinal externa (que está em contato com o ambiente) impregnada por uma substância impermeabilizante, denominada cutina.

A maioria das células epidérmicas é pouco diferenciada (células ordinárias), mas algumas são um tanto especializadas, destacando-se aquelas que formam os **estômatos** e os **tricomas**.

O estômato — ou complexo estomático — é formado por duas células (células estomáticas) e, entre elas, uma abertura (*ostíolo* ou *poro estomático*). As células estomáticas são circundadas pelas células subsidiárias (Figura 8.4A). Abaixo do estômato, no interior da folha, as células de parênquima organizam-se frouxamente, deixando espaços intercelulares para a difusão de gases, denominado câmara subestomática (Figura 8.4B).

> » **DEFINIÇÃO**
> Os estômatos são estruturas formadas por duas células estomáticas e, entre elas, uma abertura (ostíolo ou poro estomático) pela qual são feitas trocas gasosas. Os tricomas originam-se de células epidérmicas que podem se alongar (tricomas unicelulares) ou se dividir (tricomas pluricelulares). Podem ser glandulares (secretores) ou tectores (não secretores).

>> **CURIOSIDADE**

Em razão do contato direto com o ambiente, é comum ocorrer modificações na estrutura da epiderme. As plantas crescidas em ambiente sombreado e úmido, como no interior das florestas tropicais, tendem a ter pouca deposição de cutina na epiderme; já naquelas que crescem a pleno sol, a cutina pode ser depositada com tanta intensidade que forma uma camada sobre a epiderme, a cutícula.

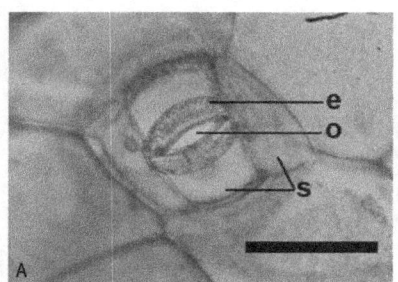
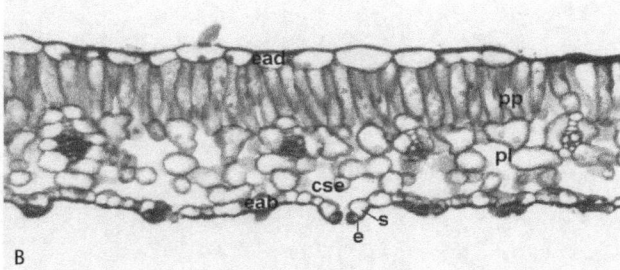

Figura 8.4 Vista paradérmica da epiderme foliar de *Tradescantia pallida* var. *purpurea* (trapoeraba-roxa) destacando o estômato (A). Secção transversal da folha de *Nicotiana tabacum* (fumeiro), coloração: azul de toluidina (B). (cse: câmara subestomática; eab: epiderme abaxial; ead: epiderme adaxial; e: células estomáticas; pl: parênquima lacunoso; pp: parênquima paliçádico; o:ostíolo s: células subsidiárias;). Escala 50μm.
Fonte: As autoras.

As modificações no turgor celular induzem a abertura ou o fechamento do estômato, permitindo que a planta controle as trocas gasosas. A abertura ocorre quando as células estomáticas ficam túrgidas e, em razão do espessamento desigual de suas paredes, o ostíolo se abre. Por sua vez, quando as células tornam-se flácidas em razão da saída de água, o ostíolo fecha. Os tricomas originam-se de células epidérmicas que podem se alongar (originando tricomas unicelulares) ou se dividir (originando tricomas pluricelulares), sendo classificados em glandulares (ou secretores) e tectores (ou não secretores).

Já a periderme, que substitui a epiderme nos órgãos com crescimento secundário, surge por meio da divisão das células do felogênio resultando na formação de uma camada de células disposta internamente, denominada **feloderme**, e de várias camadas de células dispostas externamente, formando o **felema** ou **súber**. O conjunto formado por feloderme, felogênio e súber constitui a periderme.

O súber é morto na maturidade e impregnado com suberina, uma substância impermeabilizante. Por isso, na periderme, as trocas gasosas são realizadas por pequenas aberturas no súber, as lenticelas.

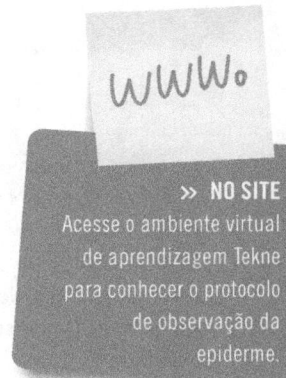

>> **NO SITE**
Acesse o ambiente virtual de aprendizagem Tekne para conhecer o protocolo de observação da epiderme.

>> CURIOSIDADE

O súber, também conhecido como cortiça, é a matéria-prima na fabricação de rolhas. A cortiça é obtida da casca de uma árvore da região mediterrânea (*Quercus suber* L.), o sobreiro. As propriedades do súber (impermeabilidade à água e aos gases, flexibilidade, baixa densidade e elasticidade) o tornam ideal para diversos usos além da fabricação de rolhas, incluindo isolamento térmico e acústico e revestimento de sondas e satélites.

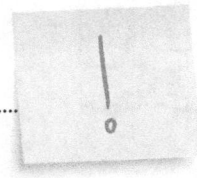

>> IMPORTANTE

A periderme não deve ser confundida com o termo botânico casca, que representa, além da série de peridermes formadas em sucessão, os demais tecidos que se dispõem externamente ao câmbio vascular, incluindo o floema.

>> NA HISTÓRIA

A cortiça também contribuiu para a descoberta das células. Robert Hooke, cientista inglês do século XVII, realizou delgados cortes de cortiça e observou-os ao microscópio óptico buscando descobrir o que tornava esse material tão leve. Hooke viu que a cortiça era formada por pequenas unidades de formato regular, as quais denominou células, em uma referência ao termo latino *cella* (pequeno compartimento). No entanto, ele não tinha ideia do significado biológico dessas estruturas, o que só foi esclarecido no século XIX, com a teoria celular proposta por Theodor Schwann e Mathias Jakob Schleiden.

Secreção

As plantas secretam substâncias variadas. As estruturas que realizam a secreção são classificadas em externas, quando o produto da secreção é eliminado para o meio ambiente, ou internas, quando o produto é armazenado no citoplasma ou isolado em compartimentos.

Estruturas secretoras externas

Hidatódios: Descarregam água na forma líquida, do interior da folha para a superfície, no processo de gutação. Os hidatódios localizam-se em geral nas margens das folhas e têm um arranjo histológico característico, denominado epitema, com células com numerosos plasmodesmos que facilitam a passagem de água até o meio externo, impulsionada pela pressão da raiz.

Tricomas glandulares: Apresentam complexidade variada, sendo os bicelulares os mais simples (formados por uma célula basal e uma célula secretora). Os mais complexos são multicelulares, com arranjo variado. Podem eliminar substâncias lipofílicas, como óleos essenciais e resinas, substâncias urticantes, adesivas e digestivas, entre outras (Figura 8.5A).

Nectários: Responsáveis por liberar néctar, substância aquosa açucarada. Podem ser florais, associados com a atração de polinizadores, ou extraflorais, que atraem insetos que defendem a planta da **herbivoria**.

Glândulas: Podem ser de sal ou digestivas. As glândulas de sal estão presentes em plantas que se desenvolvem em ambientes salinos. As glândulas digestivas são comuns em plantas carnívoras.

>> **DEFINIÇÃO**
Herbivoria é a relação ecológica interespecífica desarmônica na qual um animal (em vantagem) nutre-se de plantas (em desvantagem). Pesquise sobre a relação entre nectários extraflorais e defesa das plantas.

Estruturas secretoras internas

Cavidades e ductos: São constituídos por células que secretam e armazenam substâncias em um espaço intercelular. As cavidades (glândulas) têm espaços secretores mais curtos, isodiamétricos, enquanto os ductos (canais) são alongados em um plano (Figura 8.5B).

Laticíferos: Produzem látex, substância de composição química variada, em geral esbranquiçada, cuja função é relacionada com a cicatrização de lesões. Podem ser formados por uma única célula que se alonga e ramifica (não articulados), ou por uma série de células conectadas (articulados).

>> **DEFINIÇÃO**
Idioblastos são células diferentes morfológica ou fisiologicamente das demais que constituem o tecido no qual estão inseridas. Podem ser secretoras de tanino, mucilagem e óleos essenciais, sendo comuns ainda os idioblastos cristalíferos, contendo cristais de oxalato de cálcio (drusas ou ráfides) ou carbonato de cálcio (cistólito).

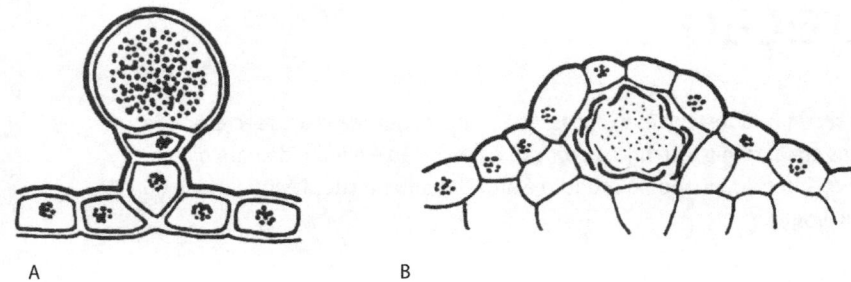

Figura 8.5 Detalhe de um tricoma glandular (A) e de uma cavidade secretora (B).
Fonte: As autoras.

❯❯ Tecido fundamental

O parênquima, constituído de células vivas com parede primária delgada, tem ampla distribuição no corpo da planta e desempenha variadas funções, refletidas na sua organização celular.

O tipo mais comum é o **parênquima fundamental**, formado por células geralmente isodiamétricas que desempenham a função de preenchimento, sendo muito abundante no córtex do caule e da raiz, na medula dos caules e pecíolos.

O **parênquima clorofiliano**, ou clorênquima, caracteriza-se por apresentar células com numerosos cloroplastos, o que indica sua função na fotossíntese. Ocorre predominantemente nas folhas, sendo também encontrado em caules adaptados à função fotossintética, como nos cactos, nas plantas herbáceas e em ramos de plantas jovens.

Na maioria das folhas, o parênquima clorofiliano é dividido em dois estratos morfologicamente distintos: o parênquima paliçádico e o parênquima lacunoso (ou esponjoso). O **parênquima paliçádico** encontra-se próximo à face adaxial (superior) das folhas, sendo formado por células alongadas e justapostas. Já o **parênquima lacunoso** localiza-se próximo à face abaxial (inferior) das folhas e tem células de contorno braciforme, frouxamente arranjadas, com amplos espaços intercelulares.

O **parênquima armazenador**, ou de reserva, desempenha a função de armazenamento de substâncias, permitindo ao vegetal superar períodos de estresse. De acordo com o tipo de reserva, é classificado como: amilífero, aquífero e aerífero.

- **Parênquima amilífero:** Armazena amido (principal metabólito de reserva energética das plantas) e contém numerosos amiloplastos (grãos de amido) em suas células. Ocorre predominantemente em órgãos armazenadores, como caules (batata-inglesa e batata-cará) e raízes (mandioca e batata-doce).

- **Parênquima aquífero:** Armazena água em células com grandes vacúolos contendo mucilagens, ocorrendo principalmente em plantas cuja evolução se deu em ambientes com baixo suprimento hídrico (xerófitas, como as cactáceas).

- **Parênquima aerífero ou aerênquima:** As células possuem arranjos que formam amplos espaços intercelulares onde o ar é armazenado. Ocorre em plantas aquáticas flutuantes ou em partes submersas, como pecíolos, de plantas de banhados.

> » **NO SITE**
> Acesse o ambiente virtual de aprendizagem Tekne para conhecer um protocolo com diversas técnicas histoquímicas.

Sustentação

O colênquima e o esclerênquima são tecidos que diferem em uma série de aspectos, mas desempenham a mesma função: dar sustentação às plantas.

O **colênquima** é formado por células vivas, podendo conter cloroplastos. É delimitado por uma parede primária com espessamentos diferenciais, ou seja, determinadas regiões da parede são mais espessadas que outras. O tipo de espessamento da parede primária do colênquima permite ordená-lo em diferentes classes, como colênquima angular, lacunar, anelar, entre outras.

É um tecido de sustentação que permite flexibilidade, predominando em plantas jovens e em partes da planta em crescimento e sujeitas à movimentação. Nos caules e ramos, tem disposição periférica, formando feixes ou uma camada contínua.

O **esclerênquima** (Figura 8.6) é constituído por células geralmente mortas na maturidade, com parede secundária espessa e lignificada e lúmen celular reduzido. É associado à rigidez e menor flexibilidade e predomina nas partes da planta que cessaram o crescimento, apresentando uma disposição mais interna no corpo da planta. São reconhecidas duas categorias de células de esclerênquima: as **fibras** e os **esclereídes**.

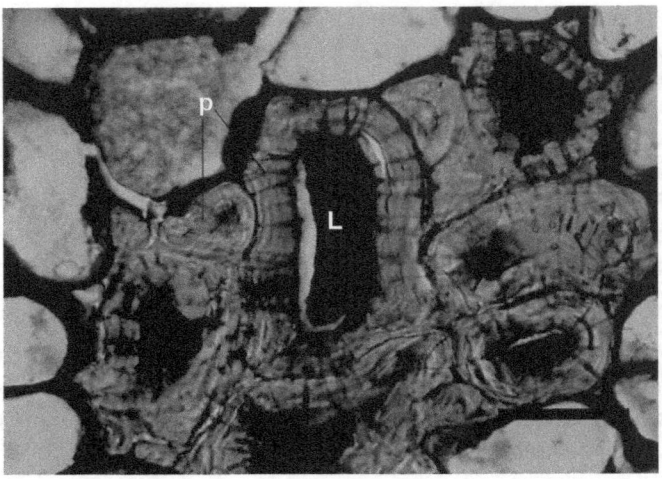

Figura 8.6 Detalhe de células de esclerênquima (esclereídes) no fruto de *Psidium guajava* (goiaba). L: Lumen celular; p: Pontoação. Coloração: azul de toluidina. Escala 50μm.
Fonte: As autoras.

Fibras são células muito alongadas, com extremidades afiladas e poucas pontoações nas paredes celulares. São vivas ou mortas na maturidade, tendo ou não septos subdividindo-as internamente. Além de sustentação, desempenham função de armazenamento.

Esclereídes são células mortas de morfologia muito variada em razão de seu crescimento intrusivo nos espaços intercelulares. Além da função de sustentação, constituem estratégia de defesa contra a herbivoria, pois tornam os tecidos menos palatáveis.

>> CURIOSIDADE

As fibras vegetais são utilizadas desde a antiguidade pelo homem na confecção de roupas e utensílios. Exemplos conhecidos incluem linho (*Linum usitatissimum*), agave (*Agave sisalana*) e cânhamo (*Cannabis sativa*). Já o algodão (*Gossypium* sp.) não é uma fibra, e sim um tricoma unicelular da semente.

Tecidos de condução

Nas plantas vasculares, o **xilema** é o principal tecido responsável pela condução de água e sais minerais, enquanto o **floema** é responsável pelo transporte de produtos provenientes da fotossíntese e metabólitos.

As células condutoras do xilema (traqueídes e elementos de vaso) são mortas na maturidade, com paredes secundárias espessas lignificadas. As **traqueídes** são alongadas, com extremidades afiladas, imperfuradas, sendo típicas de gimnospermas. O transporte de água e solutos dessas células ocorre pelas pontoações que comunicam células adjacentes. Os **elementos de vaso** são mais curtos, largos e têm extremidades perfuradas (placas de perfuração) que facilitam a circulação de água e solutos de célula a célula ao longo da planta (Figura 8.7).

Os elementos de vaso ocorrem apenas nas angiospermas (com exceção de poucas gimnospermas) e, nessas células, há diferentes padrões de espessamento secundário das paredes: anelar, espiralado, escalariforme, reticulado ou pontoado (Figura 8.8).

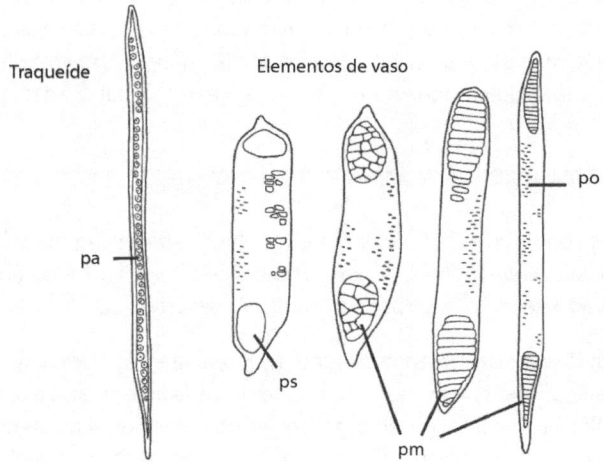

Figura 8.7 Células condutoras do xilema: traqueídes e elementos de vasos (pa: pontoação areolada; pm: placa de perfuração multiperfurada; po: pontoação simples; ps: placa de perfuração simples).
Fonte: As autoras.

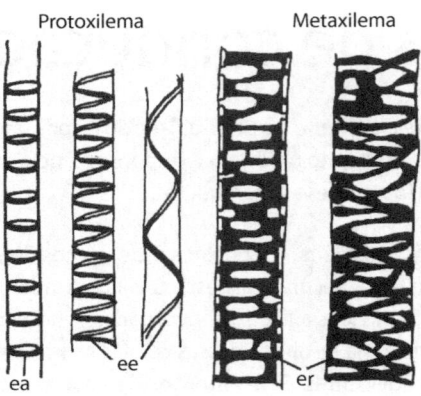

Figura 8.8 Padrões de espessamento da parede celular dos elementos de vaso do protoxilema e do metaxilema (ea: espessamento anelar; ee: espessamento em espiral; er: espessamento reticulado).
Fonte: As autoras.

>> CURIOSIDADE

Nas plantas de clima temperado, é comum a formação de anéis de crescimento em decorrência da atividade sazonal do câmbio. Quando as temperaturas são baixas e há pouca disponibilidade de água, a atividade do câmbio é menor, e as células produzidas têm diâmetro reduzido e parede espessa, constituindo o anel estival, de coloração mais escura. Quando as condições climáticas tornam-se favoráveis ao crescimento, o câmbio retoma sua atividade, formando células maiores e com parede delgada, constituindo o anel primaveril, de cor mais clara.

As células condutoras do floema são vivas, anucleadas e com paredes primárias delgadas. Tais células podem ser de dois tipos: **células crivadas** ou **elementos de tubo crivado**, sendo que ambos apresentam áreas crivadas.

Nas extremidades dos elementos de tubo crivado, existem as placas crivadas, com poros de maior diâmetro, sem plasmodesmos e circundadas por calose, um carboidrato típico do floema. Durante o inverno, período de dormência de algumas plantas, ocorre a obstrução dos tubos crivados por meio da deposição de calose nas placas crivadas, restringindo o fluxo da seiva.

>> **DEFINIÇÃO**
Áreas crivadas são locais da parede celular primária atravessados por numerosos plasmodesmos ligando os protoplastos de elementos de tubo crivado vizinhos.

Células crivadas e elementos de tubo crivado estão associados a células parenquimáticas especializadas, as **albuminosas** e as **companheiras** (Figura 8.9), respectivamente. Essas células são nucleadas e originam-se da mesma célula-mãe que os elementos crivados, compartilhando com estes uma íntima relação fisiológica.

Os tecidos de condução são divididos em primários e secundários. O **xilema primário** e o **floema primário** estão presentes nas partes jovens das plantas e se

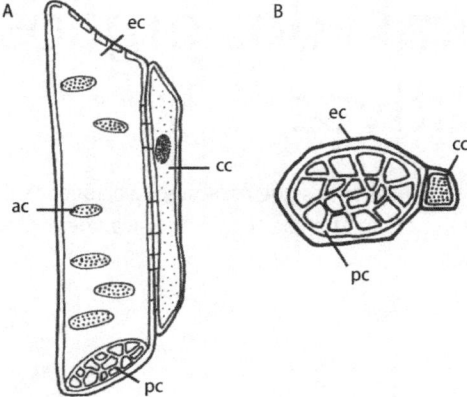

Figura 8.9 Tipos celulares do floema: elemento de tubo crivado em vista longitudinal (A); detalhe da placa crivada e célula companheira (B) (ac: área crivada; cc: célula companheira; ec: elemento do tubo crivado; pc: placa crivada)
Fonte: As autoras.

originam do procâmbio. Os primeiros elementos condutores produzidos são denominados protoxilema e protofloema, e os que se diferenciam posteriormente, metaxilema e metafloema. O **xilema secundário** e o **floema secundário** originam-se do câmbio vascular e ocorrem em órgãos com crescimento em espessura.

Os tecidos de condução secundários se organizam em dois sistemas: axial ou vertical, que realiza o transporte no sentido longitudinal, e radial ou horizontal, que transfere a água e os nutrientes lateralmente (Figura 8.10).

O xilema e o floema são tecidos complexos que, além das células descritas anteriormente, têm em sua constituição outros tipos celulares, como células de parênquima, fibras e esclereídes envolvidas na condução e no armazenamento de substâncias, bem como na sustentação.

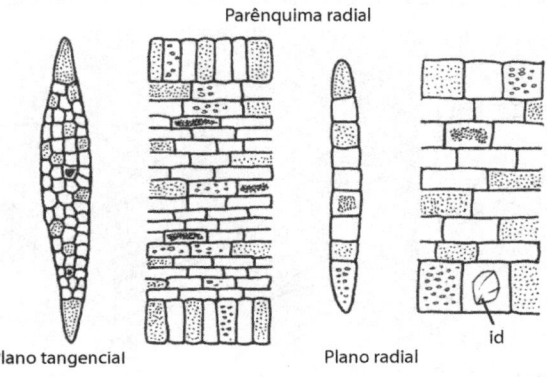

Figura 8.10 Células do parênquima radial em vista tangencial e radial. O parênquima radial faz parte do tecido vascular conduzindo a seiva lateralmente. (id: idioblasto).
Fonte: As autoras.

» Anatomia dos órgãos vegetativos

Os órgãos vegetativos incluem os que não estão relacionados diretamente com a reprodução e desempenham funções como aquisição de recursos, sustentação e defesa, entre outras.

» Folha

A folha apresenta grande variedade de formas e tamanhos, e sua estrutura está diretamente relacionada à fotossíntese, às trocas gasosas, à transpiração e à reserva. Cada folha é constituída basicamente por uma lâmina ou limbo, pelo pecíolo e, em alguns casos, como nas monocotiledôneas, pode ocorrer a bainha (Figura 8.11A e B.). Na base de toda folha encontra-se a gema lateral.

» DEFINIÇÃO

As gemas laterais (ou axilares) são constituídas por células meristemáticas originadas do meristema apical do caule. Elas permanecem inativas por algum tempo e depois podem promover a ramificação da planta ou dar origem aos ramos floríferos.

A estrutura histológica da folha inclui a epiderme, o mesofilo e os feixes vasculares (Figura 8.11C), descritos a seguir.

Epiderme: Varia sua estrutura de acordo com o *habitat* da planta. Na epiderme das folhas estômatos, tricomas tectores e glandulares, além de cutícula e ceras epicuticulares.

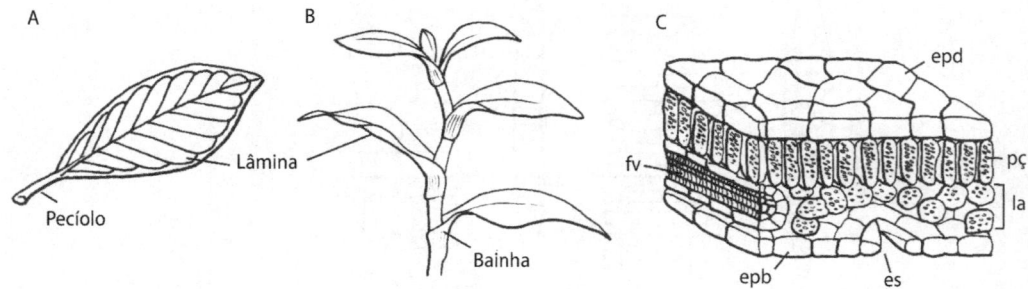

Figura 8.11 Estrutura da folha: folha de dicotiledônea (A); folha de monocotiledônea (B); secção transversal da folha (C) (epb: epiderme abaxial; epd: epiderme adaxial; es: estômato; fv: feixe vascular; la: parênquima lacunoso; pç: parênquima paliçádico).
Fonte: As autoras.

Mesofilo: Localiza-se entre as duas faces da epiderme foliar e inclui parênquima clorifiliano. O clorênquima pode ser diferenciado em parênquima paliçádico e parênquima lacunoso ou, em alguns casos, ser formado apenas por parênquima clorofiliano homogêneo.

Feixes vasculares: Formados por floema e xilema, que compõem a nervura central e as nervuras laterais. Estão dispostos entre as células do mesofilo e podem ser circundados por uma bainha esclerenquimática ou parenquimática.

> » **PARA SABER MAIS**
> Para saber mais sobre adaptações que previnem a herbivoria, leia o artigo "Herbivoria e anatomia foliar em plantas tropicais brasileiras" (CORREA et al., 2008), disponível no ambiente virtual de aprendizagem Tekne.

Caule

O caule dá suporte aos ramos vegetativos e reprodutivos. É constituído por nós, entrenós, gemas laterais e gemas apicais (Figura 8.12A) e pode apresentar crescimento primário e/ou secundário.

O **caule com crescimento primário** compreende três regiões: a epiderme, que segue o padrão geral já descrito em tecidos de revestimento; o córtex, que costuma ser compacto e constituído por parênquima fundamental; e o sistema vascular, formado por xilema e floema primários.

Nas dicotiledôneas, o cilindro (região central do caule) possui feixes vasculares, organizados na circunferência do caule e medula parenquimática (Figura 8.12B), enquanto nas monocotiledôneas, os feixes vasculares estão dispersos (Figura 8.12C). A camada mais externa do cilindro vascular é o periciclo, que dá origem às raízes adventícias.

O **caule com crescimento secundário** é constituído por periderme e lenho. A espessura da periderme é variada e, mais internamente, a divisão das células do câmbio vascular produz camadas de xilema (internas) e floema (externas). O floema forma uma camada delgada, enquanto o xilema é muito mais espesso, constituindo o lenho.

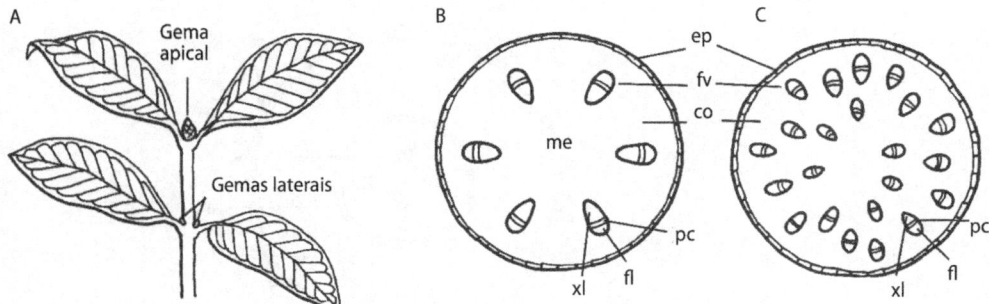

Figura 8.12 Estrutura do caule: ramo caulinar (A); caule primário de dicotiledônea (B); caule primário de monocotiledônea (C) (co: córtex; ep: epiderme; fl: floema; fv: feixe vascular; me: medula; pc: procâmbio; xl: xilema).
Fonte: As autoras.

>> CURIOSIDADE

O lenho pode ser entendido como a madeira do tronco das árvores. Como o câmbio vascular produz muito mais xilema do que floema, a madeira é basicamente formada por células de xilema. A parte mais interna do tronco não é funcional, sendo denominada cerne. Já a parte mais externa, o alburno, é funcional e realiza a condução de água e minerais.

>> Raiz

É o órgão da planta com função principal de absorção de água e sais minerais, além de fixação. A primeira raiz a se desenvolver é a radícula, proveniente do meristema apical do embrião. Nas monocotiledôneas, a radícula é abortada logo no início do seu desenvolvimento e, em consequência, surgem as **raízes adventícias**.

>> DEFINIÇÃO

Raiz adventícia é aquela que se desenvolve a partir de outras partes das plantas, como caules e folhas, e não da radícula do embrião.

A raiz com **crescimento primário** é, em geral, constituída por epiderme, córtex e cilindro vascular (Figura 8.13). A epiderme é unisseriada e normalmente sem cutícula, mas, em alguns casos, pode ocorrer epiderme múltipla (velame nas orquídeas). Na zona pilífera da raiz, há grande quantidade de pelos, o que aumenta a capacidade de absorção de água.

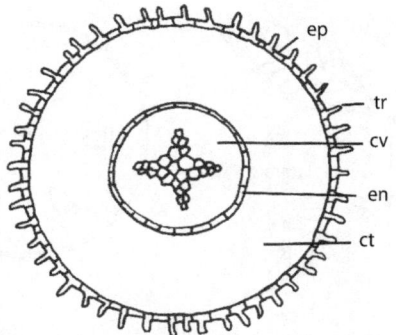

Figura 8.13 Estrutura da raiz primária em vista transversal. (ct: córtex; cv: cilindro vascular; en: endoderme; ep: epiderme; tr: tricoma).
Fonte: As autoras.

O córtex localiza-se entre a epiderme e o cilindro vascular, sendo formado por parênquima fundamental, raramente colênquima, e aerênquima (nas plantas aquáticas). Sua camada mais interna é a endoderme, que contém nas paredes de suas células as **estrias de Caspary**.

A exoderme, camada mais externa do córtex, pode estar presente. O cilindro vascular é formado pelo periciclo e pelos tecidos vasculares primários, sendo o periciclo responsável pela formação das raízes laterais. Assim como o caule, a raiz pode ter crescimento secundário ou em espessura devido à instalação do câmbio vascular e do felogênio.

> **» DEFINIÇÃO**
> Estrias de Caspary são espessamentos em forma de faixa que circundam completamente as células da endoderme. São constituídas de suberina, uma substância hidrofóbica, que impele a água e os solutos através da membrana plasmática antes de chegar ao cilindro vascular.

» Anatomia dos órgãos reprodutivos

Dada a variedade e a complexidade das estruturas reprodutivas das espermatófitas, abordaremos os órgãos reprodutivos das angiospermas, as flores, das quais derivam os frutos e as sementes. A presença desses órgãos permitiu o grande sucesso evolutivo do grupo.

> **» CURIOSIDADE**
> As angiospermas são as plantas mais numerosas e diversificadas, que evoluíram e se especializaram junto com seus vários polinizadores. Suas flores adquiriram uma infinidade de formas e cores sem precedentes na história evolutiva.

» Flor

A flor é considerada um ramo profundamente modificado para a reprodução. Nela observam-se o **cálice** (conjunto de sépalas), a **corola** (conjunto de pétalas), o **gineceu** (estruturas reprodutivas femininas) e o **androceu** (estruturas reprodutivas masculinas). O **gineceu** pode ser formado por um ou mais carpelos que, por sua vez, se fundem, originando o pistilo.

Morfologicamente, cada pistilo constitui-se de três partes: o estigma (que recebe o grão de pólen), o estilete e o ovário — que contém o(s) óvulo(s) (Figura 8.14A). O **androceu** é composto pelo filete e pela antera, a qual é subdividida em duas tecas, contendo cada uma dois sacos polínicos com grãos de pólen. O local de inserção do filete na antera é denominado conectivo (Figura 8.14A e B).

» Óvulo

É constituído por tegumentos, nucelo e saco embrionário. A estrutura que prende o óvulo à parede do ovário é denominada funículo, e a região onde se localiza a abertura do óvulo é a micrópila. Inicialmente, o óvulo tem apenas uma única célula haploide (megásporo), originada por meiose. Esta sofre três mitoses e origina as três antípodas, a oosfera (gameta feminino), as duas sinérgides e a célula central com dois núcleos polares (Figura 8.14C).

» Grão de pólen

O grão de pólen é constituído por duas células haploides (a célula do tubo e a célula generativa) sendo envolto por uma parede que contém esporopolenina, substância extremamente resistente, que forma duas camadas: a externa, denominada exina, e a interna, chamada intina (Figura 8.14B).

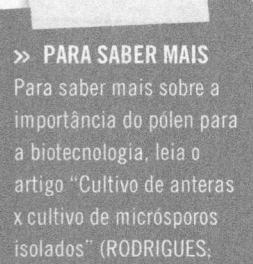

» **PARA SABER MAIS**
Para saber mais sobre a importância do pólen para a biotecnologia, leia o artigo "Cultivo de anteras x cultivo de micrósporos isolados" (RODRIGUES; MARIATH; BODANESE-ZANETTINI, 2004), disponível no ambiente virtual de aprendizagem Tekne.

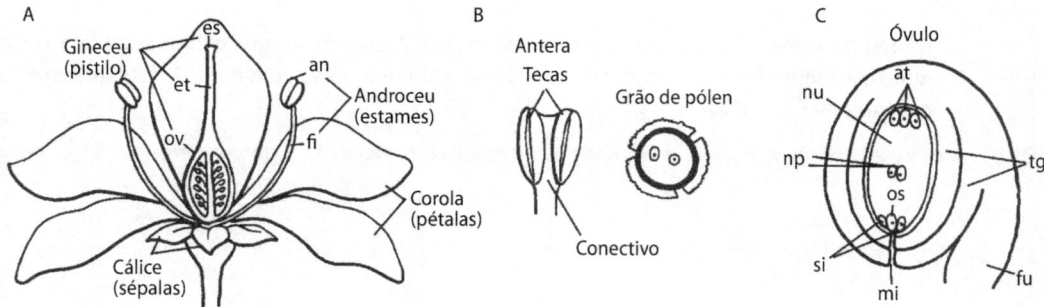

Figura 8.14 Estrutura da flor: estrutura morfológica da flor (A) (an: antera; es: estigma; et: estilete; fi: filete; ov: ovário); detalhe da antera e do grão de pólen com os núcleos da célula do tubo e da célula generativa (B); detalhe do óvulo (C) (at: antípodas; fu: funículo; mi: micrópila; nu: nucelo; np: núcleos polares; si: sinérgides; tg: tegumentos).
Fonte: As autoras.

>> Fruto

Após a fecundação, o(s) óvulo(s) desenvolve(m)-se em semente(s), e o ovário da flor converte-se no fruto. O fruto compreende o pericarpo e a(s) semente(s).

O pericarpo é dividido em três regiões: a mais externa, denominada exocarpo ou epicarpo; a região mais interna, denominada endocarpo; e a região intermediária, chamada mesocarpo (Figura 8.15). Nos frutos carnosos, o mesocarpo é suculento, constituído de células parenquimáticas, enquanto nos frutos secos ele é reduzido e seco.

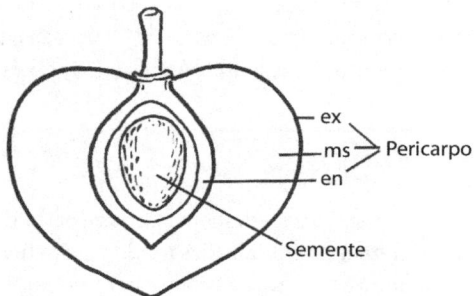

Figura 8.15 Esquema mostrando o fruto em corte longitudinal (ex: exocarpo; ms: mesocarpo; en: endocarpo).
Fonte: As autoras.

>> Semente

A semente é o óvulo fecundado, constituída por embrião, tecido nutritivo (endosperma) e tegumento(s) protetor(es). O embrião é formado por um eixo axial (hipocótilo-radicular) ao qual se liga(m) o(s) cotilédone(s) e em cujas extremidades localizam-se os meristemas apicais. O epicótilo (região acima dos cotilédones) também pode conter uma gema e folhas diminutas.

Após a germinação, marcada pela emissão da radícula, inicia-se o crescimento do hipocótilo (região abaixo dos cotilédones), que se torna ereto, elevando os cotilédones acima do solo. Logo após, inicia-se o desenvolvimento do epicótilo e, em seguida, das primeiras folhas, denominadas **eofilos**. Esse crescimento inicial é sustentado pelas reservas do endosperma.

> ### >> CURIOSIDADE
>
> Alguns cotilédones são considerados as folhas do embrião, pois exercem a função de fotossíntese, sendo, neste caso, denominados cotilédones foliáceos. Há ainda os cotilédones de reserva, que são mais espessos e armazenam nutrientes, e os cotilédones haustoriais, que permanecem parcialmente no interior da semente, como no caso do pinheiro-do-paraná (*Araucaria angustifolia*).

>> Técnicas e práticas sugeridas

Com instrumentos simples e reagentes de fácil aquisição, é possível obter ótimos resultados para a observação microscópica. Apresentaremos, a seguir, o protocolo básico para o estudo histológico das plantas, com técnicas de fácil execução e que não empregam substâncias tóxicas ou carginogênicas. Com elas, podem ser realizadas preparações de qualidade, como as ilustradas neste capítulo. Outras técnicas estão publicadas em referências clássicas, como Johansen (1940), Jensen (1962) e Sass (1951) e em diversos manuais nacionais, como Kraus e Arduin (1997) e Souza et al. (2005).

>> Fixação

Estudos histológicos com plantas podem ser realizados a partir de material recém-coletado (fresco) ou armazenado em soluções fixadoras. Um bom fixador paralisa o metabolismo, preservando o formato e os componentes celulares. Também é desejável que o material fixado endureça levemente, sem sofrer distorção.

Um dos fixadores mais utilizados na histologia vegetal é o **FAA**, uma solução de formol, ácido acético e álcool. O material preservado em FAA pode ser armazenado no próprio fixador ou, após o período de fixação, transferido para uma solução de álcool etílico a 70%, pois os vapores de formol e ácido acético são tóxicos, corrosivos e irritantes.

O FAA é produzido com álcool diluído a 70% (tecidos e órgãos mais rígidos) ou 50% (tecidos e órgãos mais tenros), e o tempo de permanência do material no fixador varia de acordo com o tipo e a espessura da amostra. Geralmente é indicado que a etapa de fixação dure pelo menos 48 horas.

>> **ATENÇÃO**
Todo trabalho realizado em laboratório envolve riscos, portanto as normas de segurança devem ser rigidamente cumpridas. Muita atenção quanto à composição química dos reagentes. Pesquise sobre sua toxidez e precauções de uso nas informações do rótulo e nos manuais específicos. Cuidado também com o uso de lâminas e navalhas na obtenção de cortes ao micrótomo ou à mão livre.

>> Corte

Os cortes podem ser obtidos à mão livre, com o auxílio de lâmina de barbear, ou com o material incluído em meios sintéticos e seccionado em micrótomo rotativo. O **glicolmetacrilato** é uma alternativa ao emblocamento em parafina. Seu uso se justifica pela praticidade e rapidez do procedimento, pela pequena quantidade de reagentes que consome, pela baixa toxidez do produto em comparação com outros e, consequentemente, pela menor exposição de quem o manipula.

O glicolmetacrilato favorece, ainda, uma excelente qualidade no resultado obtido. As lâminas produzidas com amostras incluídas em glicolmetacrilato utilizam meios de montagem sintéticos (p. ex., Entellan) e são denominadas lâminas permanentes, pois se preservam indefinidamente.

Algumas das imagens apresentadas neste capítulo são oriundas de cortes obtidos no micrótomo rotativo, mas o desenvolvimento de atividades práticas em laboratório e a investigação inicial de tecidos vegetais podem ser realizados a partir da obtenção de cortes à mão livre. Epiderme, parênquima, colênquima, esclerênquima, tecidos secretores e meristemas secundários, como o câmbio vascular, podem ser estudados com qualidade a partir de cortes histológicos manuais. No entanto, tecidos mais delicados (p. ex., meristemas primários) ou ainda muito rígidos (p. ex., madeira) necessitam de outras técnicas para a obtenção de bons cortes histológicos.

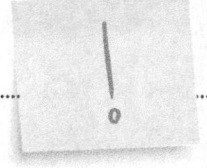

> **» IMPORTANTE**
>
> Qualquer que seja o método para o seccionamento da amostra, é imprescindível observar a orientação do plano de corte, para que a interpretação da organização celular seja adequada. Nas folhas, cujo formato é plano, são utilizados os cortes paradérmicos e os cortes transversais (Figura 8.16). Já os caules, com formato cilíndrico, permitem três planos de corte: transversal, longitudinal radial e longitudinal tangencial (Figura 8.16).

Além de atender perfeitamente ao plano de seccionamento, os cortes devem ser delgados o suficiente para que a luz consiga atravessá-los e formar a imagem. Poucos materiais podem ser diretamente observados ao microscópio sem passar por preparação prévia.

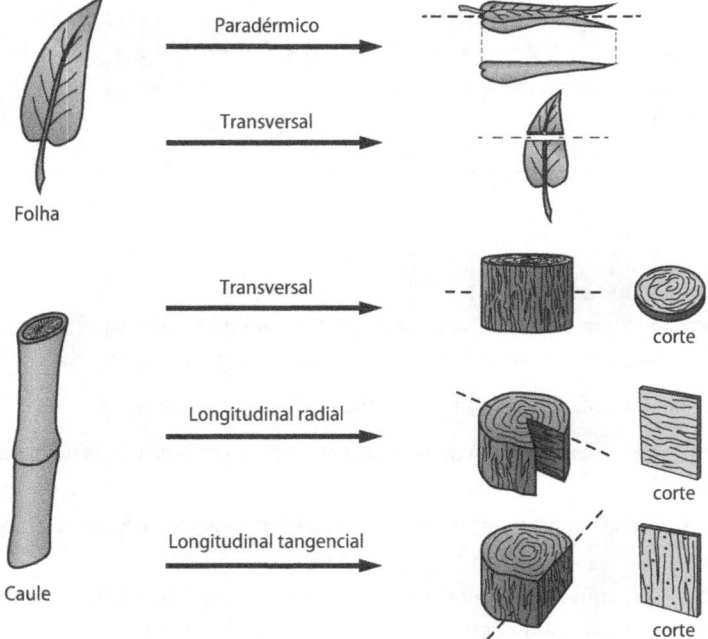

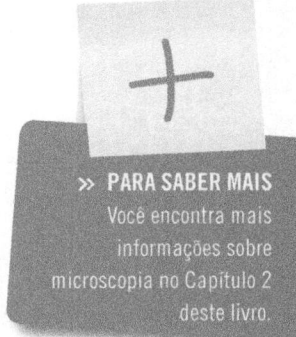

> **» PARA SABER MAIS**
> Você encontra mais informações sobre microscopia no Capítulo 2 deste livro.

Figura 8.16 Principais planos de corte utilizados na histologia vegetal.
Ilustração: Thiago Moura.

> **DICA**
> Organize e identifique todo o material e etiquete as lâminas com informações importantes como espécie, plano de corte e corante utilizado.

» Corte à mão livre a partir de material fresco ou fixado

Cortes à mão livre de órgãos relativamente rígidos, como caules jovens que têm suficiente sustentação para não se deformar com o contato da lâmina de barbear, são realizados segurando a amostra diretamente com a mão. Já órgãos mais delgados e tenros, como folhas, necessitam do uso de suportes feitos com isopor, por exemplo. Dispondo a amostra no interior do suporte, obtém-se a sustentação necessária para o deslizamento da lâmina de barbear (Figura 8.17A).

Após o seccionamento à mão livre, as amostras passam por um processo de clarificação para remover os pigmentos das células. Então, os cortes são corados e montados para observação em microscópio óptico.

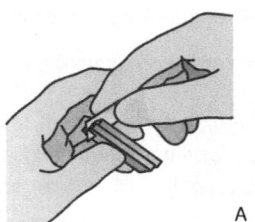

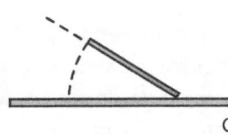

Figura 8.17 Procedimento para efetuar cortes manuais com auxílio de lâmina de barbear e suporte de isopor (A); detalhe da transferência dos cortes para a lâmina, com auxílio de pincel (B); detalhe do posicionamento da lamínula sobre a lâmina para evitar a formação de bolhas (C).
Ilustração: Thiago Moura.

» PROCEDIMENTO

Clarificação com hipoclorito de sódio (água sanitária)
A clarificação pode ser realizada com o hipoclorito de sódio, que é comercializado como água sanitária. A partir desta, cuja concentração de cloro é cerca de 2%, é feita a diluição nas seguintes proporções:

60 mL de água destilada + 40 mL de água sanitária = 100 mL de solução clarificadora.

- Mantenha os cortes nessa solução até que se tornem quase transparentes (no caso de cortes delgados, isso leva poucos minutos).
- Após a clarificação, lave bem o material, transferindo-o pelo menos três vezes para placas de Petri com água destilada.
- Após a lavagem, passe os cortes por água acidificada (água destilada com algumas gotas de ácido), para neutralizar e transfira-os novamente para a água destilada. Após esse procedimento, a coloração pode ser efetuada.

>> Coloração

A coloração é uma fase fundamental do preparo do material para a microscopia, pois os corantes adequados evidenciam as estruturas celulares.

Há diversos corantes disponíveis para uso de forma isolada ou em combinação para o estudo histológico. Alguns corantes são metacromáticos, ou seja, coram determinados componentes e estruturas celulares com uma cor diferente da do próprio corante.

O **azul de toluidina**, por exemplo, geralmente promove coloração de qualidade superior em tecidos vegetais. Com esse corante, que pode ser utilizado em solução aquosa a 0,05%, a parede celular secundária lignificada cora-se em azul brilhante, enquanto a parede primária varia de azul até lilás, de acordo com a proporção de pectinatos (polissacarídeos hidrofílicos) em relação à celulose. A histoquímica é o uso de corantes específicos que reagem com a amostra e identificam sua natureza química. Deve ser realizada preferencialmente no material fresco para evitar interferência de outros reagentes nas células.

Após a coloração, os cortes são dispostos sobre a lâmina, tendo como meio de montagem água destilada, e cobertos com lamínula (Figura 8.17B e C), podendo, então, ser observados no microscópio óptico.

> **>> NO SITE**
> Acesse o ambiente virtual de aprendizagem Tekne para conhecer um protocolo com diversas técnicas histoquímicas.

>> IMPORTANTE

Para que a preparação manual seja mais duradoura, use como meio de montagem uma solução aquosa de glicerina a 40% em vez de água e vede as bordas da lamínula com esmalte de unha incolor, preservando a lâmina por até algumas semanas.

REFERÊNCIAS

CORREA, P. G. et al. Herbivoria e anatomia foliar em plantas tropicais brasileiras. *Ciência e Cultura*, v. 60, n. 3, p. 54-57, 2008.
RODRIGUES, L. R.; MARIATH, J. E. A.; BODANESE-ZANETTINI, M. H. Cultivo de anteras x cultivo de micrósporos isolados. *Revista Biotecnologia Ciência e Desenvolvimento*, n. 3, p. 51-54, 2004.

LEITURAS RECOMENDADAS

JENSEN, W. A. *Botanical histochemistry*: principles and practice. San Francisco: W.H. Freeman, 1962.
JOHANSEN, D. A. *Plant microtechnique*. New York: McGraw-Hill, 1940.
KRAUS, J. E.; ARDUIN, M. *Manual básico de métodos em morfologia vegetal*. Seropédica: EDUR, 1997.
SASS, J. E. *Botanical microtechique*. 3. ed. Iowa: State, 1951.
SOUZA, L. A. et al. *Morfologia e anatomia vegetal*: técnicas e práticas. Ponta Grossa: UEPG, 2005.

Alessandra Nejar Bruno
Ana Paula Duarte de Souza

capítulo 9

Métodos imunológicos aplicados à biotecnologia

A imunologia e as ferramentas imunológicas são muito relevantes para a biotecnologia. Neste capítulo, você encontrará uma breve introdução sobre esse tema, além dos princípios e procedimentos necessários para a realização das técnicas imunológicas mais importantes adotadas nas diferentes áreas da biotecnologia.

Objetivos de aprendizagem

» Enunciar os princípios da imunologia.
» Identificar as principais técnicas imunológicas.
» Empregar as principais aplicações da imunologia em biotecnologia.
» Descrever as etapas da produção de anticorpos monoclonais.

>> **DEFINIÇÃO**
Imunologia é a ciência que estuda os eventos que ocorrem quando o organismo entra em contato com microrganismos ou outras moléculas estranhas (ABBAS, 2005).

A imunologia e as ferramentas imunológicas apresentam uma série de aplicações, com destaque para:

- o desenvolvimento e a produção de vacinas;
- o diagnóstico de diferentes patologias, também chamado imunodiagnóstico;
- a pesquisa científica;
- o desenvolvimento de novos fármacos e novas terapias;
- os estudos de doenças, como as doenças autoimunes, as alergias e o câncer;
- a purificação de proteínas e hormônios para a utilização em terapias.

A imunidade é dividida em inata e adaptativa. A **imunidade inata** é considerada a primeira linha de defesa contra agentes infecciosos. As células envolvidas nesse tipo de resposta são principalmente aquelas com função de fagocitose, capazes de secretar substâncias microbicidas, como neutrófilos, eosinófilos, basófilos e macrófagos.

A maioria dos contatos que temos com microrganismos não chega a causar infecções, pois a resposta imune inata se encarrega de eliminar esses invasores do organismo. Entretanto, caso a resposta imune inata não consiga eliminar os patógenos, entra em cena a resposta imune adaptativa.

>> **CURIOSIDADE**
O termo "imunidade" deriva do latim *immunitas*, que se refere às isenções de taxas oferecidas aos senadores romanos.

A **imunidade adaptativa**, como o próprio nome diz, adapta-se ao longo de "nossa história imunológica", ou seja, é modificada quando nos expomos a microrganismos e outros agentes estranhos. Assim, a imunidade adaptativa inclui as chamadas células de memória, que reconhecem durante muitos anos, ou pelo resto da vida, partículas infecciosas com as quais o organismo já esteve em contato. As células envolvidas na imunidade adaptativa são os linfócitos, capazes de gerar uma resposta altamente específica.

Os **linfócitos T** são assim chamados porque completam o seu desenvolvimento no timo. Os chamados **linfócitos T auxiliares** contribuem para a resposta imunológica por meio da produção de proteínas de baixo peso molecular, denominadas **citocinas**. Existem também os **linfócitos T citotóxicos** que, como o próprio nome diz, possuem uma ação tóxica e direta sobre células infectadas por vírus e sobre algumas células alteradas, como as células tumorais. Entretanto, todos os linfócitos T possuem receptores (receptores de células T – TCR) e uma molécula na superfície de sua membrana (o CD3), utilizados para a identificação de linfócitos T por meio de técnicas imunológicas.

>> **DEFINIÇÃO**
O termo "imunidade biológica" relaciona-se à proteção contra doenças infecciosas.

Os **linfócitos B**, quando ativados, são capazes de produzir proteínas chamadas imunoglobulinas, ou anticorpos, que atuam de forma específica contra um determinado agressor. As unidades básicas da estrutura dos anticorpos são apresentadas na Figura 9.1 e no Quadro 9.1. Existem diferentes tipos ou classes de anticorpos (IgM, IgG, IgE, IgD e IgA), que apresentam funções distintas (Quadro 9.2).

Quadro 9.1 » **Unidades básicas da estrutura dos anticorpos**

Cadeias leves e pesadas	Todas as imunoglobulinas possuem duas cadeias leves (L) idênticas e duas cadeias pesadas (H) idênticas.
Ponte dissulfeto	Ligação que une as cadeias pesada e leve e as duas cadeias pesadas de um anticorpo.
Região da dobradiça	Região com a qual os braços da molécula de anticorpo formam um "Y". É assim chamada em razão da flexibilidade que há na molécula nesse ponto.
Fragmento de ligação a antígeno (Fab)	Região do anticorpo que contém o sítio de ligação a antígenos.
Fragmento cristalizável (Fc)	Muitas das funções dos anticorpos são mediadas por suas porções Fc, já que é por essa porção que ocorre a interação com as células efetoras, como as células NK (*natural killer* ou assassinas naturais), os mastócitos e os basófilos.

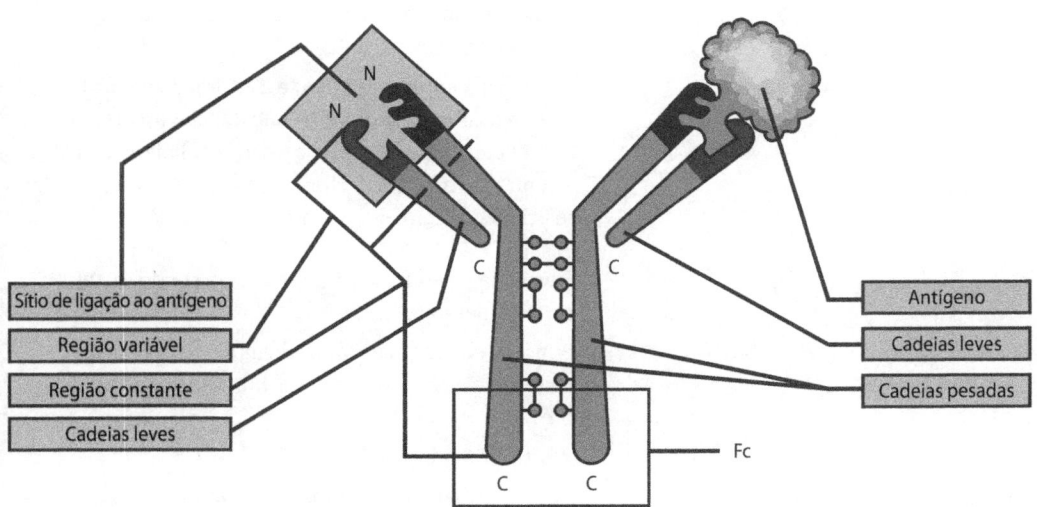

Figura 9.1 Estrutura geral de um anticorpo. "N" representa as extremidades aminoterminais (NH_2) das cadeias leves e pesadas, enquanto "C" representa as extermidades carboxiterminais (COOH).
Fonte: Adaptada de Sadava et al. (2011).

Quadro 9.2 » **Classes de imunoglobulinas e suas principais características**

Imunoglobulina	Características
IgM	É a primeira classe de imunoglobulinas produzida pelos linfócitos B. Junto com a IgD, é a mais encontrada na superfície de linfócitos B. Em sua forma ligada à membrana, atua como um receptor de linfócitos B (BCR). Predomina no início das respostas imunológicas.
IgG	Mais abundante na circulação sanguínea. Consegue atravessar a placenta. Principal anticorpo envolvido nas respostas imunes secundárias. Única classe que neutraliza toxinas. Possui quatro subtipos (IgG1, IgG2, IgG3 e IgG4).
IgE	Envolvida em reações imunes contra helmintos e em alergias. Grande afinidade para receptores nas membranas de mastócitos e basófilos. A interação entre o antígeno e a IgE ligada no mastócito resulta na liberação de várias substâncias associadas à vasodilatação, ao aumento da permeabilidade vascular, à contração de músculo liso e à atração de outras células relacionadas com inflamação.
IgA	Envolvida na imunidade em mucosas, sendo secretada no leite materno. Principal anticorpo encontrado na lágrima, no leite, na saliva e nas secreções nasal, bronquial, vaginal e da próstata. Possui os subtipos IgA1 e IgA2. Apresenta baixa concentração no sangue.
IgD	Tal como a IgM, é encontrada na superfície de linfócitos B. Sua função biológica ainda não é muito definida.

» **ATENÇÃO**
Respostas imunes secundárias são aquelas que ocorrem após um contato prévio com o antígeno.

Vasodilatação é o processo de dilatação dos vasos sanguíneos para a passagem de sangue. Resulta no aumento do fluxo de sangue e, consequentemente, de nutrientes, oxigênio e células relacionadas a processos imunológicos.

Inflamação é uma resposta imune local que visa a conter e isolar a lesão, a inativar as toxinas e a destruir os microrganismos invasores. É caracterizada pela liberação de citocinas e pela migração de células imunes e específicas para o local de infecção, resultando em alterações ou sinais clínicos clássicos, como calor, dor, inchaço (edema) e vermelhidão (rubor).

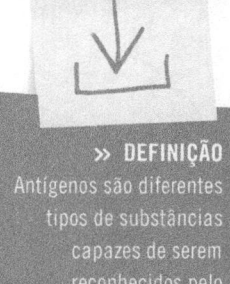

>> DEFINIÇÃO
Antígenos são diferentes tipos de substâncias capazes de serem reconhecidos pelo sistema imune.

Princípio das técnicas imunológicas

As diferentes técnicas imunológicas baseiam-se na chamada **ligação antígeno-anticorpo**. As partes dos antígenos especificamente reconhecidas pelos anticorpos produzidos são chamadas **epítopos**, ou **determinantes antigênicos**.

Um potencial problema nas técnicas baseadas nesse princípio é a chamada **reação cruzada**, que ocorre quando um anticorpo reage com outros antígenos além daquele que induziu a resposta imune. A reação cruzada se dá quando os epítopos dos antígenos são similares àqueles que induziram a produção do anticorpo.

Os **anticorpos monoclonais** são anticorpos produzidos por um único linfócito B e seus respectivos clones e, por isso, são capazes de reconhecer um único epítopo de um antígeno, sendo mais específicos e evitando as reações cruzadas. Esses anticorpos diferem dos chamados **anticorpos policlonais**, que são o produto de diversos linfócitos B, os quais não são necessariamente clones uns dos outros (MURPHY; TRAVERS; WALPORT, 2010).

Atualmente, os anticorpos monoclonais são empregados em diferentes técnicas imunológicas. Ao longo deste capítulo, conheceremos algumas delas:

- ELISA
- imunoaglutinação
- *immunoblotting*
- citometria de fluxo
- radioimunoensaio
- imunofluorescência
- imunocitoquímica e imuno-histoquímica

>> ATENÇÃO
A reação cruzada se torna um problema na realização de testes diagnósticos, pois, caso um anticorpo reconheça epítopos similares ao que deveria ser detectado, ocorrerá um resultado falso-positivo.

>> DICA
A utilização de anticorpos monoclonais é uma forma de minimizar ou até de evitar a ocorrência de resultados falso-positivos.

> **NA HISTÓRIA**
>
> O primeiro método para a produção de anticorpos monoclonais foi descrito por Geoges Kohler e Cesar Milstein em 1975 e revolucionou a ciência.

Produção de anticorpos monoclonais

Como os linfócitos não podem crescer indefinidamente em cultura, os linfócitos B produtores de anticorpos são fusionados com uma célula capaz de se dividir por um tempo indeterminado em cultura (célula imortalizada). Para tanto, adota-se uma linhagem de célula tumoral – neste caso, de câncer de medula óssea (mieloma). Esse processo de fusão gera células híbridas chamadas **hibridomas**, que produzem anticorpos. A seguir, são explicadas as etapas de produção dos anticorpos monoclonais.

Etapa I – Imunização do camundongo

Para essa etapa, são necessários os seguintes materiais:
- antígeno;
- adjuvante completo de *Freund* (solução constituída de óleo mineral e *mycobacteria* inativada, que serve para emulsificar o antígeno e estimular a resposta imune);
- camundongos Balb/c;
- seringa de vidro de 1 mL.

Variadas preparações de antígenos têm sido empregadas para a produção de anticorpos monoclonais. Neste protocolo, um antígeno em emulsão é injetado pela via intraperitoneal de camundongos. Uma dose de reforço é administrada entre 10 a 14 dias após a primeira imunização. Os camundongos são então sacrificados, e os baços são removidos cirurgicamente para o isolamento das células do baço (esplenócitos) que, em seguida, são fusionadas com as células de mieloma.

Etapa II – Fusão

Para essa etapa, são necessários os seguintes materiais:

- células de mieloma SP2/0 (ATCC CRL 1581);
- meio DMEM;
- meio DMEM com 50% de PEG;
- meio HAT;
- placas de 96 poços.

Os esplenócitos provenientes dos camundongos são combinados com as células de mieloma junto com polietilenoglicol (PEG) a 37 °C, para que ocorra a fusão dessas células. Após a incubação, é adicionado um meio seletivo com hipoxantina, aminopterina e timidina (meio HAT) por aproximadamente duas semanas, e então os hibridomas são selecionados e testados quanto à produção de anticorpos com a técnica de ELISA, conforme descrito mais adiante neste capítulo.

Etapa III – Seleção e expansão de hibridomas

O hibridoma que produz o anticorpo de interesse é isolado, diluindo as células da cultura até que seja obtida uma única célula por poço na placa de cultura. Esse único clone é então expandido para a produção do anticorpo monoclonal em grande quantidade, para posterior purificação. A expansão é feita por meio de passagens para garrafas de cultura com volumes superiores até a obtenção de uma quantidade de sobrenadante adequada para purificação.

>> PROCEDIMENTO

Você vai precisar de hibridoma de interesse material para a cultura de células animais (meio de cultura DMEM, soro bovino fetal, garrafas de cultivo celular de diferentes tamanhos, tubos cônicos e azul de tripan), ponteiras, pipetas, fluxo laminar, estufa de CO_2, centrífuga refrigerada e microscópio invertido.

- Descongele um criotubo de hibridoma de interesse e coloque em um tubo cônico contendo 10 mL de meio DMEM sem soro.
- Centrifugue a 1.500 rpm por 5 minutos a 4 °C.
- Verifique a viabilidade utilizando o corante azul de tripan (ver o Capítulo 7 deste livro).
- Transfira para uma garrafa de 25 cm^2 em meio DMEM contendo 10% de soro bovino fetal (SBF).
- Repique para uma nova garrafa de 75 cm^2.
- Após atingir a densidade, transfira novamente para uma garrafa de 175 cm^2 contendo 100 mL de meio DMEM com 10% de SBF.
- Cultive por três dias até as células morrerem e colete o sobrenadante, transferindo o conteúdo da garrafa para um tubo cônico de 50 mL.
- Centrifugue por 10 minutos a 1.500 rpm.
- Guarde o sobrenadante a 4 °C por meses, a -20 °C por anos ou a -70 °C por tempo indeterminado.
- Teste o sobrenadante quanto à presença de anticorpos com a técnica de ELISA, conforme descrito mais adiante neste capítulo.

» DEFINIÇÃO
Eluição é a remoção do anticorpo ligado na coluna de afinidade utilizando uma solução capaz de desfazer a ligação pela qual o anticorpo está ligado.

Etapa IV – Purificação do anticorpo utilizando coluna de afinidade

A purificação de anticorpos por afinidade é realizada com as proteínas G e A. Ambas as proteínas conseguem se ligar na porção Fc das imunoglubinas, mas diferem quanto à afinidade entre as suas diferentes classes (Tabela 9.1).

A proteína A serve para isolar anticorpos monoclonais ou policlonais IgG de ascites (líquido acumulado na cavidade peritoneal de camundongos que receberam a injeção de hibridomas), soro, sobrenadantes de cultura ou biorreatores (sistema para a cultura de células em grande escala). Purificações usando a proteína A são recomendadas para anticorpos humanos (exceto IgG3) e de camundongos.

Eis o procedimento para a purificação de anticorpos por cromatografia de afinidade conjugada com proteína A. Esse protocolo consiste na ligação do anticorpo a ser purificado na coluna de proteína A em pH 8,0. Após, é realizado o processo de **eluição** em um pH baixo.

» PROCEDIMENTO

Você vai precisar de sobrenadante contendo o anticorpo a ser purificado, filtro de 0,45 μm, solução tampão fosfato salino (PBS) com pH 8, solução de NaOH a 1 M, sefarose contendo proteína A hidratada, solução de ácido cítrico a 0,1 M (no pH apropriado para cada subclasse de anticorpo), solução tampão Tris base 2 M, coluna de 1,5 a 10 cm, centrífuga de tubos refrigerada, medidor de pH e espectrofotômetro.

- Centrifugue o sobrenadante a 1.500 rpm por 10 minutos e filtre usando filtro de 0,45 μm.
- Ajuste o pH do sobrenadante para 8,0 adicionando solução de NaOH 1 M.
- Prepare a coluna com sefarose contendo proteína A.
- Equilibre a coluna com PBS pH 8,0.
- Adicione o sobrenadante na coluna.
- Lave a coluna com vários volumes de PBS pH 8,0.
- Elua os anticorpos ligados na coluna com solução de ácido cítrico 0,1 M com pH apropriado em um tubo coletor contendo previamente 50 μL de tampão Tris base 2M. Consulte a tabela a seguir para encontrar o pH mais adequado para a eluição de diferentes tipos de imunoglobulinas.
- Determine a densidade óptica (DO) do anticorpo mediante espectrofotometria em 450 nm.
- Dialise o anticorpo em PBS pH 7,3.*

Imunoglobulina (camundongo)	IgG1	IgG2a	IgG2b	IgG3
pH indicado para eluição	6,5	4,5	3,0	3,0

* Dialisar consiste na remoção de sais e outras pequenas moléculas por meio de um processo denominado diálise. No caso citado, a diálise se dá pela troca do tampão que contém o anticorpo.

Ensaios de aglutinação

> **DEFINIÇÃO**
> Biofármacos são substâncias terapêuticas desenvolvidas a partir de um sistema vivo. Os anticorpos monoclonais utilizados para o tratamento do câncer e de outras doenças são considerados biofármacos.

Os ensaios de aglutinação baseiam-se na interação entre o anticorpo e um antígeno ligado a uma partícula, resultando na formação de pequenos agregados. A formação desses agregados é rápida e visível a olho nu ou com o auxílio de uma lupa, podendo ser executada com grande facilidade em tubos, lâminas ou placas. Existem dois tipos principais de técnicas de aglutinação: a direta e a indireta.

Aglutinação direta

Neste ensaio, o antígeno naturalmente faz parte da célula que sofrerá aglutinação na presença de anticorpos. Um exemplo clássico da aplicação desse teste é a tipagem sanguínea, que consiste na identificação de antígenos presentes nas hemácias utilizando anticorpos específicos. Essa técnica é de grande importância para a doação de sangue, já que identifica o grupo sanguíneo do doador e do paciente. Existem quatro grupos sanguíneos: A, B, AB e O (VAZ; TAKEI; BUENO, 2007).

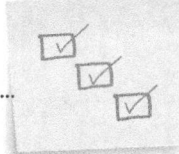

>> PROCEDIMENTO

Você vai precisar de amostra de sangue com anticoagulante, anticorpos contra o antígeno A (anti-A), anticorpos contra o antígeno B (anti-B) e lâminas histológicas de vidro.

- Colete uma amostra de sangue do doador e coloque três gotas sobre uma lâmina de vidro.
- Em uma gota de sangue, adicione o anticorpo anti-A; em outra gota de sangue, o anticorpo anti-B (a terceira gota de sangue deve permanecer intacta).
- Homogeneíze e observe a presença de aglutinação.
- Estabeleça o resultado conforme descrito a seguir.

  Tipo A: Aglutinação somente na gota que recebeu anti-A.
  Tipo B: Aglutinação somente na gota que recebeu anti-B.
  Tipo AB: Aglutinação na gota que recebeu anti-A e na gota que recebeu anti-B.
  Tipo O: Ausência de aglutinação em todas as gotas.

>> PROCEDIMENTO

Os **testes de Coombs** (direto e indireto) baseiam-se nas técnicas de aglutinação e são comumente realizados para o diagnóstico da doença hemolítica do recém-nascido (eritroblastose fetal). A eritroblastose fetal ocorre quando o sangue de mulheres que não apresentam o antígeno Rh em suas hemácias (Rh negativa) entra em contato (durante o parto) com o sangue do filho que apresenta esse antígeno (Rh positivo), iniciando a produção de anticorpos anti-Rh que, em um segundo parto, destruirão as hemácias do bebê, podendo causar sua morte. O teste de Coombs também é importante para o diagnóstico das anemias autoimunes e para os testes de compatibilidade entre doador e receptor antes das transfusões de sangue.

>> Aglutinação indireta ou passiva

Neste ensaio, as hemácias ou outras partículas inertes, como as partículas de látex, são sensibilizadas com o antígeno por meio de agentes químicos ou por conjugação. A hemaglutinação indireta serve para a detecção de anticorpos específicos para:

- *Trypanossoma cruzi* (protozoário causador da doença de Chagas, tripanossomíase americana ou esquizotripanose)
- *Treponema pallidum* (bactéria causadora da sífilis)
- *Toxoplasma gondii* (protozoário causador da toxoplasmose) (FERREIRA, 2001)

>> CURIOSIDADE

O teste de gravidez é realizado por meio da pesquisa do hormônio β gonadotrofina coriônica secretado pelo feto. Os testes de gravidez mais comuns são o de aglutinação passiva (discutido anteriormente) e o teste rápido (ver adiante), sendo realizados com amostras de urina ou de sangue.

ELISA

O teste de ELISA (*enzyme-linked immunosorbent assay*) é uma das técnicas imunológicas mais empregadas atualmente. É assim chamado por ser um tipo de teste imunoenzimático em razão da utilização de anticorpos ligados covalentemente a enzimas, conforme descrito a seguir.

O ELISA é um método que pode ser qualitativo, utilizando o ponto de corte ou *cut-off* para determinar amostras positivas ou negativas, ou quantitativo, utilizando uma curva padrão com os anticorpos ou antígenos a ser determinados em diferentes concentrações. Essa técnica permite a detecção de quantidades pequenas de uma dada substância com grande confiabilidade.

Entre as aplicações do teste de ELISA, destacam-se:

- o diagnóstico de diferentes doenças infecciosas;
- o diagnóstico de doenças autoimunes ou alergias;
- a detecção do vírus HIV (até sua terceira geração, o teste de ELISA só detectava a presença de anticorpos três ou quatro semanas após o contato com o vírus, na chamada janela imunológica. Entretanto, os testes de quarta geração já são capazes de detectar antígenos do vírus HIV, como o p24, em aproximadamente duas semanas após o contato);
- a detecção de toxinas;
- a detecção de diferentes moléculas para a pesquisa científica e tecnológica;
- as análises ambientais usando amostras de água e de solo;
- o controle de qualidade por meio da análise de amostras de alimentos, bebidas e outros produtos.

Etapas para a realização do ELISA

Eis os diferentes passos e a importância de cada um deles para a realização de um teste de ELISA.

Sensibilização: Para a realização dessa técnica, utiliza-se uma fase sólida, que normalmente é uma placa com 96 poços (Figura 9.2) de poliestireno. A técnica é iniciada com o processo de sensibilização da placa, que consiste na aplicação do antígeno ou anticorpo durante um determinado tempo.

Bloqueio: Este importante passo consiste em bloquear os sítios reativos da placa por meio de uma solução de proteína em alta concentração (aproximadamente 5 mg/mL). Essa solução pode ser leite desnatado (também chamado *blotto*), albumina, gelatina, caseína, soro bovino fetal, entre outras substâncias. A realização do

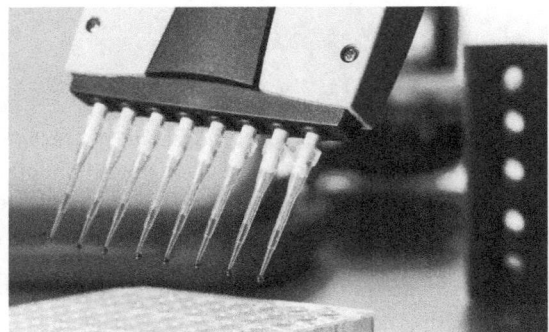

Figura 9.2 Placa de 96 poços usada para a técnica de ELISA.
Fonte: luchschen/iStock/Thinkstock.

> » **DICA**
> Ligações não específicas são reduzidas com um detergente não iônico, como o Tween 20, e/ou com uma solução proteica (leite desnatado, gelatina, soroalbumina bovina, caseína, soro fetal bovino, etc.) no reagente utilizado para diluir a amostra.

bloqueio minimiza as chances de resultados falso-positivos decorrentes da presença de ligações não específicas com alguns componentes da placa que eventualmente sejam reconhecidos pelos anticorpos utilizados.

Lavagens: Também são de extrema importância entre os diferentes períodos do teste, já que auxiliam na retirada dos componentes que não estão efetivamente ligados na placa e que podem interferir nos resultados. As lavagens são realizadas comumente com tampão fosfato (PBS), podendo conter Tween 20 (0,05%), capaz de dissociar ligações mais fracas.

Anticorpos: O anticorpo primário é usado para a detecção de um antígeno específico presente em uma amostra. Já o segundo anticorpo, ou anticorpo secundário, é ligado a uma enzima capaz de converter o seu substrato a uma forma detectável e possivelmente quantificável. Quando essa enzima é a peroxidase, o substrato é o peróxido de hidrogênio (H_2O_2).

Cromógeno: Substância incolor que, após uma reação química (oxidação), produz cor. No exemplo mencionado anteriormente, a enzima peroxidase ligada ao segundo anticorpo atua sobre o H_2O_2, levando à alteração do cromógeno e à produção de cor. Os cromógenos mais utilizados são, a ortofenilenodiamina (OPD), o ácido 5-amino salicílico, a ortoluidina, o 2,2'-diazino do ácido betilbenzotiazolino sulfônico (ABTS) e a tetrametilbenzidina (TMB).

Interrupção da reação: Ao final de todos os passos citados, a reação é interrompida pela ação de um ácido ou detergente capaz de inativar a ação enzimática.

Leitura: A determinação da coloração é realizada visualmente, para resultados qualitativos, ou ao medir a densidade óptica (DO) da solução por meio de espectrofotometria, utilizando um leitor de placas específico chamado leitor de ELISA (Figura 9.3).

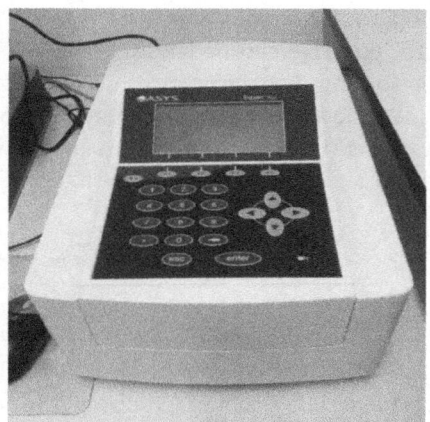

Figura 9.3 Leitor de ELISA (ou leitor de placas) usado para a obtenção da densidade óptica por meio de espectrofotometria.
Fonte: As autoras.

Quadro 9.3 » Controles usados em um teste de ELISA

Controle positivo	Amostra sabidamente positiva para o que está sendo testado.
Controle negativo	Amostra sabidamente negativa para o que está sendo testado.
Padrão	Solução da substância a ser dosada com uma concentração conhecida para ser utilizada em testes quantitativos.
Repetição	O conteúdo de cada poço na placa de ELISA deve ser repetido (realizado em duplicatas, triplicatas ou mais) para evitar variações. Após a obtenção desses resultados, é realizada uma média considerando que esses valores devem ser muito parecidos.

» Tipos de ELISA

Como as diferentes etapas descritas servem para a detecção de moléculas distintas, a seguir apresentamos os diferentes tipos de ELISA.

ELISA direto ou ELISA sanduíche

É o tipo de ELISA mais utilizado e permite a detecção de antígenos em diferentes amostras. Um anticorpo conhecido é adicionado, ligando-se à placa. Após sucessivas lavagens para a remoção dos anticorpos livres, acrescenta-se a amostra. Caso o antígeno a ser pesquisado esteja presente na amostra, ele se ligará aos anticorpos nos poços. Adiciona-se então o anticorpo conjugado com enzimas, como a peroxidase. O cromógeno e o substrato são adicionados e, se o cromógeno for oxidado pela ação da reação enzimática, haverá o desenvolvimento de uma cor, cuja intensidade será diretamente proporcional à concentração de antígeno na amostra (Figura 9.4B).

>> PROCEDIMENTO

Você vai precisar de anticorpo primário, anti-IgG conjugado com peroxidase (HRP), PBS Tween 20 (0,05%), tampão de bloqueio, TMB, HCl 1N, placas de ELISA, controle positivo, pipeta multicanal e leitor de ELISA.

- Sensibilize a placa a 4 °C durante aproximadamente 12 horas com 100 μL do anticorpo específico.
- Lave a placa três vezes com PBS Tween 20.
- Bloqueie a placa com 200 μL de tampão de bloqueio durante 1 hora em temperatura ambiente com leve agitação.
- Adicione o soro ou a amostra na diluição de 1/10 a 1/50 em tampão de bloqueio e incube por aproximadamente 12 horas a 4°C.
- Lave a placa três vezes com PBS Tween 20.
- Adicione o anticorpo primário diluído em tampão de bloqueio e incube por 1 hora em temperatura ambiente.
- Adicione o anticorpo secundário (anti-IgG) conjugado com a peroxidase, conforme a origem do anticorpo primário, diluído 1/1.000 em tampão de bloqueio e incube por 1 hora em temperatura ambiente sob agitação constante.
- Lave a placa três vezes com PBS Tween 20.
- Adicione 100 μL de TMB pronto para uso e incube por 10 minutos em temperatura ambiente sob agitação.
- Interrompa a reação usando 100 μL de HCl 1N.
- Leve a placa para a leitura em leitor de ELISA no comprimento de onda 450 nm.

>> NO SITE
Acesse o ambiente virtual de aprendizagem Tekne para conhecer um protocolo de ELISA indireto, em www.grupoa.com.br/tekne.

ELISA indireto

É empregado para a pesquisa de anticorpos de diferentes classes. No método básico, as placas são sensibilizadas com o antígeno que adere à superfície dos poços. Em seguida, são realizadas lavagens para a retirada do antígeno livre nos poços, e adiciona-se a amostra. O anti-imunoglobulina conjugado com a enzima reage com o anticorpo capturado pelo antígeno na placa. O cromógeno e o substrato são adicionados e, caso o cromógeno seja oxidado pela ação da reação enzimática, haverá o desenvolvimento de cor proporcional à concentração de anticorpo presente na amostra adicionada. A reação é interrompida, e a intensidade de cor é estimada no leitor de ELISA (Figura 9.4A).

ELISA competitivo

O método competitivo é mais utilizado para a identificação de antígenos, mas também pode ser empregado para a detecção de anticorpos (Figura 9.4C). Para a detecção de antígenos, a placa é sensibilizada com o anticorpo primário e, em seguida, adiciona-se a amostra. O próximo passo é acrescentar o antígeno marcado com uma enzima. Caso o antígeno pesquisado esteja presente na amostra, ele competirá com o antígeno marcado pelo anticorpo na placa. Adiciona-se então o cromógeno e o substrato.

Quanto maior a quantidade de antígenos na amostra, menor a possibilidade de ligação do antígeno marcado e menor a intensidade de cor emitida. Assim, a intensidade da cor é inversamente proporcional à concentração de antígeno na amostra pesquisada. Essa técnica serve para a detecção de moléculas pequenas, como as aflatoxinas (toxinas produzidas por espécies do fungo *Aspergillus* em amostras de alimentos ou rações).

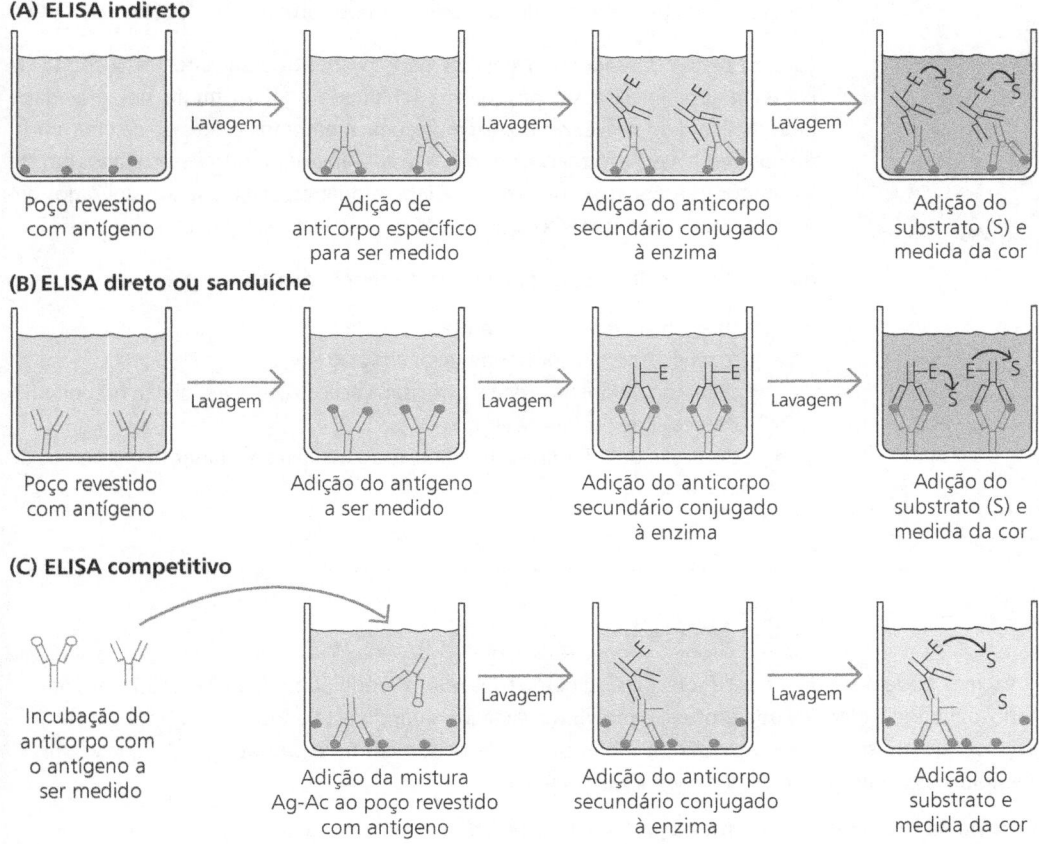

Figura 9.4 Representação de um ELISA indireto (A), de um ELISA direto ou sanduíche (B), e de um ELISA de competição para a detecção de antígenos (C).
Fonte: Goldsby, Osborne e Kindt (2008).

ELISA de captura

O teste de captura de anticorpos é indicado para a detecção de anticorpos IgM, já que esse anticorpo sinaliza a fase aguda das infecções, também podendo ser utilizado para a captura de outras classes de imunoglobulinas. Um exemplo de aplicação dessa técnica é o diagnóstico da toxoplasmose.

Nesse método, a fase sólida é sensibilizada com anticorpos anti-IgM. Em seguida, adiciona-se a amostra e um antígeno específico que se liga à IgM. Um anticorpo secundário conjugado com uma enzima é então acrescentado, seguido pela adição do substrato e do cromógeno, que produzirá uma cor proporcional à concentração de IgM na amostra.

O que são testes rápidos?

O teste rápido mais conhecido é o teste de gravidez. As técnicas de imunoensaio adotadas nos testes rápidos incluem os ensaios competitivos e não competitivos já descritos para o ELISA. Entretanto, em vez de uma placa de ELISA, é utilizado um suporte sólido (membranas de nitrocelulose, látex ou cartelas plásticas).

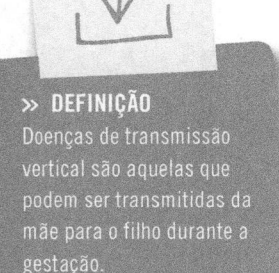

> **DEFINIÇÃO**
> Doenças de transmissão vertical são aquelas que podem ser transmitidas da mãe para o filho durante a gestação.

Para os testes baseados em ensaios não competitivos, a amostra suspeita de conter a substância a ser pesquisada (chamada analito) migra por gravidade e/ou capilaridade através de, por exemplo, uma membrana e, no caso de uma amostra positiva, haverá a formação de cor. Os testes rápidos produzem resultados em até 5 minutos e dispensam uma estrutura laboratorial específica, sendo utilizados em hospitais, consultórios médicos, postos de saúde e instalações mais isoladas.

Além do conhecido teste de gravidez, os testes rápidos servem para:

- a triagem em bancos de sangue;
- situações emergenciais, como exposição ao HIV;
- a detecção de doenças de transmissão vertical, como a sífilis e a rubéola;
- a detecção de drogas de abuso;
- a detecção de diferentes substâncias ou toxinas em alimentos humanos ou ração animal.

>> CURIOSIDADE

As vacinas podem ser diferentes moléculas ou patógenos que, quando administrados, induzem uma resposta imune específica que protege o indivíduo vacinado quando este entrar novamente em contato com o "agressor". As vacinas são muito importantes para o controle de doenças. A varíola, por exemplo, foi erradicada em 1979 devido à vacinação.

A **vacina da hepatite B** é produzida a partir de uma proteína recombinante (HBsAg). Assim, para confirmar que o indivíduo foi vacinado e está de fato imunizado contra a hepatite B, verifica-se por meio do teste de ELISA a presença de anticorpos anti-HBs.

> **CURIOSIDADE**
>
> **Você sabe qual é a diferença entre vacina e soro?**
> A vacinação é um tipo de imunização ativa, já que é capaz de estimular uma resposta imune específica e a produção de anticorpos que atuam na prevenção de certas doenças. Enquanto isso, o soro já contém anticorpos prontos contra toxinas ou venenos, possuindo um efeito curativo e sendo considerado um tipo de imunização passiva.

> **PARA SABER MAIS**
>
> Para saber mais sobre vacinas e conhecer o Manual de Normas de Vacinação do Ministério da Saúde (2001), acesse o ambiente virtual de aprendizagem Tekne.

Immunoblotting

O *immunoblotting*, também conhecido como *western blotting*, é uma técnica para a detecção de proteínas (antígenos ou anticorpos específicos), tendo essa denominação para se diferenciar de técnicas previamente descritas, como *southern blotting*, para a detecção de DNA, e *northern blotting*, para a detecção de RNA.

Nessa técnica, as amostras de proteínas são solubilizadas com o detergente sulfato de sódio dodecil (SDS) e passam pelo processo de **desnaturação**, com agentes como o β-mercaptoetanol. A seguir, as proteínas são separadas por peso molecular pelo processo de **eletroforese** em gel de poliacrilamina (SDS-PAGE). Os antígenos são então transferidos para uma membrana de nitrocelulose ou PVDF (fluoreto de polivinilideno), também empregando carga elétrica. As proteínas ligadas na membrana deixam acesso para a imunodetecção utilizando anticorpos conjugados com enzimas, como a peroxidase, seguido da adição do substrato e do cromógeno.

Um cromógeno comumente adotado na técnica do *immunoblotting* é o luminol, que emite um feixe de luz com a quebra do peróxido de hidrogênio pela peroxidase. Essa reação é chamada quimiluminescência. Uma vantagem da **quimiluminescência** é que o sinal produzido pode ser amplificado em até 1.000 vezes com a adição de agentes, como o fenol ou o naftol, em um sistema chamado ECL (*enhance chemiluminescence*). A interpretação da técnica de *immunoblotting* é feita por meio da análise de marcas chamadas **bandas**, conforme mostrado na Figura 9.5.

> **DEFINIÇÃO**
> A desnaturação de uma proteína é a perda da sua estrutura tridimensional original. Pode ocorrer por meio de variações extremas de temperatura ou de pH, solventes orgânicos, metais pesados, entre outros.

> **DEFINIÇÃO**
> A eletroforese consiste na separação de moléculas que migram em um determinado gel durante a aplicação de uma carga elétrica.

>> **NO SITE**
Acesse o ambiente virtual de aprendizagem Tekne para conhecer um protocolo de *immunoblotting*.

Quando a amostra de sangue de um paciente apresenta resultado positivo para o vírus HIV no teste ELISA, torna-se necessária a realização de um teste confirmatório. Um dos testes confirmatórios para o diagnóstico do HIV é o *immunoblotting* associado à imunofluorescência. Esse teste permite a detecção de anticorpos contra o HIV utilizando uma lâmina de vidro que contém células infectadas com o HIV fixadas nas cavidades em que o soro ou o plasma do paciente é adicionado. Após uma série de passos, o resultado é fornecido por meio da leitura em um microscópio de fluorescência.

>> **PARA SABER MAIS**
Para saber mais sobre o diagnóstico do HIV, leia o artigo "Diagnóstico da Aids" (BANCO DE SAÚDE, 2010), disponível no ambiente virtual de aprendizagem Tekne.

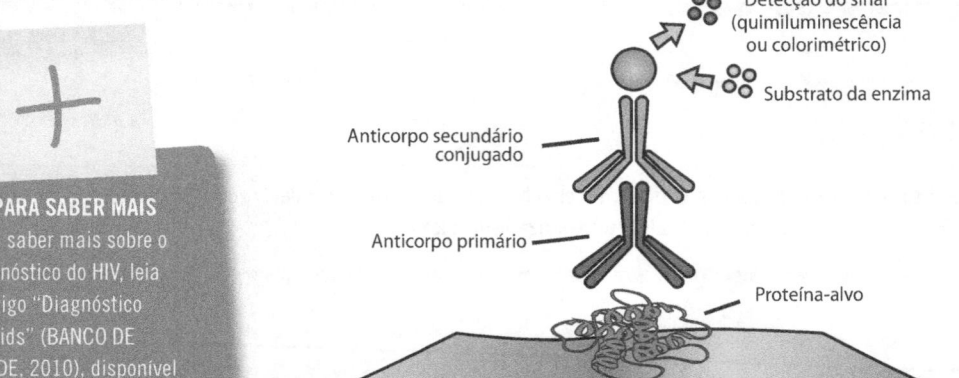

Figura 9.5 Representação da técnica de *immunoblotting*.
Fonte: Adaptado de Díaz (2013).

Citometria de fluxo

O equipamento que realiza a citometria é o **citômetro de fluxo**, que indica parâmetros, como tamanho, granulosidade e intensidade de fluorescência, por meio de *laser* de excitação e de sensores de detecção de diferentes comprimentos de onda (Figura 9.7). Para isso, as moléculas ou estruturas de interesse são estudadas por marcação com **fluorocromos**, ou **fluoróforos** (agentes que emitem luz após excitação luminosa, causando fluorescência), ou anticorpos acoplados a fluorocromos. O Quadro 9.4 apresenta os fluorocromos mais utilizados.

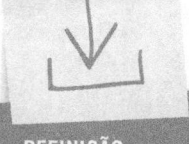

>> **DEFINIÇÃO**
Citometria de fluxo consiste na medida das células em movimento, possibilitando, portanto, a análise de partículas ou células com tamanho de 0,2 a 50 μm em suspensão.

Entre as diversas aplicações da citometria de fluxo em pesquisa e na prática clínica, destacam-se:

- testes de imunofenotipagem (identificação de diferentes populações de células utilizando seus marcadores celulares de superfície);
- diagnóstico de leucemias e linfomas;
- diagnóstico da Aids;
- análise de proliferação celular;
- análise de viabilidade celular.

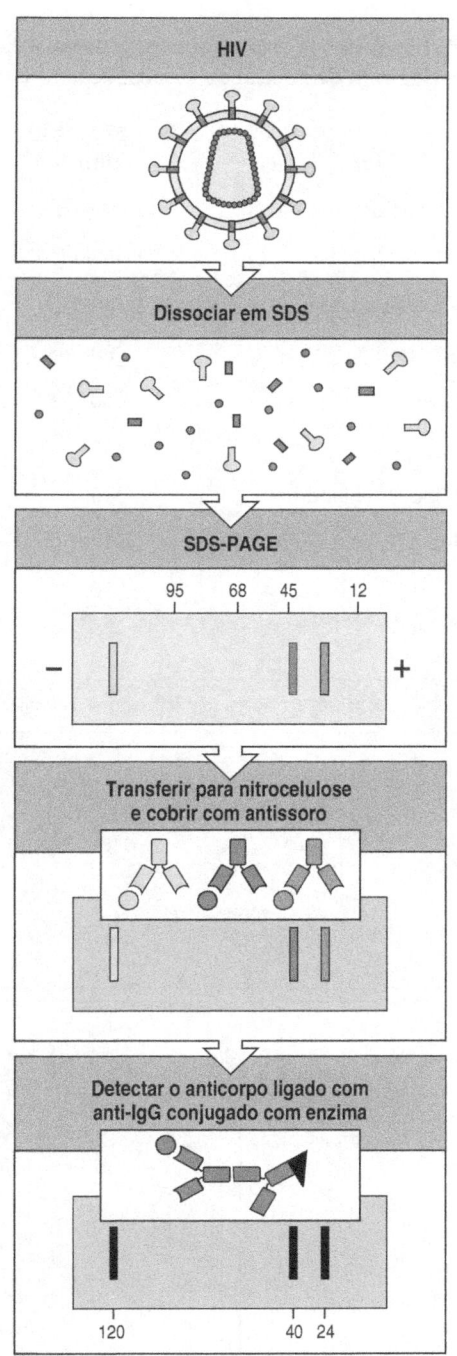

Figura 9.6 Representação da técnica de *immunoblotting* para a identificação de anticorpos contra o vírus da imunodeficiência humana (HIV) no soro de indivíduos infectados.
Fonte: Murphy, Travers e Walport (2010).

> **NO SITE**
> No Brasil, o diagnóstico laboratorial da infecção pelo HIV é regulamentado pela Portaria/SVS/MS nº 151, de 14 de outubro de 2009, da Secretaria de Vigilância Sanitária em Saúde. Esse documento está disponível no ambiente virtual de aprendizagem Tekne.

» **PARA SABER MAIS**
Para saber mais sobre citometria de fluxo, leia o artigo "Citometria de fluxo – Funcionalidade celular on-line em bioprocessos" (SILVA et al., 2004), disponível no ambiente virtual de aprendizagem Tekne.

Quadro 9.4 » **Diferentes fluorocromos com os seus respectivos comprimentos de onda de excitação e emissão**

Substância	Excitação (nm)	Emissão (nm)
FITC (isotiocianato de fluoresceína)	490	520
PE (ficoeritrina)	480-565	578
PE-Cy5 (ficoeritrina-cianina 5)	480-565	670
PE-Cy7 (ficoeritrina-cianina 7)	480-565	695
APC (aloficocianina)	650	660
Hoestch 33342	340	450
DAPI (4'-6 diamidino-2-fenilindole)	350	470
Brometo de etídeo	510	595
Iodeto de propídeo (PI)	536	623

» **NO SITE**
Você encontra um protocolo de citometria de fluxo no ambiente virtual de aprendizagem Tekne.

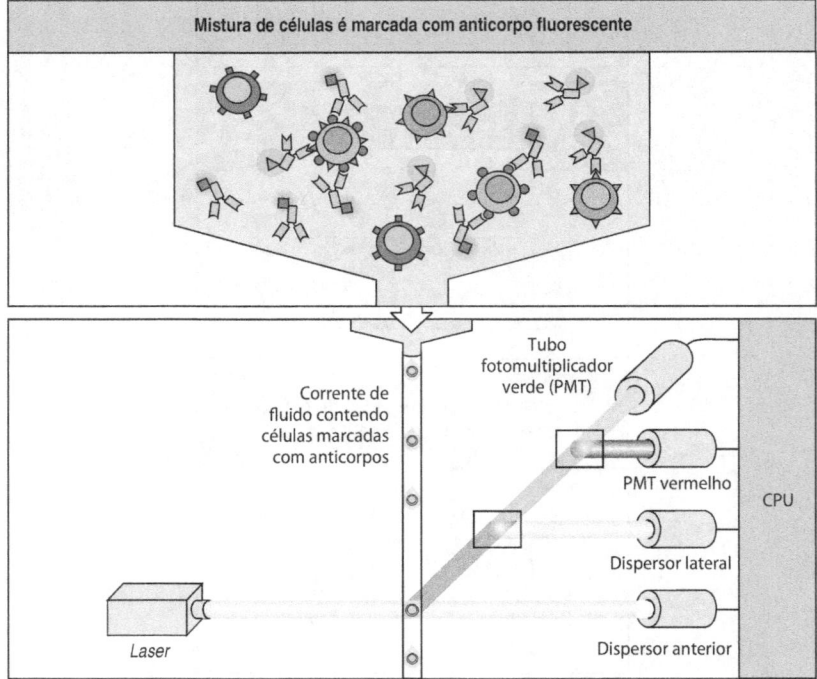

Figura 9.7 A citometria de fluxo permite a identificação de diferentes populações de células marcando seus antígenos de superfície com anticorpos conjugados com fluorocromos.
Fonte: Murphy, Travers e Walport (2010).

>> Atividade*

1. Um pesquisador precisava produzir anticorpos em laboratório e, para isso, realizou o processo de imunização de um coelho injetando uma preparação contendo um antígeno purificado. Em seguida, o sangue desse animal foi coletado e centrifugado para a obtenção do soro, que foi então purificado com uma coluna de proteína G.
   a) Foram obtidos anticorpos monoclonais ou policlonais? Justifique.
   b) Se o anticorpo produzido da forma descrita fosse usado em um teste diagnóstico, haveria possibilidade de reação cruzada?
   c) Qual é o problema de uma reação cruzada em um teste diagnóstico?

2. Ao realizar um teste de tipagem sanguínea, o sangue de um paciente que precisa de uma doação de sangue aglutinou quando em contato com um anticorpo Anti-A, mas não ocorreu alteração em outra gota de sangue desse paciente quando em contato com o anticorpo Anti-B. Enquanto isso, ao realizar esse teste, o sangue do suposto doador não aglutinou com nenhum dos anticorpos usados.
   a) Qual é o motivo de ter ocorrido aglutinação após o uso do Anti-A no paciente que precisa da doação?
   b) Quais são os tipos sanguíneos do paciente e do doador?
   c) Essa doação seria possível? Explique.

3. Você está realizando uma técnica imunológica para a detecção de uma proteína específica do vírus HIV. Nessa técnica, foi necessária a transferência das proteínas de um gel (SDS-PAGE) para uma membrana de nitrocelulose visando à geração de uma banda.
   a) Como é o nome desta técnica?
   b) Quais são suas aplicações?

4. Você precisa fazer um ELISA para a detecção de um anticorpo específico.
   a) Faça uma lista do material necessário para a realização desse teste (no mínimo três reagentes e um equipamento).
   b) Que cuidados você teria para evitar ligações não específicas?
   c) Qual é o nome desse tipo de ELISA?
   d) Caso você precisasse detectar uma molécula muito pequena, como uma droga de abuso, que tipo de ELISA você faria?

5. Considerando as técnicas imunológicas apresentadas neste capítulo, responda:

---

* As respostas para estas atividades estão disponíveis no ambiente virtual de aprendizagem deste livro. Acesse www.grupoa.com.br/tekne.

a) Qual técnica você utilizaria para identificar os tipos, as características e a proporção entre as células presentes em uma suspensão celular de um paciente com um tipo de leucemia aguda? Dica: sabendo que algumas doenças, como a Aids, afetam a taxa de linfócitos T que expressam os marcadores CD4 e CD8, a técnica mencionada também poderia ser usada na análise desses linfócitos e no diagnóstico dessas doenças.
b) Os anticorpos utilizados para a realização desta técnica deverão ser conjugados com que tipo de molécula?

REFERÊNCIAS

ABBAS, A. K. *Imunologia celular e molecular*. 5. ed. Rio de Janeiro: Elsevier, 2005.

BANCO de Saúde. *Diagnóstico da AIDS*. [Brasília, DF]: Banco de Saúde, 2010. Disponível em: <http://www.bancodesaude.com.br/aids/diagnostico-aids>. Acesso em: 05 maio 2014.

DÍAZ, J.F. *Entendiendo um Western Blot*. [S.l.: ScyKness, 2013]. <Disponível em: http://scykness.wordpress.com/2013/07/16/entendiendo-un-western-blot-o-al-menos-intentandolo/>. Acesso em: 20 maio 2014.

FERREIRA, A. W. *Diagnóstico laboratorial:* avaliação de métodos de diagnóstico das principais doenças infecciosas e parasitárias e auto-imunes: correlação clínico-laboratorial. 2. ed. Rio de Janeiro: Guanabara Koogan, 2001.

GOLDSBY, R. A.; OSBORNE, B. A.; KINDT, T. J. *Imunologia de Kuby*. Porto Alegre: Artmed, 2008.

KOHLER, G .C.; MILSTEIN, C. Continuous cultures of fused cells secreting antibody of predefined specificity. *Nature,* v. 256, p. 495-497, 1975.

MINISTÉRIO DA SAÚDE. *Manual de normas de vacinação*. 3. ed. Brasília: Ministério da Saúde, 2001. Disponível em: <http://bvsms.saude.gov.br/bvs/publicacoes/funasa/manu_normas_vac.pdf >. Acesso em: 25 abr. 2014.

MURPHY, K.; TRAVERS, P.; WALPORT, M. *Imunobiologia de Janeway*. 7. ed. Porto Alegre: Artmed, 2010.

SADAVA, D. et al. *Vida*: a ciência da biologia. Porto Alegre: Artmed, 2011. v.1.

SECRETARIA NACIONAL DE SAÚDE DE VIGILÂNCIA SANITÁRIA. Portaria SAVS/MS n° 151, de 14 de outubro de 2009. *Diário Oficial [da] União*, Brasília, 16 out. 2009.

SILVA, T. L. et al. Citometria de fluxo: funcionalidade celular on-line em bioprocessos. *Boletim de Biotecnologia*, v. 77, p. 32-40, 2004.

VAZ, A. J.; TAKEI, K.; BUENO, E. C. *Imunoensaios*: fundamentos e aplicações. Rio de Janeiro: Guanabara Koogan, 2007.

LEITURAS RECOMENDADAS

HENRY, J. B. *Diagnóstico clínico e tratamento por métodos laboratoriais*. 20. ed. São Paulo: Manole, 2008.

PARSLOW, T. *Imunologia médica*. 10. ed. Rio de Janeiro: Guanabara Koogan, 2008.

REIS, M. M. *Testes imunológicos:* manual ilustrado para profissionais da saúde. São Paulo: SENAC, 1999. (Apontamentos. Saúde, 51).

VOLTARELLI, J. C. *Imunologia clínica na prática médica*. São Paulo: Atheneu, 2008.

WILD, D. *The immunoassay handbook*. 3. ed. Amsterdam: Elsevier, 2005.